“十二五”普通高等教育本科国家级规划教材

U0156600

Java语言程序设计

（第3版）

丁振凡　范　萍 ◎编著

清华大学出版社
北京

内 容 简 介

本书从初学者角度出发，用通俗易懂的语言、丰富多彩的案例讲述了 Java 语言的理论知识和编程方法，内容覆盖全国计算机等级考试二级 Java 语言程序设计的大纲要求，同时融入了新版 JDK 的特色知识。全书分 18 章，内容分别是 Java 语言概述，数据类型与表达式，流程控制语句，数组与方法，类与对象，继承与多态，常用数据类型处理类，抽象类、接口与内嵌类，异常处理，Java 绘图，图形用户界面编程基础，流式输入/输出与文件处理、Java 泛型与收集 API，Lambda 表达式、Stream 与枚举类型，多线程，高级图形界面编程，JDBC 技术与数据库应用，Java 的网络编程。读者可以跟随本书的讲解，边学边练，设计出功能较强的中小型应用程序。

本书主要面向普通高等院校的师生，可作为计算机、软件工程、信息计算、物联网、人工智能技术等专业的教学用书，也可作为相关领域的培训教材和企业开发人员的参考用书。

图书在版编目（CIP）数据

Java 语言程序设计/丁振凡，范萍编著. —3 版. —北京：清华大学出版社，2022.8
ISBN 978-7-302-61683-2

Ⅰ. ①J… Ⅱ. ①丁… ②范… Ⅲ. ①JAVA 语言—程序设计 Ⅳ. ①TP312.8

中国版本图书馆 CIP 数据核字（2022）第 144959 号

责任编辑：邓　艳
封面设计：刘　超
版式设计：文森时代
责任校对：马军令
责任印制：曹婉颖

出版发行：清华大学出版社
　　　网　　　址：http://www.tup.com.cn，http://www.wqbook.com
　　　地　　　址：北京清华大学学研大厦 A 座　　　　　邮　　编：100084
　　　社 总 机：010-83470000　　　　　　　　　　　　邮　　购：010-62786544
　　　投稿与读者服务：010-62776969，c-service@tup.tsinghua.edu.cn
　　　质量反馈：010-62772015，zhiliang@tup.tsinghua.edu.cn
印 装 者：北京嘉实印刷有限公司
经　　销：全国新华书店
开　　本：185mm×260mm　　　　印　张：23.5　　　　字　数：541 千字
版　　次：2010 年 10 月第 1 版　　2022 年 10 月第 3 版　　印　次：2022 年 10 月第 1 次印刷
定　　价：79.80 元

产品编号：097899-01

前　言

　　Java 语言自 1995 年公开发布到现在，得到了飞速的发展，在编程语言排行榜中长期位居首位。Java 的面向对象、跨平台、多线程等众多特性，奠定了其作为网络应用开发理想编程语言的地位。Java 按应用主要分为三大块：Java SE（JavaPlatform, StandardEdition）是Java 的标准版，面向桌面应用软件的编程；Java ME（JavaPlatform, MicroEdition）是 Java的微型版，面向嵌入式系统开发，如手机应用编程等；Java EE（JavaPlatform, EnterpriseEdition）是 Java 的企业版，面向分布式网络应用开发，如电子商务网站设计等。本书介绍 Java 标准版的相关知识，其中除图形界面部分只限于桌面应用外，大部分内容也适用于其他应用场景。

　　Java 语言是一种纯面向对象的编程语言，因此本书也适合作为面向对象程序设计课程的教材。面向对象技术总体上包括面向对象分析、设计、编程 3 个方面。本书仅介绍面向对象编程，要熟悉面向对象分析和设计，读者还需学习 UML 建模等知识，Java 是与软件建模关联最好的程序设计语言。

　　Java 内容非常丰富。本书在第 2 版的基础上有较大变化，删除了 Java Applet 等过时的内容，补充了新版 JDK 增加的知识，引入了结构流程图，教学案例注重简明、实用、趣味和方便讲解。

　　学习 Java，首先必须熟悉 Java 语言的基本语法规则，其次要尽可能熟悉 Java 的类库，做到多动手、多思考、多交流。软件设计是一项实践性很强的工作，上机操作是提高编程能力的最好途径。软件设计也是一项工程，现代软件设计通常由集体完成，代码的规范化以及给程序添加必要的注释是提高软件开发效率和可维护性的重要保证。

本书内容

　　本书内容分 3 篇，共 18 章。

　　第 1 篇为 Java 语言基础，介绍程序设计语言的一般性知识，共包括 4 章。

　　第 1 章重点介绍了 Java 程序的调试过程。

　　第 2 章介绍了 Java 数据类型与表达式、基本的输入/输出操作。

　　第 3 章介绍了分支语句和循环语句的使用。

　　第 4 章介绍了数组的应用、方法的定义与调用。

　　第 2 篇为 Java 面向对象的核心概念与应用，介绍面向对象相关概念在 Java 程序中的体现，共包括 4 章。

　　第 5 章介绍了类与对象的概念、类成员和实例成员的访问差异、this 的运用以及变量的作用域。

第 6 章介绍了继承与多态的概念，访问控制修饰符、final 修饰符和 super 的使用，以及 Object 和 Class 类的使用。

第 7 章介绍了字符串的处理、基本数据类型包装类、日期数据表示。

第 8 章介绍了抽象类与接口的使用、内嵌类的应用。

第 3 篇为 Java 语言的高级特性与应用，围绕 Java 语言的高级特性来展开，共包括 10 章。

第 9 章介绍了 Java 异常处理机制及编程特点。

第 10 章介绍了 Java 绘图，包括图形绘制方法，字体、颜色控制以及图像绘制。

第 11 章介绍了图形用户界面编程基础，主要涉及图形界面布局、事件处理机制、典型图形部件和容器的使用，还介绍了鼠标和键盘事件。

第 12 章介绍了流式输入/输出与文件处理，包括文件和目录的管理操作、字节流和字符流的读写访问、对象序列化，以及文件的随机访问等。

第 13 章介绍了 Java 泛型与收集 API，包括泛型的概念、收集 API 的接口层次与工具类使用。

第 14 章介绍了 Java 8 新增的 Lambda 表达式和 Stream，讨论了枚举类型。

第 15 章介绍了 Java 多线程的编程处理特点、线程共享资源的同步处理。

第 16 章介绍了 Swing 部件和 AWT 中其他图形部件的使用，主要包括对话框、菜单、各类选择部件和表格（JTable）等。

第 17 章介绍了用 JDBC 实现对关系数据库的访问处理编程技术。

第 18 章介绍了 Java 的网络编程，包括 Socket 通信、数据报通信编程以及 URL 资源访问。

本书特色

1．内容新颖

本书内容覆盖了全国计算机等级考试二级 Java 语言程序设计的大纲要求，同时体现了 Java 语言的新变化，在第 2 版的基础上融入了 Java 8 至 Java 17 版本的一些新知识。

2．通俗易懂

本书内容组织遵循由浅入深、循序渐进的学习规律，注重理论与实际的结合，注意启发学生思考，难点概念通过图示配合表达，讲解过程中适当融入课程思政元素。

3．案例精选

书中的例题选择兼顾知识性、实用性、趣味性和挑战性。实例包括全国程序设计竞赛试题，游戏类应用、实用性案例等，读者在学习过程中可获得编程乐趣，扩展计算机解题的思维视野。

4．配套丰富

本书配套资源除教学 PPT 课件外，还有中国大学 MOOC 的教学视频和题库等教学资源，并通过中国大学 MOOC 平台实现全方位的师生互动。

本书是作者长期教学和软件开发的经验总结，内容经过精心设计，深度和广度适宜，可满足 Java 程序设计课程教学的深度学习要求。书中样例大多简短实用，易于教学使用和读者学习。全书代码均经过调试，许多例题是实际应用的写照，有利于培养学生解决较为复杂问题的能力。

本书可作为高等院校开设 Java 语言程序设计课程的教材，也可以作为读者学习 Java 语言的自学用书。教学时，可以安排 48～64 学时的课程，并安排大约 1/3 的时间进行上机实验，最好安排 1～2 周的课程设计。

本书第 1～8 章由范萍编写，第 9～18 章由丁振凡编写。由于内容多、时间紧，书中疏漏之处在所难免，敬请广大读者批评指正，以便予以修正。

编　者

目　　录

第 1 篇　Java 语言基础

第 2 篇　Java 面向对象的核心概念与应用

第 3 篇　Java 语言的高级特性与应用

第1篇

Java 语言基础

本篇介绍程序设计语言普遍涉及的一般性知识，主要包括程序的调试过程、语言的基本符号、数据类型和表达式、各种语句的使用，以及数组的定义与访问、方法的定义与调用等。

第 1 章介绍了 Java 程序的调试过程。第 2 章的核心是变量类型，同时介绍了表达式的表示方式与计算过程。第 3 章介绍了各种流程控制语句的使用，结合典型实例介绍计算机解题的基本思路和编程方法。第 4 章介绍了数组的存储组织和访问方式，并讨论了方法的定义和调用形式。

本篇内容是学习 Java 程序设计语言的必备知识，也是后续学习的基础。

第 1 章　Java 语言概述

本章知识目标：
- ❑　了解面向对象程序设计的特性。
- ❑　掌握 Java 应用程序的调试过程。
- ❑　了解 Java 的开发与运行环境。
- ❑　了解 Java 语言的特点。

Java 语言从 1995 年问世至今，得到众多厂商的支持，成为软件开发的主流技术。Java 是面向对象的程序设计语言，拥有跨平台、多线程等众多特性，在网络计算中得到广泛应用。

1.1　面向对象程序设计的特性

早期的编程语言，如 Fortran、C 等都是面向过程的语言，面向过程编程的一个明显特点是数据与程序是分开的。随着计算机软件的发展，程序越来越大，软件维护也日益困难。面向对象编程贴近人类思维方式，面向对象的软件开发将事物看作对象，对象有两个特征：状态与行为，对象可以通过自身的行为来改变自己的状态。最新的程序设计语言一般为面向对象的语言，面向对象程序设计具有如下四大特性。

1. 封装性（encapsulation）

面向对象的第一个原则是把数据和对该数据的操作封装在一个类中，类的概念和现实世界中的"事物种类"是一致的。例如，电视机就是一个类，每台电视机都有尺寸、品牌、频道等属性；我们可用开关来开启或关闭电视机，通过更改频道让电视机播放不同的节目。

对象是类的一个实例化结果，对象具有类所描述的所有属性和方法。对象是个性化的，在程序设计语言中，每个对象都有自己的存储空间来存储自己的各个属性值，有些属性本身又可能由别的对象构成。

每个对象都属于某个类。面向对象程序设计就是设计好相关的类，类中有属性和方法。在统一建模语言（unified modeling language，UML）中使用如图 1-1 所示的结构来描述类，其中，属性用来描述对象的状态，而方法则用来描述对象的行为。

2. 继承性（inheritance）

继承是在类、子类以及对象之间自动地共享属性和方法的机制。类的上层可以有父类，下层可以有子类，形成一种层次结构，如图 1-2 所示。一个类将直接继承其父类的属性和方法，而且继承具有传递性，因此，一个类还将间接继承所有祖先类的属性和方法。例如，抽象概念"物体"可包含重量和体积属性，其所有子类将继承这些属性。

图 1-1　类的表示　　　　　　　　　　图 1-2　类的继承层次

继承最主要的优点是重复使用性，在继承已有类的基础上加以改写，类的功能会得到不断扩充，这样既可得到程序共享的好处，又可提高软件开发的效率。

当父类繁衍出许多子类时，它的行为接口可以通过继承传给其所有子类。因此，可以通过统一的行为接口访问不同子类对象的行为，但不同子类中具体行为的实现可能不一样。在子类中对父类中定义的行为重新定义是下面将介绍的多态性的一种体现。

3．多态性（polymorphism）

多态是指在表示特定功能时，有多种不同的形态或实现方法。常见的多态形式有以下两种。

（1）方法的重载（overloading）：在同一个类中某个方法有多种形态。方法名相同，但参数不同，所以也称参数多态。

（2）方法的覆盖（overriding）：对于父类的某个方法，在子类中重新定义一个相同形态的方法，这样，在子类中将覆盖从父类继承来的方法。

多态为描述客观事物提供了极大的能动性。参数多态提供方法的多种使用形式，从而方便使用者的调用；而覆盖多态则可使我们以同样的方式对待不同的对象，不同的对象可以用各自的方式响应同一消息。通过父类定义的变量可引用子类的对象，执行对象方法时则表现出每个子类对象各自的行为，这种特性也称运行时的多态性。

4．抽象性（abstraction）

这里，抽象有两个层次的含义。

一是体现在类的层次设计中，高层类是底层类的抽象表述。类层次设计体现了不断抽象的过程。许多类是抽象出来的概念，如图 1-2 中的"物体""水果"。特别是，Java 中有一个 Object 类，它处于类层次结构的顶端，该类中定义了所有类的公共属性和方法。可以用 Object 类的变量引用任何子类的对象，通过 Object 对象引用能访问的成员，在子类中总是存在的。

二是体现在类与对象之间的关系上，类是一个抽象的概念，而对象是具体的。面向对象编程的核心是设计类，但实际运行操作的是对象。类是对象的模板，对象的创建是以类为基础的。同一个类创建的对象具有共同的属性，但属性值不同。

1.2　Java 开发和运行环境

Java 开发和运行环境有很多，例如，Oracle 公司的 JDK、NetBeans，开源组织提供的 Eclipse，Xinox 公司的 JCreator，Spring Source 公司的 STS 等。

在以上工具中，只有 JDK 是字符环境，其他均是图形环境。JDK 可以从 Oracle 公司的主页下载，以 JDK17 版本为例，其在 Windows 下的 x64 Installer 包为 jdk-17_windows-x64_bin.exe。JDK 包括运行环境和开发工具（编译器、调试器、工具库等）。Java 的运行环境（Java runtime environment，JRE）也称 Java 虚拟机，包含在 JDK 中，也可单独下载安装，其主要担负以下三大任务。

（1）加载代码——由类加载器执行。

（2）检验代码——由字节码校验器执行。

（3）执行代码——由运行时解释执行。

下载 JDK 后需要安装，单击下载的文件包即可安装，默认的安装路径是 C:\Program Files\Java\jdk-17.0.2，安装完毕后会在此目录下建立 6 个子目录。

（1）bin 目录：存放 JDK 的各种工具命令，如 javac.exe 和 java.exe。

（2）conf 目录：存放 JDK 的相关配置文件。

（3）include 目录：存放支持 Java 本地接口和 Java 虚拟机调试接口的头文件。

（4）jmods 目录：存放 JDK 的各种模块。

（5）lib 目录：存放 JDK 所需要的附加类库和支持文件。

（6）legal 目录：存放每个模块的许可证和版权。

1.3　Java 程序及调试步骤

Java 程序可以在 DOS 命令行中调试，也可以通过 Eclipse 等图形工具调试。

1.3.1　在 DOS 环境下调试 Java 程序

本节将以 Java 应用程序为例介绍程序的调试过程。调试 Java 应用程序主要包括编辑、编译、运行 3 个步骤，如图 1-3 所示。

1. 编辑源程序

可以用任意文本编辑器（如 Edit、记事本或 IDE 集成开发环境中的编辑窗口）编辑源程序文件。为方便调试程序，保存 Java 源程序的目录位置通常与 DOS 命令提示符所显示的路径一致。以下几个 DOS 命令在调试 Java 程序时常用到。

图 1-3 调试程序的过程

（1）更换当前盘。

命令格式：盘符

例如，以下命令将 DOS 的当前盘从 E 盘更换到 D 盘。

```
E:/>d:
```

（2）进入当前目录的子目录。

命令格式：cd 子目录名

（3）显示当前目录下的文件列表。

命令格式：dir

（4）文件改名。

命令格式：rename 旧文件名 新文件名

【例 1-1】 简单 Java 程序（Hello.java）。

程序代码如下：

```
#01    class Hello {
#02        public static void main(String[ ] args) {
#03            System.out.println("Hello World!");
#04        }
#05    }
```

【说明】

（1）Java 源程序文件必须以扩展名.java 结尾。

（2）每个 Java 程序由若干个类构成，至少包括一个类。第 1 行用关键字 class 来标志一个类定义的开始，Hello 为类名。

（3）在类体中，第 2 行定义了 main()方法头，其中 main 为方法名。方法名后的一对小括号中定义了方法的参数形态；public 表示该方法的访问是公开的；static 表示该方法是一个静态方法；void 表示该方法无返回值。main()方法是 Java 应用程序的执行入口。

（4）方法体中安排方法执行的语句序列，第 3 行是一条方法调用语句，表示引用 System 类（Java 语言基础类库中的一个类）out 属性（代表标准输出流对象）的 println()方法，该方法将其参数"Hello World!"在标准输出设备（显示器）上输出。每条语句必须以";"结尾。

【注意】

（1）Java 应用程序主类（包含 main()方法的类）的类名通常和文件名一致。

（2）Java 语言是大小写敏感的语言，Java 的文件名以及程序中的符号均要严格注意大小写，例如把 class 写成 Class 或 CLASS 都是错误的。

2．编译生成字节码文件

在 JDK 的运行环境下，程序的编译和运行均需要在 DOS 命令行中输入命令。编译用到 Java 编译器程序（javac.exe），它将 Java 源程序文件（.java）编译后产生一个对应的字节码文件（.class）。

命令格式：javac 文件名.java

例如：

```
javac Hello.java
```

【注意】输入的文件名后必须加有扩展名.java。

如果出现找不到 javac 执行程序的错误，则需要将 Java 安装目录的 bin 子目录设置到 DOS 的搜索路径（path）下。解决办法有以下两种。

（1）如果 JDK 安装在 C:\Program Files\Java\jdk-17.0.2 目录下，则可以进行如下设置：

```
path=%path%;C:\Program Files\Java\jdk-17.0.2\bin
```

其中，%path%代表 path 环境变量原来的值。

（2）在 Windows 10 系统的桌面上，右击"此电脑"，在弹出的快捷菜单中选择"属性"命令，在打开的窗口中选择"高级系统设置"选项，在打开的对话框中单击"环境变量"按钮，弹出"环境变量"对话框，如图 1-4 所示，选择系统环境变量 Path，单击"编辑"按钮，出现如图 1-5 所示的"编辑环境变量"对话框，单击"新建"按钮，添加一行 C:\Program Files\Java\jdk-17.0.2\bin。

源程序如果有语法错误，编译时会给出相应的错误提示信息和错误的大致位置，这个位置基本准确，但有时可能是其他地方的错误而引发的，所以在排除错误时要前后仔细查看。若有错误或警告，用文本编辑器重新编辑修改，保存退出后，再次编译，直至没有任何错误。当然，要提醒读者的是，编译器只能查找程序中的语法错误，对于程序逻辑上的问题，编译器是不会给出提示的。

图 1-4　"环境变量"对话框　　　　　　　图 1-5　"编辑环境变量"对话框

编译成功后，Java 程序的编译器对应源代码文件中定义的每个类都生成一个以这个类名字命名的.class 文件。

3．字节码的解释与运行

在 JDK 软件包中，用来解释 Java 字节码应用程序的解释程序是 java.exe。

命令格式：java　字节码文件名

例如：

```
java   Hello
```

【注意】命令中"字节码文件名"后面不要写后缀名.class，因为默认就是要去执行.class 文件，写了反而要出错。

例 1-1 的编译、解释、运行情况如图 1-6 所示。

图 1-6　应用程序调试过程

同一 Java 源文件中可定义多个类，以下程序中定义了两个类，编译后将产生两个字节码文件。

【例 1-2】 同一源程序文件中定义了多个类（First.java）。

程序代码如下：

```
#01    public class First {
#02        public static void main(String args[ ]) {
#03            System.out.println(Second.Message);
#04        }
#05    }
#06
#07    class Second {
#08        static String Message = "Hello Java!";
#09    }
```

【说明】第 1～5 行定义了 First 类，第 7～9 行定义了 Second 类。Second 类中定义了一个静态属性 Message，在 First 类中访问 Second 类的 Message 属性。

【注意】同一 Java 源文件中最多只能定义一个带 public 修饰的类，且要求源程序的文件名必须与 public 修饰的类名一致，main()方法通常也放在该类中。运行程序时，要执行含 main()方法的类，本例是 First 类。如果将 First 类的 main()方法复制到 Second 类中，也可以运行 Second 类。

图 1-7 程序运行时弹出的窗体

Java 也支持图形界面编程，以下是一个窗体应用程序，在窗体中安排一块画布，在画布中绘制图形。图 1-7 所示为程序运行时弹出的窗体。

【例 1-3】 简单图形界面应用程序（MyCanvas.java）。

程序代码如下：

```
#01    import java.awt.*;
#02    public class   MyCanvas extends Canvas {
#03        public void paint(Graphics g) {
#04            g.drawRect(30, 30, 200,90);                //绘制矩形
#05            g.setFont(new Font("宋体",Font.BOLD,16));
#06            g.setColor(Color.red);                      //设置画笔颜色为红色
#07            g.drawString("新时代，新征程！",60,70);    //绘制文字
#08        }
#09        public static void main(String args[ ]) {
#10            Frame x = new Frame("演示");              //通过构造方法的参数设置窗体标题
#11            x.add(new MyCanvas());                     //创建一个画布对象，加入窗体中央
#12            x.setSize(300,200);                         //设置窗体大小
#13            x.setVisible(true);                         //设置窗体可见
#14        }
#15    }
```

【说明】

（1）第 1 行的 import 语句用来引入 Java 系统提供的类，java.awt.*表示 java.awt 包中的所有类，本程序中用到其中的 Frame 类、Graphics 类和 Canvas 类。Java 语言中通过包组

织类，引入其他包中的类，就可以在程序中直接使用这些类。

（2）第 2 行定义了本例的主类，MyCanvas 是类名，要注意主类名必须和文件名相同。extends 是关键字，表示继承的意思，其父类为 Canvas 类（表示画布）。

（3）第 3 行定义的 paint()方法为实现图形绘制的方法，其所在的图形部件将自动调用该方法进行绘图。paint()方法的参数 g 是一个代表画笔的 Graphics 对象，利用该对象可调用 Graphics 类的系列方法绘制各种图形。例如，第 4 行用 drawRect()方法绘制矩形，4 个参数为矩形左上角的坐标与宽度、高度；第 5 行用 setFont()方法设置画笔的字体（Font），方法参数是字体对象，字体参数设置为宋体、粗体风格、大小为 16；第 6 行用 setColor()方法设置画笔的颜色，Color.red 表示红色；第 7 行用 drawString()方法在指定位置绘制字符串，后面两个参数为坐标位置。

（4）在 main()方法中，首先通过 new 运算符创建一个 Frame 对象，赋值给 x 引用变量，然后通过 x 访问窗体的方法。第 11 行通过 add()方法在窗体中加入一个 MyCanvas 类型的画布对象，第 12 行设置窗体的大小为宽 300 px、高 200 px，第 13 行设置窗体可见。

1.3.2　在 Eclipse 环境下调试 Java 程序

从 Eclipse 的网站（http://www.eclipse.org/）下载 Eclipse 安装程序包（本书使用的版本是 eclipse-inst-jre-win64.exe）。运行该程序，按提示可完成 Eclipse 的解包安装。安装后，目录中有一个 eclipse 子目录，运行其下的 eclipse.exe 应用程序即可启动 Eclipse。

（1）从 File 菜单中选择 New→Java Project 命令创建一个工程，将弹出如图 1-8 所示的对话框，输入工程名称（如 test），单击 Finish 按钮，此时可看到如图 1-9 所示的新建工程的内容组织视图。

图 1-8　新建 Java 工程对话框

图 1-9　新建工程 test 的内容组织视图

（2）选中工程，右击，在弹出的快捷菜单中选择 New→Class 命令，在弹出的对话框的 Name 文本框中输入类名 Hello，如图 1-10 所示。单击 Finish 按钮，即可进入程序编辑界面。

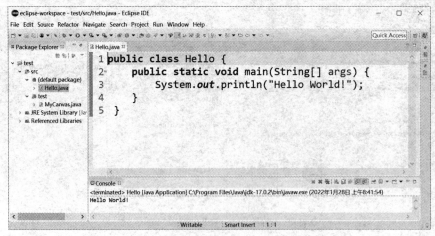

图 1-10   在工程中新建一个 Java 类

（3）在如图 1-11 所示的程序编辑界面中输入程序。在 Eclipse 环境中调试程序是即时编译的，如果程序输入过程中有编译问题，Eclipse 会自动在代码中指示错误所在位置。要运行调试程序，可按 Ctrl+F11 快捷键或者单击 ▶ 按钮。在右下的 Console 子窗体中显示运行结果。

图 1-11   程序编辑和运行调试界面

1.4　Java 语言的特点

Java 语言具有以下特点。

1．简单的面向对象语言

Java 的语法类似于 C 或 C++，Java 是从 C++基础上发展而来的。从某种意义上讲，Java 语言是 C 及 C++语言的一个变种，因此，C++程序员可以很快掌握 Java 编程技术。Java 比 C++简单，它摒弃了 C++中容易引发程序错误的地方，如指针和内存管理。另一方面，它又从 Smalltalk 和 Ada 等语言中吸收了面向对象技术中最好的东西。Java 语言的设计完全是面向对象的，而且提供了丰富的类库。

2．跨平台与解释执行

Java 实现了软件设计人员的一个梦想——跨平台，为此，Java 的目标代码设计为字节码的形式，从而可以做到"一次编译、到处执行"。在具体的机器运行环境中，由 Java 虚拟机对字节码进行解释执行。通过定义独立于平台的基本数据类型及运算，Java 数据得以在任何硬件平台上保持一致。

解释执行无疑在效率上要比直接执行机器码低，所以 Java 的运行速度相比 C++要慢些。但 Java 解释器执行的字节码是经过精心设计的，Java 解释器执行的速度比其他解释器快。结合一些其他技术，也可以提高 Java 的执行效率，例如，在具体平台下 Java 可以使用本地代码。Java 运行环境将提供一个即时编译器，该编译器在运行时将字节码翻译为机器码。

3．健壮和安全的语言

Java 在编译和运行程序时，都要对可能出现的问题进行检查，以消除错误的产生。在编译时，Java 提示可能出现但未被处理的异常，帮助程序员正确地进行选择，以防止系统崩溃。类型检查可检查出许多早期开发出现的错误。Java 不支持指针，从而防止了对内存的非法访问。Java 删除了指针和释放内存等 C++功能，避免了非法内存操作。

由于 Java 代码具有可移动特性，代码的安全设计至关重要。Java 代码在执行前将由运行系统进行安全检查，只有通过了安全检查的代码才能正常执行。

4．支持多线程

多线程是当今软件技术的一项重要成果，它在很大程度上提高了软件的运行效率，因此在操作系统、数据库系统以及应用软件开发等很多领域得到广泛使用。多线程技术允许在同一程序中有多个执行线索，也就是可以同时做多件事情，从而满足复杂应用的需要。Java 不但内置多线程功能（如 Java 的自动垃圾回收就是以线程方式在后台运作），而且提供语言级的多线程支持，利用 Java 的 Thread 类可容易地编写多线程应用。

5．面向网络的语言

Java 源于分布式应用这一背景。Java 中提供了丰富的网络功能，如利用 Java 提供的

Socket 和数据报的通信功能，可以很容易地编写客户/服务器应用。Java 应用程序可凭借 URL 打开并访问网络上的对象，其访问方式与访问本地文件系统几乎相同。如今，Java 已经成为分布式企业级应用的标准。

6. 动态性

Java 程序的基本组成单元是类，有些类是程序员编写的，有些类是从类库引入的。在运行时，所有的 Java 类是动态装载的，这就使 Java 可以在分布式环境下动态地维护程序和类库，而不像 C++那样，每当类库升级后，相应的程序都必须重新修改、编译。

习　　题

1. 选择题

（1）编译和解释执行一个 Java 应用程序应分别采用的命令是（　　）。

    A．java 和 javac　　　　　　　　　　B．javac 和 java

    C．javap 和 java　　　　　　　　　　D．javac 和 jdb

（2）下列叙述中正确的是（　　）。

    A．Java 语言的标识符是区分大小写的

    B．源文件名与 public 类名可以不相同

    C．源文件扩展名为.java

    D．源文件中 public 类的数目不限

（3）编译 Java 源程序文件将产生相应的字节码文件，字节码文件的扩展名为（　　）。

    A．.java　　　　　B．.class　　　　　C．.html　　　　　D．.exe

（4）下列说法正确的是（　　）。

    A．当运行 javac 命令对一个 Java 源程序（.java 文件）进行编译时，必须写出该源文件的完整文件名，包括扩展名.java

    B．当运行 javac 命令对一个 java 源程序（.java 文件）进行编译时，不必写出该源文件的扩展名.java

    C．当用 Java 命令解析运行一个 class 文件时，必须写出该 class 文件的扩展名.class

    D．无论是运行 javac 还是 java 命令，后面的文件都必须给出文件扩展名

（5）Java 程序的执行过程中用到一套 JDK 工具，其中 java.exe 是指（　　）。

    A．Java 文档生成器　　　　　　　　B．Java 解释器

    C．Java 编译器　　　　　　　　　　D．Java 类分解器

（6）在 Java 中负责对字节码解释执行的是（　　）。

    A．垃圾回收器　　　　　　　　　　B．虚拟机

    C．编译器　　　　　　　　　　　　D．多线程机制

（7）以下（　　）是应用程序的 main 方法头。

    A．public static int main(char args[ ])

  B．public static void main(String args[ ])

  C．public static void MAIN(String args[ ])

  D．public static void main(String args)

2．问答题

（1）简述面向对象程序设计的特性。

（2）简述 Java 语言的特点。

3．编程题

（1）创建一个名为 TestApp 的 Java 应用程序，在屏幕上分行显示如下文字。

学而时习之，不亦说乎！

三人行必有我师！

（2）编写 Java 应用程序，分别在字符界面和图形界面中实现如下三角形图案的绘制。

*

***

*****

【提示】命令行方式下，输出内容用换行定位；图形方式下，绘制字符串用坐标定位。

第 2 章　数据类型与表达式

本章知识目标：

❑ 掌握 Java 标识符的命名要求。
❑ 了解程序注释的形式。
❑ 掌握 Java 数据类型的划分，以及变量的定义与赋值。
❑ 掌握数据类型的自动转换与强制转换。
❑ 了解各类运算符的使用和优先级。
❑ 了解常用的数据输入与输出方法。
❑ 了解常用数学函数的使用。

本章涉及程序设计语言的几个基本问题，首先介绍了基本符号、数据类型表示、表达式的计算及变量的赋值；其次简要介绍了通过输入/输出与用户交互的典型方法；最后介绍了封装了数学函数功能的 Math 类的常用方法。

2.1　Java 符号

Java 语言主要由 5 种符号组成，即标识符、关键字、运算符、分隔符和注释。这 5 种符号有着不同的语法含义和组成规则，它们互相配合，共同完成 Java 语言的语义表达。

2.1.1　标识符

在程序中，通常要为各种变量、方法、对象和类等命名，将所有由用户定义的名字称为标识符。Java 语言中，标识符是以字母、汉字、下画线（_）、美元符（$）开始的一个字符序列，后面可以跟字母、汉字、下画线、美元符、数字。标识符的长度没有限制。除上面的规则外，使用标识符还要注意以下几点。

（1）Java 的保留字（也称关键字）不能作为标识符，如 if、int、public 等。

（2）Java 是大小写敏感的语言。例如，A1 和 a1 是两个不同的标识符。

（3）标识符能在一定程度上反映它所表示的变量、常量、类的意义，即能见名知义。

按照一般习惯，变量名和方法名以小写字母开头，而类名以大写字母开头。如果变量名包含多个单词，则组合单词时，除第一个单词外，其他单词的第一个字母大写，如 isVisible。

表 2-1 列出了一些 Java 合法标识符、非法标识符及其不合法的原因。

表 2-1　Java 标识符举例

合法标识符	非法标识符	非法标识符不合法原因
tryAgain	try#	不能含有#号
group_7	7group	不能以数字开头
opendoor	open-door	不能出现减号，只能有下画线
boolean_1	boolean	关键字不能作为标识符

2.1.2　关键字

Java 语言中将一些单词用于特殊的用途，不能当作一般的标识符使用，这些单词称为关键字或保留字。表 2-2 列出了 Java 中的常用关键字及用途。

表 2-2　Java 中的常用关键字及用途

关　键　字	用　　途
boolean、byte、char、double、float、int、long、short、void、var	基本类型、变量定义
new、super、this、instanceof、null	对象创建、引用
if、else、switch、case、default	选择语句
do、while、for	循环语句
break、continue、return	控制转移
try、catch、finally、throw、throws、assert	异常处理
synchronized	线程同步
abstract、final、private、protected、public、static	修饰说明
class、extends、interface、implements、import、package	类、继承、接口、包
native、transient、volatile	其他方法
true、false	布尔常量

有关 Java 关键字要注意以下两点。

（1）Java 语言中的关键字均用小写字母表示。TRUE、NULL 等不是关键字。

（2）goto 和 const 虽然在 Java 中没有作用，但仍保留为 Java 的关键字。

2.1.3　分隔符

在 Java 中，圆点（.）、分号（;）、空格和花括号（{}）等符号具有特殊的分隔作用，统称为分隔符。每条 Java 语句以分号作为结束标记。一行可以写多条语句，一条语句也可以占多行。例如，以下 Java 语句是合法的。

```
int i,j;
i=3;j=i+1;
String x="hello"+
    ", welcome!";
```

　　Java 中可以通过花括号将一组语句合并为一个语句块。语句块在某种程度上具有单条语句的性质。类体和方法体也是用一组花括号作为起始和结束。

　　为了增强程序的可读性，经常在代码中插入一些空格来实现缩进，一般按语句的嵌套层次逐层缩进。为使程序格式清晰而插入程序中的空格只起分隔作用，在编译处理时将自动过滤掉多余空格。但要注意，字符串中的每个空格均是有意义的。

2.1.4　注释

　　注释是程序中不执行的部分，在编译时它将被忽略，其作用是增强程序的可读性。Java 的注释有以下 3 种。

　　（1）单行注释。在语句行中，将以"//"开头到本行末的所有字符视为注释。例如：

```
setLayout(new FlowLayout());  //默认的布局
```

　　（2）多行注释。多行注释以"/*"和"*/"进行标记，其中"/*"标志注释块的开始，"*/"标志注释块的结束。例如：

```
/* 以下程序段循环计算并输出
                 2!、3!、4!…9!的值
*/
int fac=1;
for (int k=2; k<10; k++) {
    fac=fac*k;
    System.out.println(k+"!="+fac);
}
```

　　（3）文档注释。文档注释类似于多行注释，但注释开始标记为" / **"，结束标记仍为"*/"。文档注释除了起普通注释的作用，还能够被 Java 文档化工具（javadoc）识别和处理，在自动生成文档时有用。其核心思想是当程序员编完程序以后，可以通过 JDK 提供的 javadoc 命令生成所编程序的 API 文档，而该文档中的主要内容就是从程序的注释中提取的。该 API 文档以 HTML 文件的形式出现，与 Java 帮助文档的风格与形式完全一致。

　　例如，下面的 DocTest.java 文件：

```
/** 这是一个文档注释的例子，介绍下面这个类 */
public class DocTest{
    /** 变量注释，变量 i 充当计数 */
    public int i;
    /** 方法注释，下面方法的功能是计数 */
    public int count(){ }
}
```

　　【注意】好的编程习惯是先写注释再写代码或者边写注释边写代码。要保持注释的简洁性，注释信息要包含代码的功能说明，并解释必要的原因，以便于代码的维护与升级。

2.2　数据类型与常量和变量

2.2.1　数据类型

在程序设计中要使用和处理各种数据，数据按其表示信息的含义和占用空间大小分为不同类型。Java 语言的数据类型可以分为简单数据类型和复合数据类型两大类，如图 2-1 所示。

图 2-1　Java 数据类型

简单数据类型也称为基本数据类型，代表的是语言能处理的基本数据，如数值数据中的整数和实数（也叫浮点数）类型、字符类型和代表逻辑值的布尔类型。基本数据类型数据的特点是占用的存储空间是固定的。

复合数据类型也称为引用数据类型，其数据存储取决于数据类型的定义，通常由多个基本数据类型或复合数据类型的数据组合构成。

数据所占存储空间的大小以字节为单位，表 2-3 列出了 Java 中基本数据类型的存储空间大小及数据取值范围。在某些情况下，系统自动给基本数据类型变量的存储单元赋默认值，此表中也给出了各种基本类型的默认值。

表 2-3　基本数据类型

关　键　字	数　据　类　型	所　占　字　节	默　认　值	取　值　范　围
byte	字节型	1	0	$-2^7 \sim 2^7-1$
short	短整型	2	0	$-2^{15} \sim 2^{15}-1$
int	整型	4	0	$-2^{31} \sim 2^{31}-1$
long	长整型	8	0	$-2^{63} \sim 2^{63}-1$
float	单精度浮点型	4	0.0F	$1.4e^{-45} \sim 3.4e^{+38}$
double	双精度浮点型	8	0.0D	$4.9e^{-324} \sim 1.8e^{+308}$
char	字符型	2	0	$0 \sim 2^{16}-1$
boolean	布尔型	1	false	true，false

2.2.2　常量

　　常量是指在程序运行过程中值保持不变的量。每种基本数据类型均有相应的常量，如布尔常量、整型常量、浮点常量、字符常量等。另外，还有一种常量是字符串常量，该类常量的处理有些特殊，原因在于 Java 并没有将字符串作为简单数据类型，而是作为一种复合数据类型对待，在 Java 中专门有一个类 String 对应字符串的处理。

1．布尔常量

　　布尔常量只有 true 和 false 两个取值。它们表示逻辑的两种状态，true 表示真，false 表示假。注意，Java 中的布尔类型是一个独立的类型，不对应于任何整数值，这与 C 语言中的布尔值用 0 或非 0 来表示是完全不同的。

2．整型常量

　　整型常量是指不带小数的数，包括负数。Java 中的整型常量分为 long、int、short 和 byte 4 种类型。在 Java 中，数值数据的表示有以下 4 种形式。

　　（1）十进制：数据以非 0 开头，如 4、-15。

　　（2）八进制：数据以 0 开头，其中，每位数字范围为 0～7，如 054、012。

　　（3）十六进制：数据以 0x 开头，由于数字字符只有 10 个（0～9），所以表示十六进制时分别用 A～F 几个字母来代表十进制的 10～15 对应的值。因此，每位数字范围为 0～9、A～F，如 0x11、0xAD00。

　　（4）二进制（是 JDK1.7 新增功能）：数据以 0b 开头，如 0b101。

　　Java 语言的整型常量默认为 int 类型，要将一个常量声明为长整型类型，需在数据的后面加 L 或 l。一般使用 L 而不使用 l，因为字母 l 很容易与数字 1 混淆。例如，12 代表一个整型常量，占 4 个字节；12L 代表一个长整型常量，占 8 个字节。

3．浮点常量

　　浮点常量也称实数，包括 float 和 double 两种类型。浮点常量有以下两种表示形式。

　　（1）小数点形式：以小数表示法来表示实数，如 6.37、-0.023。

　　（2）指数形式：也称科学表示法，例如，3e-2 代表 0.03，3.7E15 代表 3.7×10^{15}，这里，e/E 左边的数为底数，e/E 右边的数是 10 的幂。注意，只有实数才能用科学表示法，整型常量不能用这种形式表示。

　　为了区分 float 和 double 两类常量，可以在常量后面加后缀修饰。float 类型常量以 F/f 结尾，double 类型常量以 D/d 结尾。如果浮点常量不带后缀，则默认为双精度常量。

4．字符常量

　　字符常量是由一对单引号括起来的单个字符或以反斜线（\）开头的转义符，如'J'、'4'、'#'、\r 等。字符在计算机内是用编码来表示的。为了满足编码的国际化要求，Java 的字符编码采用了国际统一标准的 Unicode 码，一个字符用 16 位无符号型数据表示。所有字母字符和数字字符的编码值是连续增加的。例如，字符'A'的编码为 65，字符'B'的编码为 66，字符'a'的编码为 97，字符'b'的编码为 98。

特殊字符可以通过转义字符来表示。表 2-4 列出了常用转义字符及其描述。

表 2-4　常用转义字符及其描述

转 义 字 符	描　　述
\'	单引号字符
\"	双引号字符
\\	反斜杠
\r	回车
\n	换行
\f	走纸换页
\t	横向跳格
\b	退格

表示字符的另一种方式是用转义字符加编码值来表示，具体有以下两种办法。

（1）\ddd：用 1 到 3 位八进制数（ddd）表示字符。

（2）\uxxxx：用 1 到 4 位十六进制数（xxxx）表示字符。

5．字符串常量

字符串常量是用双引号括起来的由 0 个或多个字符组成的字符序列，字符串中可以包含转义字符。例如，"12345"、"This is a string\n"、"a"。

在 Java 中，字符串实际上是 String 类常量，String 类在 Java 中有特殊的地位，编译器能自动把双引号之间的字符识别为 String 常量。

2.2.3　变量

1．变量的定义与赋值

在程序中通过变量来保存那些运行可变的数据，Java 中的变量必须先声明，后使用。声明变量包括指明变量的类型和变量的名称，根据需要也可以指定变量的初始值。变量定义与赋值的格式为：

类型　变量名[=值] [,变量名[=值],…];

【说明】格式中方括号表示可选部分，其含义是在定义变量时可以设置变量的初始值，如果要在同一语句中声明多个变量，则变量间用逗号分隔。例如：

```
int count;              //定义 count 为整型变量
double m,n=0;           //定义变量 m 和 n 为双精度型，同时给变量 n 赋初值 0
char c='a';             //定义字符变量 c 并给其赋初值
count=0;                //给变量 count 赋值
```

上述给变量赋值的语句称为赋值语句。其效果是将赋值号"="右边的值赋给左边的变量。

声明变量又称为创建变量，执行变量声明语句时系统根据变量的数据类型在内存中开辟相应的内存空间，并将变量的值存入该空间。可以想象每个变量为一个小盒子，变量名为盒子的标记，而变量的值为盒中的内容，如图 2-2 所示。

count　│　0　│　　c　│ 'a' │

图 2-2　变量的定义与赋值

在某些情况下，变量没有赋初值时系统将按其所属类型给变量赋初值。编程时，要养成引用变量前保证变量已赋值的习惯。

关于变量，有以下几点需要注意。

（1）变量的命名要符合标识符的规定。

（2）每个变量均有一个作用域，在变量的作用域内不能定义两个同名的变量。

（3）程序中用变量名来引用变量的数值。

（4）在变量作用域外不能再访问该变量。

（5）无效变量占用的空间将由系统垃圾回收程序自动释放。

2．变量的取值范围

变量所分配存储空间的大小取决于变量的数据类型，不同数值变量的存储空间大小不同，因此能存储的数值范围也不同。各种数值变量对应的包装类中分别定义了 MAX_VALUE 和 MIN_VALUE 两个属性常量来指示相应基本类型的数值范围。

3．赋值与强制类型转换

在程序中经常需要通过赋值运算设置或更改变量的值。赋值语句的格式为：

变量=表达式；

其功能是先计算右边表达式的值，再将结果赋给左边的变量。

表达式可以是常数、变量或一个运算式。例如：

```
int x=5;            //将 5 赋值给变量 x
x=x+1;              //将 x 的值增加 1 重新赋值给 x
```

【注意】赋值不同于数学中的等式。例如，x=x+1 在数学中不成立，但这里的作用是给变量 x 的值增加 1，程序中常用这样的方式将一个变量的值递增。

在使用赋值运算时可能会遇到等号左边的数据类型与等号右边的数据类型不一致的情况。这时需要将等号右边的结果转换为左边的数据类型，再赋值给左边的变量。可能出现两种情况：一种是系统自动转换，另一种是必须使用强制转换。系统自动转换也称为隐式转换。Java 规定，系统可自动将数据表示范围小的短数据类型转换为数据表示范围大的长数据类型；反之必须使用强制转换。

基本数据类型自动转换的递增顺序如图 2-3 所示。

图 2-3　基本数据类型自动转换顺序

【注意】 long 类型可自动转换为 float 类型是由于整数和实数在数据表示上的不同。

强制类型转换也称为显式转换，其格式为：

变量= (数据类型)表达式

【注意】 布尔类型不能与其他类型进行转换。

强制转换实际上是将转换交给程序员确认。短数据类型的数据转换为长数据类型显然不存在数据超出范围问题，而将长数据类型的数据存储到短数据类型的空间中，则存在表示超出范围的问题。因此，强制转换有可能造成数据的部分丢失。

【例 2-1】　简单数据类型输出。

程序代码如下：

```
#01    public class SimpleDataType {
#02        public static void main(String args[ ]) {
#03            int i = 3;                        //整常数默认为 int 型
#04            byte b = (byte) i;                //将 int 型转换为 byte 型要使用强制转换
#05            short si = 20000;
#06            int li = (int) 4.25;             //实数转换为整数
#07            float f = 3.14f;                 //实数默认为双精度型，通过后缀指定为 float 型
#08            System.out.println(b+ "\t" + si + "\t" + i + "\t" + li + "\t" + f);
#09        }
#10    }
```

【运行结果】

3　　　　　20000　　　　　3　　　　　4　　　　　3.14

【说明】

（1）第 8 行实现程序结果的输出，用 "+" 运算符将输出数据与字符串拼接。

（2）用整数常数给变量赋值时，系统将自动检查数据的大小是否超出变量类型的范围。例如，第 5 行的 20000 虽然是 int 类型常数，但其值在 short 类型有效范围之内，因此系统将自动转换赋值。如果数据超出范围，则不能通过编译，例如：

```
short si = 200000;                    //编译器指示将丢失数据精度
```

但要注意，以上指的是赋值号右边为常数的情形，如果赋值号右边是变量，则严格按照类型转换原则进行检查。如果将第 4 行改为 "byte b=i;"，则编译器将指示错误。

如果第 4 行的赋值号右边是字符常数，例如：

```
byte b = 'a';          //正确
```

则编译器将检查字符的编码值是否超出 byte 数据范围，这里 a 的编码值不超出，所以可以赋值。如果改为汉字字符，例如：

```
byte b = '汉';         //出错
```

编译器将发现字符‘汉’的编码值为 27721，超出 byte 表示的范围，所以编译会报错。

（3）第 7 行的常数后加 f 是必要的，不能将双精度数直接赋值给 float 变量，否则不能通过编译，也可以使用强制转换，例如：

```
float f = (float)3.14;
```

有些情况下，强制转换会导致数据结果的错误，例如：

```
byte x=25,y=125;
byte m =(byte)(x+y);
System.out.println("m="+m);
```

输出结果为 m=-106。这是因为字节数据的最大表示范围是 127，再大的数只能进位到符号位，所以产生的结果为一个负数。

如果不使用强制转换，直接写成如下形式：

```
byte m = x+y;
```

则编译器会给出“possible loss of precision”的错误指示信息。

【注意】为避免数据溢出，Java 虚拟机将两短整数相加的结果默认为 int 类型，因此两整数进行加、乘等运算时，如果将结果赋给长度小于 int 类型的变量，则要求进行强制转换，否则不能通过编译。

2.3　表达式与运算符

表达式是由操作数和运算符按一定的语法形式组成的式子。一个常量或一个变量可以看作表达式的特例，其值即该常量或变量的值。在表达式中，表示各种不同运算的符号称为运算符，参与运算的数据称为操作数。

组成表达式的运算符有很多种，按操作数的数目来分，有如下 3 种。

（1）一元运算符。只需要一个运算对象的运算符称为一元运算符，如++、--、+、-等。例如：

```
x = -x;                //将 x 的值取反赋值给 x
y = ++x;               //将 x 的值加 1 赋值给 y
```

一元运算符支持前缀或者后缀记号。

❑　前缀记号是指运算符出现在它的运算对象之前。例如：

```
operator op                //前缀记号
```

❑　后缀记号是指运算符出现在运算对象之后。例如：

```
op operator                //后缀记号
```

（2）二元运算符。需要两个运算对象的运算符称为二元运算符，如赋值号（＝）可以看作一个二元运算符，它指将右边的运算对象赋给左边的运算对象。其他二元运算符有+、−、*、/、>、<等。例如：

```
x=x+2;
```

所有的二元运算符使用中缀记号，即运算符出现在两个运算对象的中间。例如：

```
op1 operator op2           //中缀记号
```

（3）三元运算符。三元运算符需要 3 个运算对象。Java 中有一个三元运算符，即?:，它表示一个简单的 if…else 语句。

三元运算符也使用中缀记号。例如：

```
op1 ? op2 : op3            //其含义是如果 op1 结果为真值则执行 op2，否则执行 op3
```

运算除了执行一个操作，还返回一个数值。返回数值和它的类型取决于运算符号和运算对象的类型。例如，算术运算符完成基本的算术操作（如加、减）并且返回数值作为算术操作的结果。由算术运算符返回的数据类型取决于它的运算对象的类型，如果两个整型数相加，结果就是一个整型数；如果两个实型数相加，那么结果为实型数。

按功能来分，可以将运算符分成算术运算符、关系运算符、逻辑运算符、位运算符、赋值组合运算符和其他运算符。

2.3.1　算术运算符

算术运算是针对数值类型操作数进行的运算。根据需要参与运算的操作数的数目要求，可将算术运算符分为双目算术运算符和单目算术运算符两种。

1．双目算术运算符（见表 2-5）

表 2-5　双目算术运算符

运　算　符	使 用 形 式	描　　述	举　　例	结　　果
+	op1+op2	op1 加上 op2	5+6	11
−	op1−op2	op1 减去 op2	6.2−2	4.2
*	op1*op2	op1 乘以 op2	3*4	12
/	op1/op2	op1 除以 op2	7/2	3
%	op1%op2	op1 除以 op2 的余数	9%2	1

【注意】

（1）除（/）运算对整数和浮点数的情况不同，如 7/2 结果为 3，而 7.0/2.0 结果为 3.5。也就是说，整数相除将舍去小数部分，而浮点数相除则要保留小数部分。

（2）取模运算（%）一般用于整数运算，用来得到余数部分。例如，7%4 的结果为 3。但当参与运算的值为负数时，结果的正负取决于被除数的正负。

（3）如果出现各种类型数据的混合运算，系统将按自动转换原则将操作数转换为同一类型，再进行运算。例如，一个整数和一个浮点数进行运算，结果为浮点型；一个字符和一个整数相加，则结果是字符的编码值与整数相加后得到的整数值。

看看如下程序段：

```
char c = 'a';
int d = 'c'-c;        // 两字符相减结果为它们的编码值之差
int x = c+1;          // 字符与整数运算时，将字符转换为整数后再运算
char c2 = (char)x;
System.out.println(c+ "\t" + d + "\t" + x + "\t" + c2);
```

输出结果如下：

a　　　　2　　　　98　　　　b

特别注意，加号（+）运算符有些特殊，它的作用要看前后数据。它可用来进行数学上的两个操作数的相加，又可用来实现字符串与其他内容的拼接。如果加号运算符作用于两个字符，则不会执行拼接，而是用字符的编码值进行相加运算。例如：

```
System.out.println( 'a' + 'b'+ ",咋回事?");
```

输出结果如下：

195,咋回事?

按照运算优先次序，这里首先计算 'a'+'b'。两个字符相加会转换成它们的编码值进行相加运算，字符 'a' 的编码值是 97，字符 'b' 的编码值是 98，所以结果为 195。

如果期望将两个字符拼接在一起，则可在输出表达式最前面插入一个空字符串。例如：

```
System.out.println("" + 'a' + 'b'+ ", 如你所愿! ");
```

输出结果如下：

ab,如你所愿!

2. 单目算术运算符（见表 2-6）

表 2-6　单目算术运算符

运 算 符	使 用 形 式	描 述	功 能 等 价
++	a++或++a	自增	a=a+1
--	a--或--a	自减	a=a-1
-	-a	求相反数	a=-a

【说明】

（1）变量的自增和自减与++和--的位置无关。无论是++x 还是 x++，均表示 x 增加 1。

（2）表达式的值与运算符的位置有关。例如，若 x=2，则(++x)*3 结果为 9，即++x 的返回值是 3；而(x++)*3 结果为 6，即 x++ 的返回值是 2。这点在记忆上有些困难，可以观察是谁打头，如果是变量打头，则取变量在递增前的值作为表达式结果，实际就是变量的原有值；如果是++打头，则强调要取"加后"的结果，也即取变量递增后的值作为表达式结果。

2.3.2　关系运算符

关系运算符也称比较运算符，用于比较两个数据之间的大小关系，如表 2-7 所示。关系运算结果是布尔值（true 或 false），如果 x 的值为 5，则 x>3 的结果为 true。

表 2-7　常用的关系运算符

运　算　符	用　　法	描　　述	举　　例
>	op1>op2	op1 大于 op2	x>3
>=	op1>=op2	op1 大于等于 op2	x>=4
<	op1< op2	op1 小于 op2	x<3
<=	op1<= op2	op1 小于等于 op2	x<=4
==	op1== op2	op1 等于 op2	x==2
!=	op1!= op2	op1 不等于 op2	x!=1

2.3.3　逻辑运算符

逻辑运算是针对布尔型数据进行的运算，运算的结果仍然是布尔型数据。常用的逻辑运算有逻辑与（&&）、逻辑或（||）、逻辑非（！），表 2-8 列出了 Java 的逻辑运算符。

表 2-8　逻辑运算符

运　算　符	用　　法	何时结果为 true	附　加　特　点
&&	op1&&op2	op1 和 op2 都是 true	op1 为 false 时，不计算 op2
||	op1||op2	op1 或 op2 是 true	op1 为 true 时，不计算 op2
!	!op	op 为 false	

从表 2-8 可以看出，计算逻辑表达式时，在某些情况下，不必对整个表达式的各部分进行计算。例如，(5= =2)&&(2<3)的结果为 false，实际只用计算 5= =2 的值，发现其为 false，则断定整个逻辑表达式的结果为 false，不需计算右边的(2<3)。这点希望能引起读者注意。

思考以下程序的运行结果，注意 m++和++m 的使用差异以及逻辑运算符的附加特点。

```
public class Expression{
    public static void main(String a[ ]) {
```

```
        int m = 4;
        System.out.println("result1="+m++);
        System.out.println("result2="+(++m));
        boolean x = (m>=6) && (m%2==0);
        boolean y = (m<=6) || (++m==7);
        System.out.println("result3="+x);
        System.out.println("result4="+y);
        System.out.println("m = "+m);
    }
}
```

【运行结果】

result1=4

result2=6

result3=true

result4=true

m = 6

编程中熟练使用逻辑运算符可以表达出看似复杂的条件判断问题。

【问题 1】　判断年份 year 为闰年，必须符合下面两个条件之一：

（1）能被 4 整除，但不能被 100 整除；

（2）能被 400 整除。

用关系运算和逻辑运算结合来表达以上条件，可以写成如下表达式：

```
year % 4 == 0 && year % 100 != 0 || year % 400 == 0
```

【问题 2】　要判断 3 个实数变量 a、b、c 能否构成三角形的三条边，条件式可以表达为 "a+b>c && a+c>b && b+c>a"，即是否任意两边之和大于第三边。

2.3.4　位运算符

位运算是对操作数以二进制比特（bit）位为单位进行的操作运算，位运算的操作数和结果都是整型数。几种位运算符和相应的运算规则如表 2-9 所示。

表 2-9　位运算符

运　算　符	用　　法	操　　作
~	~op	结果是 op 按比特位求反
>>	op1 >> op2	将 op1 右移 op2 个位（带符号）
<<	op1 << op2	将 op1 左移 op2 个位（带符号）
>>>	op1 >>> op2	将 op1 右移 op2 个位（不带符号的右移）
&	op1 & op2	op1 和 op2 都是 true，结果才为 true
|	op1 | op2	op1 或 op2 有一个是 true，则结果为 true
^	op1 ^ op2	op1 和 op2 是不同值

【注意】对于&和|运算符，参与运算的两个运算量可以是逻辑值，也可以是数值数据。对于数值数据，将对两个运算量按位对应计算，这时，1 相当于 true，0 相当于 false。这两个位运算符没有逻辑运算符的附加特点。

1. 移位运算符

移位运算是将某一变量所包含的各比特位按指定方向移动指定的位数，移位运算符通过对第一个运算对象左移或者右移位来对数据执行位操作。移动的位数由右边的操作数决定，移位的方向取决于运算符本身。

表 2-10 给出了移位运算符使用的具体例子。

表 2-10　移位运算符使用示例

x（十进制表示）	x 的二进制补码表示	x<<2	x>>2	x>>>2
30	00011110	01111000	00000111	00000111
-17	11101111	10111100	11111011	00111011

从表 2-10 可以看出，数据在计算机内是以二进制补码的形式存储的，正负数的区别看最高位，最高位为 0 则数据是正数，为 1 则数据是负数。显然，对数据的移位操作不能改变数据的正负性质，因此，在带符号的右移中，右移后左边留出的空位上复制的是原数的符号位。而在不带符号的右移中，右移后左边的空位一律填 0。带符号的左移在后边填补 0。

2. 按位逻辑运算

位运算符&、|、~、^分别提供了基于位的与、或、求反、异或操作。其中，异或是指两位值不同时，对应结果位为 1，否则为 0。

不妨用两个数进行计算，例如，x=13，y=43，计算各运算结果。

首先，将数据转换为二进制形式：x=1101，y=101011。

考虑到数据在计算机内的存储表示，不妨以字节数据为例，x 和 y 均占用一个字节，所以 x 和 y 的二进制为：x=00001101，y=00101011。

~x 结果应为 11110010，十进制结果为-14。

【说明】14 的二进制为 1110，补全 8 位即 00001110，-14 的补码是 14 的原码求反加 1，即 11110001+1=11110010。

x&y 的计算如图 2-4 所示。

x&y=1001，即十进制的 9。

其他运算可仿照图 2-4 的办法计算。

```
    00001101
&   00101011
   ─────────
    00001001
```

图 2-4　位与运算

2.3.5　赋值组合运算符

赋值组合运算符是指在赋值运算符的左边有一个其他运算符，例如：

```
x+=2;  //相当于 x=x+2
```

其功能是先将左边变量与右边的表达式进行某种运算后，再把运算的结果强制转换为

左边变量类型赋给变量。能与赋值符结合的运算符包括算术运算符（+、−、*、/、%）、位运算符（&、|、^）和位移运算符（>>、<<、>>>）。

虽然 x+=1 和 x=x+1 的计算结果均为给 x 的值增加 1，但针对某些特殊的数据类型，其使用有所不同。例如：

```
byte a = 1;
a = a + 1;        //错误提示, int 类型转换为 byte 类型会损失精度
```

整型常数默认是 int 类型，表达式 a+1 是 byte 类型数据和 int 类型数据的混合运算，结果为 int 类型，不能直接赋值给赋值号左边的 byte 型变量。

但如果采用"+="进行递增运算，就不会出问题。例如：

```
byte a = 1;
a += 1;        // a 值增加 1
```

2.3.6　其他运算符

表 2-11 给出了其他运算符的简要说明。这些运算符的具体应用将在以后用到。

表 2-11　其他运算符

运　算　符	描　　述
?:	作用相当于 if...else 语句
[]	用于声明数组、创建数组以及访问数组元素
.	用于访问对象或者类的成员
(type)	强制类型转换
new	创建一个新的对象或者新的数组
instanceof	判断对象是否为类的实例

【说明】

（1）条件运算符是 Java 中唯一的三元运算符，其格式如下：

条件?表达式 1:表达式 2

其含义是如果条件的计算结果为真，则结果为表达式 1 的计算结果，否则为表达式 2 的计算结果。例如，利用以下语句可以求 a、b 两个数的最大值。

```
x=(a>b)?a:b;
```

（2）instanceof 用来决定第一个运算对象是否为第二个运算对象的一个实例。例如：

```
String x="hello world!";
if (x instanceof String)
    System.out.println("x is a instance of String");
```

2.3.7　运算符优先级

运算符的优先级决定了表达式中不同运算执行的先后顺序。例如，在算术表达式中，乘（*）号的优先级高于加（+）号，所以 5+3*4 相当于 5+(3*4)；在逻辑表达式中，关系运算符的优先级高于逻辑运算符，所以 x>y&&x<5 相当于(x>y)&&(x<5)。

在运算符优先级相同时，运算的进行次序取决于运算符的结合性。例如，4*7%3 应理解为(4*7)%3，结果为 1；而不是 4*(7%3)，结果为 4。

运算符的结合性分为左结合和右结合，左结合就是按由左向右的次序计算表达式，如上面的 4*7%3；而右结合就是按由右到左的次序计算，例如，a=b=c 相当于 a=(b=c)，a?b:c?d:e 相当于 a?b:(c?d:e)。Java 运算符的优先级与结合性如表 2-12 所示。

表 2-12　Java 运算符的优先级与结合性

运　算　符	描　　述	优　先　级	结　合　性
()	圆括号	15	左
new	创建对象	15	左
[]	数组下标运算	15	左
.	访问成员（属性、方法）	15	左
++、--	后缀自增、自减 1	14	右
++、--	前缀自增、自减 1	13	右
~	按位取反	13	右
!	逻辑非	13	右
-、+	算术符号（负、正号）	13	右
(type)	强制类型转换	13	右
*、/、%	乘、除、取模	12	左
+、-	加、减	11	左
<<、>>、>>>	移位	10	左
<、>、<=、>=、instanceof	关系运算	9	左
==、!=	相等性运算	8	左
&	位逻辑与	7	左
^	位逻辑异或	6	左
|	位逻辑或	5	左
&&	逻辑与	4	左
||	逻辑或	3	左
?:	条件运算符	2	右
=、+=、-=、*=、/=、%=、&=、^=、|=、<<=、>>=、>>>=	赋值运算符	1	右

2.4 数据的输入/输出

为了在后面的程序介绍中能方便地获取输入数据，下面介绍常用的数据输入和输出方法。

2.4.1 使用标准输入/输出流

1．数据的输出

标准输出流（System.out）中提供如下方法实现数据的输出显示。

❑ print()方法：实现不换行的数据输出。

❑ println()方法：与 print()方法的差别是输出数据后将换行。

❑ printf()方法：带格式描述的数据输出。该方法包含两个参数，第 1 个参数中给出输出格式的描述，第 2 个参数为输出数据。其中，输出格式描述字符串中需要安排与输出数据对应的格式符。常用格式符包括%c（代表单个字符）、%d（代表十进制数）、%f（代表浮点数）、%e（代表科学表示法的浮点数）、%n（代表换行符）、%x（代表十六进制数）和%s（代表字符串）。

【例 2-2】　数据输出应用举例。

程序代码如下：

```
#01    public class Test {
#02        public static void main(String a[ ]) {
#03            int m = 12, n = 517;
#04            System.out.print("n%m=" + (n % m));
#05            System.out.println("\tn/m=" + (n / m));
#06            System.out.print(Integer.toBinaryString(m));
#07            System.out.println("\t" + Integer.toBinaryString(m >> 2));
#08            System.out.printf("Value of PI is %.3f %n", Math.PI);
#09            System.out.printf("result1= %e %n", 1500.34);
#10            System.out.printf("result2= %13.8e %n", 1500.34);
#11        }
#12    }
```

【运行结果】

n%m=1　　　n/m=43

1100　　　11

Value of PI is 3.142

result1= 1.500340e+03

result2= 1.50034000e+03

【说明】

（1）第 6、7 行用到的 Integer.toBinaryString()方法用于将一个整数转换为二进制形式的数字串。

（2）第 8 行的 printf()方法的输出格式中，%.3f 表示按保留小数点后 3 位的形式在此位置输出数据项内容，默认按 6 位小数位输出。

（3）第 9 行的 printf()方法的格式中，%e 表示用科学表示法，默认小数点后数据按 6 位输出。

（4）第 10 行的 printf()方法中，%13.8e 表示小数点后数据按 8 位输出，整个数据占 13 位宽度，宽度值多余的前面补空格，不足的按实际数据占的宽度输出。

2．数据的输入

（1）字符的输入。利用标准输入流的 read()方法，可以从键盘读取字符。但要注意，read()方法从键盘获取的是输入的字符的字节表示形式，需要使用强制转换将其转换为字符型。例如：

```
char c=(char)System.in.read();        //读一个字符
```

（2）字符串的输入。从标准输入流（System.in）取得数据，经过 InputStreamReader 转换为字符流，并经 BufferedReader 进行包装后，借助 BufferedReader 流对象提供的 readLine()方法从键盘读取一行字符。

【例 2-3】　字符串类型数据输入。

程序代码如下：

```
#01    import java.io.*;
#02    public class InputString {
#03        public static void main(String args[ ]) {
#04            String s = "";
#05            System.out.print("please enter a String: ");
#06            try {
#07                BufferedReader in = new BufferedReader(new InputStreamReader(
#08                    System.in));
#09                s = in.readLine();            //读一行字符
#10            } catch (IOException e) {  }
#11            System.out.println("You've entered a String: " + s);
#12        }
#13    }
```

【运行示例】

please enter a String: Hello World!

You've entered a String: Hello World!

【说明】

（1）第 9 行用流对象的 readLine()方法读数据时有可能产生 IO 异常（IOException），对于 IO 异常，Java 编译器强制要求程序必须对这类异常进行捕获处理，将可能产生异常的代码放在 try 块中，catch 部分用于定义捕获哪类异常以及相关处理代码。

（2）第 4 行必须在定义变量 s 时给其赋初值。在 try 块中，第 9 行读取数据给 s 赋值不能保证一定成功，如果在第 11 行访问 s 时不能确定 s 赋过值，则编译不能通过。

程序中还常需要输入数值数据，如整数和实数。这类数据必须先通过上面的方法获取字符串，然后通过基本数据类型的包装类提供的方法将字符串转换为相应类型的数据。下面是整数和双精度数的转换方法。

❑ Integer.parseInt(String)方法：将数字字符串转换为整数。

❑ Double.parseDouble(String)方法：将字符串形式的数字数据转换为双精度数。

例如：

```
String x="123";
int m= Integer.parseInt(x);            //m 的值为 123
x="123.41";
double n= Double.parseDouble(x);       //n 的值为 123.41
```

2.4.2 用 Swing 对话框实现输入/输出

1．数据的输入

可用 javax.swing.JOptionPane 类的 showInputDialog()方法从输入对话框获得字符串，该方法最简单的一种格式为：

static String showInputDialog(Object message);

其中，参数 message 为代表输入提示信息的对象。

2．数据的输出

javax.swing.JOptionPane 类的 showMessageDialog()方法将弹出消息显示对话框，可用来显示输出结果，该方法最简单的一种格式为：

static void showMessageDialog(Component parentComponent, Object message)

其中，参数 parentComponent 代表该对话框的父窗体部件，如果存在，则对话框显示在窗体的中央，在值为 null 时表示该对话框在屏幕的中央显示；参数 message 为显示的内容。

【例 2-4】 用 Swing 对话框输入和显示数据。

程序代码如下：

```
#01    import javax.swing.*;
#02    public class TestSwing {
#03        public static void main(String args[ ]) {
#04            String s = JOptionPane.showInputDialog("请输入圆的半径：");
#05            double r = Double.parseDouble(s);
#06            double area = Math.PI * r * r;
```

```
#07               JOptionPane.showMessageDialog(null, "圆的面积="+area);
#08        }
#09   }
```

运行程序将弹出如图 2-5 所示的对话框，在对话框中输入"5.6"，单击"确定"按钮，将弹出如图 2-6 所示的对话框。

图 2-5 信息输入对话框   图 2-6 显示消息对话框

2.4.3 使用 java.util.Scanner 类

Scanner 是 Java 5 新增的类，称为扫描器，用分隔符分解输入数据，默认情况下用空格作为分隔符。Scanner 的数据源取决于构造参数，以下代码从标准输入（键盘）获取数据。

```
Scanner scanner = new Scanner(System.in);
```

Scanner 类的常用方法如下。
- boolean hasNext()：判断是否有下一个数据。
- int nextInt()：读取整数。
- long nextLong()：读取长整数。
- double nextDouble()：读取双精度数。
- String nextLine()：读取一行字符串。

上述方法执行时会造成程序阻塞，等待用户在命令行输入数据并回车确认。如果输入的数据不够，将在下一行继续等待输入。

【例 2-5】 输入两个整数，求其和与积。
程序代码如下：

```
#01   import java.util.Scanner;
#02   public class TestScaner {
#03       public static void main(String args[ ]) {
#04           Scanner s = new Scanner(System.in);
#05           System.out.print("请输入 2 个整数，用空格隔开：");
#06           int a = s.nextInt();
#07           int b = s.nextInt();
#08           System.out.println("两个数之和为" + (a+b));
#09           System.out.println("两个数之积为" + (a*b));
#10            s.close();
#11       }
#12   }
```

【运行示例】

请输入 2 个整数，用空格隔开：10 20

两个数之和为 30

两个数之积为 200

【思考】输出语句中的(a+b)和(a*b)，哪个可以省略圆括号？

2.5　常用数学方法

Java.lang.Math 类封装了常用的数学函数和常量，Math.PI 和 Math.E 两个常量分别代表数学中的 π 和 e。表 2-13 列出了 Math 类的常用静态方法，将类名作为前缀即可调用。例如，Math.round(5.65)的结果为 6，Math.floor(5.65)的结果为 5.0。

表 2-13　Math 类的常用静态方法

方　　　法	功　　　能
int abs(int i)	求绝对值 注：另有针对 long、float、double 类型参数的多态方法
double ceil(double d)	不小于 d 的最小整数（返回值为 double 型）
double floor(double d)	不大于 d 的最大整数（返回值为 double 型）
int max(int i1,int i2)	求两个整数中的最大数 注：另有针对 long、float、double 类型参数的多态方法
int min(int i1,int i2)	求两个整数中的最小数 注：另有针对 long、float、double 类型参数的多态方法
double random()	0~1 的随机数，不包括 0 和 1
int round(float f)	求最靠近 f 的整数
long round(double d)	求最靠近 d 的长整数
double sqrt(double a)	求 a 的平方根
double cos(double d)	求 d 的 cos 函数 注：其他求三角函数的方法有 sin()、tan()等
double log(double d)	求 d 的自然对数
double exp(double x)	求 e 的 x 次幂（e^x）
double pow(double a, double b)	求 a 的 b 次幂

【例 2-6】　调用 Math 类的数学方法。

程序代码如下：

```
#01    public class   MathTest {
#02        public static void main(String args[ ]) {
#03            double x = 5.65;
#04            System.out.println("x=" + x);
```

```
#05          System.out.println("Math.round(x)="+ Math.round(x));
#06          System.out.println("Math.floor(x)="+ Math.floor(x));
#07          System.out.println("Math.sqrt(9)="+ Math.sqrt(9));
#08          System.out.println("Math.cos(45℃)="+ Math.cos(45*Math.PI/180));
#09      }
#10  }
```

【运行结果】

x=5.65

Math.round(x)=6

Math.floor(x)=5.0

Math.sqrt(9)=3.0

Math.cos(45℃)=0.7071067811865476

　　【说明】Math.round(5.65)的结果为 6，是按四舍五入处理后的整数，结果类型也是整数类型。Math.floor(5.65)的结果为 5.0，是求不大于参数的最大整数，注意结果是实数。Math.sqrt(9)的结果是实数 3.0，而不是整数 3。特别要注意的是，三角函数的实际参数为弧度表示，求 cos(45°)要将参数值从角度转化为弧度表示。

　　因为 Math.random()的返回结果是小于 1 的小数，要产生值在[10,100]区间的随机整数可用如下表达式，将 Math.random()方法的结果乘以一个放大系数后再强制转换为整数。

```
10 + (int)(Math.random()* 91)
```

　　实际上，Java 中针对随机数的产生还有一个 java.util.Random 类，其中包含一些用来产生随机数的实例方法，使用这些方法首先要创建 Random 类的对象，例如：

```
Random rnd = new Random();        //创建 Random 类的对象赋值给引用变量 rnd
int m = rnd.nextInt();            //产生一个随机整数
int n = rnd.nextInt(100);         //产生一个随机整数，数值在[0,100]区间
double a = rnd.nextDouble();      //产生一个实数，数值在[0,1.0) 区间
```

　　【例 2-7】　输入三角形的三条边，求其周长和面积，要求输出结果精确到小数点后两位。

　　【分析】三角形三条边的数据类型为实数，周长和面积也为实数，所以相应变量的类型选用 double 型。数据的输入不妨采用 Scanner 类提供的方法。数据的输出可以采用 System.out.printf()方法来实现精确到小数点后两位，这里改换了一种方式，用 String.format() 方法也可以达到相同目的。

　　程序代码如下：

```
#01    import java.util.Scanner;
#02    import javax.swing.JOptionPane;
#03    public class Triangle {
#04        public static void main(String args[ ]) {
#05            double a,b,c ;   //三条边
#06            Scanner scan = new Scanner(System.in);
#07            System.out.print("请输入三角形的三边值，用空格隔开：");
#08            a = scan.nextDouble();
```

```
#09              b = scan.nextDouble();
#10              c = scan.nextDouble();
#11              scan.close();
#12              double 周长 = a + b + c;
#13              double p = (a + b + c) / 2;    //为求面积引入的变量
#14              double 面积 = Math.sqrt(p *(p-a)*(p-b)*(p-c));
#15              String result = "三条边分别为"+a+""+b+""+c+"的三角形的"+"周长= "+
#16                  String.format("%.2f",周长) +",面积= "+ String.format("%.2f",面积);
#17              System.out.println(result);
#18          }
#19      }
```

【运行示例】

请输入三角形的三边值，用空格隔开：2 3 4

三条边分别为 2.0、3.0、4.0 的三角形的周长= 9.00，面积= 2.90

【说明】程序中代表三角形周长和面积的变量均采用中文。计算三角形面积在数学上有个公式，第 13 行计算 p 的值，第 14 行计算面积的算式用了 Math.sqrt()方法。第 16 行使用 String.format()方法将周长和面积按指定的格式描述转换为字符串，该方法和 System.out.prinf()方法的格式化输出效果一样。第 15～16 行用字符串变量 result 拼接出要输出的结果。

习　　题

1. 选择题

（1）下列（　　）是合法的 Java 标识符名称。

  A. counterl   B. $index,   C. name-7   D. _byte

  E. 1array   F. 2i   G. try   H. char

（2）下面各项中定义变量及赋值不正确的有（　　）。

  A. int i = 32;   B. float f = 45.0;

  C. double d = 45.0;   D. long x = (long)45.0;

（3）Java 语言中，整型常数 123 占用的存储字节数是（　　）。

  A. 1   B. 2   C. 4   D. 8

（4）一个 int 类型的整数和一个 double 类型的数进行加法运算，则结果类型为（　　）。

  A. int 类型   B. double 类型 C. float 类型   D. long 类型

（5）设 a = 8，则表达式 a >>> 2 的值是（　　）。

  A. 1   B. 2   C. 3   D. 4

（6）用八进制表达 8 的值，正确的是（　　）。

  A. 0x10   B.010   C. 08   D. 0x8

（7）以下程序的输出为（　　）。

```
public class test {
```

```
public static void main(String args[ ]) {
    int i;
    float   f = 2.3f;
    double d = 2.7;
    i = ((int)Math.ceil(f)) * ((int)Math.round(d));
    System.out.println(i);
  }
}
```

　　　　A．4　　　　　　B．5　　　　　C．6　　　　　　D．6.1　　　E．9

（8）要产生[20,999]区间的随机整数，使用表达式（　　　）。

　　　　A．(int)(20+Math.random( )*979)

　　　　B．20+(int)(Math.random( )*980)

　　　　C．(int)Math.random( )*999

　　　　D．20+(int)Math.random( )*980

（9）表达式 1+2+ "x"+3 的值是（　　　）。

　　　　A．12x3　　　　B．3x3　　　　C．6x　　　　　D．x6

（10）设有类型定义 int x=24;long y=25;，下列赋值语句不正确的是（　　　）。

　　　　A．y=x;　　　　B．x=y;　　　　C．x=(int)y;　　　D．y=x+2;

2．思考题

（1）试判断下列表达式的执行结果。

　　　　①　4%2+4*3/2　　　　　　②　(int)Math.floor(16/5)/2　　　　③　23>>2

　　　　④　8>3&&6==6&&12<3　　⑤　Math.round(5.6)/2　　　　　⑥　Math.sqrt(9)/2<2

（2）编写类，并将如下程序段放在 main()方法中，思考运行结果。

程序 1：

```
int   a = 2;
System.out.print( a++);
System.out.print( a);
System.out.print(++a);
```

程序 2：

```
int   x = 4;
System.out.println( "value is " +((x > 4) ? 99.99 : 9));
```

程序 3：

```
int x=125;
System.out.println(x%2);
System.out.println(x/10);
System.out.println(x%3==0);
```

程序 4：

```
System.out.print(7%-2+"\t");
System.out.print(7%2+"\t");
System.out.print(-7%2+"\t");
System.out.println(-7%-2+"\t");
System.out.println("7.2%2.8="+7.2%2.8);
```

程序 5：

```
int    a=6,b=7,c=8;
double d=3.14;
String x="hello";
System.out.println(a+b+x+c+d);
```

程序 6：

```
char a = '6';
int d = a - '0';
System.out.println(a+1);
System.out.println(d+1);
```

3. 编程题

（1）球体的体积计算公式为 $4/3\pi r^3$。编写一个程序输入半径，求体积。

（2）输入矩形的长和宽，计算矩形的周长和面积。

（3）从键盘输入摄氏温度 C，计算华氏温度 F 的值并输出。其转换公式如下：

$$F=(9/5)\times C+32$$

（4）从键盘输入一个实数，获取该实数的整数部分，并求出实数与整数部分的差，将结果分别用两种形式输出：一种是直接输出，另一种是用精确到小数点后 4 位的浮点格式输出。

第 3 章 流程控制语句

本章知识目标：

❑ 掌握两种条件语句（if 和 switch）的使用。

❑ 掌握 3 种循环语句（while、do…while、for）的使用。

❑ 了解 break 和 continue 语句的作用。

❑ 学会分析程序的执行流程。

通常，程序是按照书写顺序逐条往后执行的。实际解题算法中经常存在条件判断和步骤重复的情形，因此在程序设计语言中提供了条件选择语句和循环语句。这些语句可控制程序执行流程的变化。

3.1 算法与流程图

编程有两个核心问题：一个是与问题相关的数据表示，另一个是解题方法和步骤。数据表示包括数据类型以及数据的组织形式，而解题方法和步骤是通过算法来描述的。

3.1.1 算法表示

算法的表示有多种方法，包括自然语言、流程图、伪代码和结构化流程图等。算法具有以下 5 个重要特征。

❑ 有穷性（finiteness）：指算法可在执行有限步骤之后终止。

❑ 确定性（definiteness）：算法的每个步骤都是确定的，不能模棱两可。

❑ 输入项（input）：一个算法有 0 个或多个输入，0 个输入是指算法含有初始条件。

❑ 输出项（output）：一个算法有一个或多个输出，用来反映对输入数据加工后的结果。

❑ 有效性（effectiveness）：每个计算步骤都可以在有限时间内完成。

常用算法有穷举法、递推法、迭代法、递归法等。

❑ 穷举法：列举出问题空间所有可能的情况（往往用循环来控制数据范围），逐个判断哪些情况符合问题条件要求，从而得到问题解。

❑ 递推法：递推是序列数据计算中的一种常用算法。它是按照一定的规律来计算数据序列中的每个项，一般根据前面若干项的值计算得出序列中指定项的值。

❑ 迭代法：很多数学问题可以采用迭代法求解。所谓迭代，就是不断用变量的旧值递推新值。迭代公式要保证最后的求解结果是收敛的，也就是相邻两次结果之差达到指定的精度，常常用小于一个很小的数来表达。

❏ 递归法：递归是指函数在其定义中有直接或间接调用自身的一种方法，使用递归策略时，必须有一个明确的递归结束条件，称为递归出口。

3.1.2 传统流程图和 N-S 结构流程图

程序设计中常用流程图表示算法，它具有直观形象、易于理解的特点。流程图包括传统流程图和结构流程图两种。传统流程图用图框结合箭头线来表示执行顺序，有如下一些符号。

❏ 处理框（矩形框）：表示一般的处理功能。
❏ 判断框（菱形框）：表示对给定条件进行判断，根据条件是否成立决定执行流程。
❏ 输入/输出框（平行四边形框）：表示执行输入或输出操作。
❏ 起止框（圆角矩形框）：表示流程开始或结束。
❏ 连接点（圆圈）：用于将画在不同地方的流程线连接起来。使用连接点，可以避免流程线的交叉或过长，使流程图清晰。
❏ 流程线（指向线）：表示流程的路径和方向。

结构流程图也称为 N-S 流程图，它比传统流程图紧凑易画，且废除了流程线，可节省空间。结构流程图有顺序、选择和循环 3 种结构，几种典型结构表示如图 3-1 所示。

（a）顺序结构　　　　（b）条件选择结构　　　　（c）while 循环　　　（d）do...while 循环

图 3-1　结构流程图的几种典型结构

3.2　条件选择语句

3.2.1　if 语句

1. 无 else 的 if 语句

无 else 的 if 语句格式如下：

```
if(条件表达式) {
    if 块;
}
```

【说明】

（1）如果条件表达式的值为真，则执行 if 块的语句；否则直接执行后续语句。该语句的执行流程如图 3-2 所示。

（2）用花括号括住表示要执行一组语句，也称语句块。语句块以"{"表示块的开始，以"}"表示块的结束。如果要执行的 if 块为单条语句，可以省略花括号。

【例 3-1】　从键盘输入 3 个整数，输出其中的最大者。

程序代码如下：

图 3-2　无 else 的 if 语句的执行流程

```
#01    import java.util.Scanner;
#02    public class FindMax{
#03        public static void main(String args[ ]) {
#04            Scanner s = new Scanner(System.in);
#05            System.out.print("请输入 3 个数，用空格隔开：");
#06            int a = s.nextInt();
#07            int b = s.nextInt();
#08            int c = s.nextInt();
#09            int max = a;
#10            if (b > max)
#11                max = b;
#12            if (c > max)
#13                max = c;
#14            System.out.println("最大值是: " + max);
#15        }
#16    }
```

【说明】第 10～13 行是完成求最大值的核心，先假定 a 最大，再将 b 和 c 分别与 a 比较，比 a 大的为最大者。

【思考】如果用 Math.max()方法来实现求 3 个数的最大值，如何用一个表达式实现？

2. 带 else 的 if 语句

带 else 的 if 语句格式如下：

```
if(条件表达式) {
    if 块;
}
else {
    else 块;
}
```

【说明】

（1）该格式是一种更常见的形式，即 if 与 else 配套使用，所以一般称作 if…else 语句，其执行流程如图 3-3 所示。如果条件表达式的值为真，执行 if 块的代码；否则执行 else 块的代码。

（2）if 块和 else 块为单条语句时，可省略相应位置的花括号。

图 3-3　带 else 的 if 语句的执行流程

3．if 语句的嵌套

在稍微复杂的编程中，常出现条件的分支不止两种的情况，此时可使用 if 嵌套。所谓 if 嵌套，就是在 if 语句的 if 块或 else 块中继续含有 if 语句。

例如，要求 a、b、c 3 个数中的最大数，可以采用以下 if 嵌套来实现。

```
if (a>b) {
  if(a>c)
     System.out.println("3 个数中最大值是: "+a);
  else
     System.out.println("3 个数中最大值是: "+c);
}
else {   //a<=b 的情况
  if(b>c)
     System.out.println("3 个数中最大值是: "+b);
  else
     System.out.println("3 个数中最大值是: "+c);
}
```

关于 if 嵌套，要注意的一个问题是 if 与 else 的匹配问题。因为 if 语句有带 else 和不带 else 两种形式，编译程序在给 else 语句寻找匹配的 if 语句时是按最近匹配原则来配对的，所以在出现 if 嵌套时最好用花括号来标识清楚相应的块。

4．阶梯 else if

阶梯 else if 是嵌套 if 中一种特殊情况的简写形式。这种特殊情况就是 else 块中逐层嵌套 if 语句，使用阶梯 else if 可以使程序更简短和清晰。

【例 3-2】 输入一个学生的成绩，根据所在分数段输出信息。0～59 输出"不及格"，60～69 输出"及格"，70～79 输出"中"，80～89 输出"良"，90 及以上输出"优"。

程序代码如下：

```
#01    import javax.swing.*;
#02    public class Ex3_2 {
#03        public static void main(String args[ ]) {
#04            int s;
#05            s = Integer.parseInt(JOptionPane.showInputDialog("输入分数："));
#06            if (s < 60)
#07                System.out.println("不及格");
#08            else if (s < 70)
#09                System.out.println("及格");
#10            else if (s < 80)
#11                System.out.println("中");
```

```
#12             else if (s < 90)
#13                 System.out.println("良");
#14             else
#15                 System.out.println("优");
#16         }
#17     }
```

【说明】该程序是 if 嵌套的一种比较特殊的情况，除了最后一个 else，其他 3 个 else 的语句块中正好是一个 if 语句。

【注意】在 else if 中条件的排列是按照范围逐步缩小的，下一个条件是上一个条件不满足情况下的一种限制。例如，条件 s<90 处实际上包括 s>=80 的限制。

3.2.2　多分支语句 switch

对于多分支的处理，Java 提供了 switch 语句，其格式如下：

switch (expression)
{
　　case value1 : 语句块 1; break;　　　　//分支 1
　　case value2 : 语句块 2; break;　　　　//分支 2
　　...
　　case valueN : 语句块 N; break;　　　　//分支 n
　　[default : 默认语句块;]　　　　　　　//分支 n+1，均不符合其他 case 分支
}

switch 语句的执行流程如图 3-4 所示。

图 3-4　switch 语句的执行流程

【说明】

（1）switch 语句执行时首先计算表达式的值，这个值可以是整型、字符型或字符串类型（其中字符串类型是在 JDK 1.7 中新增的支持），同时要与 case 分支的判断值的类型一致。计算出表达式的值后，首先与第一个 case 分支的判断值进行比较，若相同，执行第一个 case 分支的语句块；否则再检查第二个 case 分支，依此类推。

（2）case 子句中的值 valueN 必须是常量，各个 case 子句中的值不同。

（3）如果都不匹配，则执行 default 指定的语句，但 default 子句本身是可选的。

（4）break 可以在执行完一个 case 分支后，使程序跳出 switch 语句，即终止 switch 语句的执行；否则，找到一个匹配的情况后，后面所有的语句都会被执行，直到遇到 break 为止。在特殊情况下，多个不同的 case 值要执行一组相同的操作，这时可以不用 break。

例 3-2 也可采用 switch 语句实现，修改后的程序代码如下：

```
#01    import javax.swing.*;
#02    public class Ex3_2 {
#03        public static void main(String args[ ]){
#04            int s;
#05            s = Integer.parseInt(JOptionPane.showInputDialog("输入分数："));
#06            int x=s/10;
#07            switch(x){
#08            case 0: case 1: case 2: case 3: case 4:
#09            case 5:
#10                System.out.println("不及格");
#11                break;
#12            case 6:
#13                System.out.println("及格");
#14                break;
#15            case 7:
#16                System.out.println("中");
#17                break;
#18            case 8:
#19                System.out.println("良");
#20                break;
#21            case 9:
#22            case 10:
#23                System.out.println("优");
#24            }
#25        }
#26    }
```

【说明】这里的关键是通过除 10 取整，将成绩的判定条件转换为整数值范围。第 8 行所列出的 case 情形无任何执行语句，所以按执行流程均会执行第 10 行的语句。

JDK 13 允许 switch 结构直接得到一个结果值，新增了 yield 关键字可跳出当前 switch 块并带回一个结果值。另外，同一个 case 中还可以列出多个值，多个值之间用逗号分隔。因此，上面程序的第 7～24 行可修改为如下形式。

```
System.out.println(switch (x) {
        case 0, 1, 2, 3, 4, 5:  yield "不及格";
        case 6:    yield "及格";
        ...
    });
```

除了 JDK 13，switch 还支持 case value ->的表达形式，这种表达形式不用 break 语句就可退出分支。这里的箭头表达形式是第 14 章将介绍的 λ 表达式。例如：

```
switch (x) {
    case 0,1,2,3,4,5 -> System.out.println("不及格");
    case 6 -> System.out.println("及格");
    ...
}
```

当然，switch 的结果还可以是 λ 表达式的结果，因此也可简写成如下形式。

```
System.out.println(switch (x) {
    case 0,1,2,3,4,5 -> "不及格";
    case 6 -> "及格";
    ...
});
```

3.3　循 环 语 句

循环语句是在一定条件下反复执行一段代码，被反复执行的程序段称为循环体。Java
语言中提供的循环语句有 while 语句、do...while 语句、for 语句。

3.3.1　while 语句

while 语句的格式如下：

while (条件表达式)
　　循环体

while 语句的执行流程如图 3-5 所示，首先检查条件
表达式的值是否为真，若为真，则执行循环体，然后判
断是否继续循环，直到条件表达式的值为假，执行后续
语句。循环体通常是组合语句，在某些特殊情况下，也
可以是单个语句。

【例 3-3】　在 3 位数中找出所有水仙花数，水仙花数
的各位数字的立方和等于该数本身。

图 3-5　while 语句的执行流程

【分析】3 位数的范围是从 100 开始到 999，显然要对该范围内的所有数进行检查，因此，可以设置一个循环变量，初始时为 100，以后随着循环的进行不断增值，直到超出 999 结束循环。这里的一个难点是如何获取各位数字。

该程序的结构流程图如图 3-6 所示。可以看出，在 while 循环的循环体中嵌套了一个 if 条件判断语句。该结构流程中体现了顺序、选择和循环 3 种结构的综合应用。

图 3-6　程序的结构流程图

程序代码如下：

```
#01    public class Ex3_3 {
#02       public static void main(String arge[ ]){
#03          int i, j, k, n = 100, m = 1;
#04          while (n < 1000) {
#05             i = n / 100;                    //获取最高位
#06             j = (n/10)%10;                  //获取中间位
#07             k = n % 10;                     //获取最低位
#08             if (Math.pow(i, 3) + Math.pow(j, 3) + Math.pow(k, 3) == n)
#09                System.out.println("找到第 " + m++ + " 个水仙花数：" + n);
#10             n++;
#11          }
#12       }
#13    }
```

【运行结果】

找到第 1 个水仙花数：153

找到第 2 个水仙花数：370

找到第 3 个水仙花数：371

找到第 4 个水仙花数：407

　　【说明】在程序中使用 Math 类的一个静态方法 pow()来计算某位数字的立方。第 5 行取最高位和第 7 行取最低位的办法是典型做法，第 6 行取中间位的办法还可以是(n-i * 100) / 10 或者(n%100)/10 等，变化较多。

　　【注意】while 循环的特点是"先判断，后执行"。如果条件一开始就不满足，则循环执行 0 次。另外，在循环体中通常要执行某个操作以改变循环条件（如本例中的 n++），如果循环条件永不改变，则循环永不终止，称此为死循环。要强制停止死循环的执行，只有按 Ctrl+C 快捷键。在循环程序设计中，要注意避免死循环。

【例 3-4】 从键盘输入一个长整数，求其各位数字之和。

　　【分析】这里的关键是如何得到各位数字。注意，得到一个整数的最低位数字可用除 10 求余数的办法，而要得到该整数的除最低位外的数字，只要除 10 取整即可。因此，利用循环即可将一个整数的各位数字取出。

　　程序代码如下：

```
#01    import javax.swing.*;
#02    public class Ex3_4 {
#03        public static void main(String args[ ]){
#04            long n, m = 0;
#05            n = Long.parseLong(JOptionPane.showInputDialog("输入整数"));
#06            long a = n;
#07            while (a > 0){
#08                m += a % 10;    //累加计算各位数字之和
#09                a = a / 10;
#10            }
#11            System.out.print(n + "的各位数字之和=" + m);
#12        }
#13    }
```

　　【说明】程序中引入了 3 个变量，n 记录要分析的整数，m 记录其各位数字之和，a 记录数据的递推变化。第 9 行把最低位抛去后，该数的值越来越小，最后变为 0，则不再循环。

3.3.2 do…while 语句

　　如果需要在任何情况下都先执行一遍循环体，则可以采用 do…while 循环，其格式如下：

do {
　　循环体
} while (条件表达式);

　　do…while 语句的执行流程如图 3-7 所示，先执行循环体的语句，再检查表达式，若表达式的值为真则继续循环，否则结束循环，执行后续语句。

　　do…while 循环的特点是"先执行，后判断"，循环体至少要执行一次，这点是与 while 循环的重要区别，在应用时要注意选择。

图 3-7　do…while 语句的执行流程

【例 3-5】　用迭代法求某数 a 的平方根。

【分析】已知求平方根的迭代公式为 $x_{n+1}= (x_n+ a/x_n)/2$，设迭代初值为 a/2，最后迭代结果要求前后两次求出的两个结果之差的绝对值小于 10^{-5}。可用 x1 和 x2 两个变量来记下前后的两个迭代解。程序的结构流程如图 3-8 所示。

图 3-8　程序的结构流程

程序代码如下：

```
#01    import java.util.*;
#02    public class FindRoot {
#03      public static void main(String args[ ]) {
#04        double x1, x2, a;
#05        System.out.print("请输入 a=? ");
#06        Scanner scan=new Scanner(System.in);
#07        a = scan.nextDouble();
#08        x1 = a / 2;                            //设置解初值
#09        do
#10        {
#11            x2 = x1;                           //记住上一个解
#12            x1 = (x2 + a / x2) / 2;            //求下一个解
#13        } while (Math.abs(x1 - x2) >= 1e-5);   //迭代结束条件
#14        System.out.printf("%f 的平方根是%.5f\n", a,x1);
```

```
#15          }
#16  }
```

【运行示例】

请输入 a=? 2

2.000000 的平方根是 1.41421

【说明】本例用迭代法求解，当相邻两次结果之差达到指定精度时迭代过程结束。

3.3.3　for 语句

如果循环可以设计为按某个控制变量值的递增来控制的循环，则可以直接采用 for 循环实现。for 语句一般用于事先能够确定循环次数的场合，其格式如下：

for (控制变量设定初值;循环条件;迭代部分)
　　循环体

for 语句的执行流程如图 3-9 所示，首先执行初始化操作，然后判断循环条件是否满足，如果满足，则执行循环体中的语句，最后通过执行迭代部分给控制变量增值。完成一次循环后，重新判断循环条件。

图 3-9　for 语句的执行流程

for 循环的优点在于变量计数的透明性，即很容易看到控制变量的数值变化范围。使用 for 循环要注意以下两点。

（1）初始化、循环条件以及迭代部分都可以为空语句（但分号不能省略），三者均为空时，相当于一个无限循环。

（2）初始化部分和迭代部分可以使用逗号语句来进行多个操作。所谓逗号语句，是用逗号分隔的语句序列。例如：

```
for( int i=0,j=6; i<j; i++,j--)
        System.out.println(i+","+j);
```

该循环用了两个循环控制变量 i 和 j，随循环的进行，i 的值递增，而 j 的值递减。执行该代码段的输出结果如下：

0,6

1,5

2,4

【例 3-6】 求 $1 - \dfrac{1}{2!} + \dfrac{1}{3!} - \dfrac{1}{4!} + \cdots - \dfrac{1}{20!}$ 的值。

【分析】这是一个变相的累加问题，累加项的符号在正负间交替变化。根据累加项中数据的变化特点组织循环，要充分利用累加项的前后两项之间的关系来进行递推求解。如果在计算累加项时，分母部分的 n!再用循环计算，则整个程序会用到二重循环，算法效率不高，而且阶乘的值递增很快，容易导致变量值出现数据表示上的溢出。

程序代码如下：

```
#01    public class Ex3_6{
#02        public static void main(String args[ ]) {
#03            double sum = 1,term=1;
#04            int flag = 1;
#05            for ( int n = 2; n <= 20; n++)  {
#06                flag = - flag;
#07                term *= 1.0/n;
#08                sum += flag * term;
#09            }
#10            System.out.println("sum = " + sum);
#11        }
#12    }
```

【运行结果】

sum = 0.6321205588285578

【说明】第 6 行用 flag =-flag 来体现累加项符号的正负交替变化。第 7 行计算新的累加项时，1.0/n 不能写成 1/n，否则会变为整除运算。

【例 3-7】 利用随机函数产生 10 道两位数的加法测试题，根据用户的解答输入计算得分。

程序代码如下：

```
#01    import javax.swing.*;
#02    public class Ex3_7 {
#03        public static void main(String args[ ]) {
#04            int score = 0;
#05            for (int i = 0; i < 10; i++) {
#06                int a = 10 + (int) (90 * Math.random());
#07                int b = 10 + (int) (90 * Math.random());
#08                String s = JOptionPane.showInputDialog(a + "+" + b + "=? ");
```

```
#09                     int ans = Integer.parseInt(s);
#10                     if (a + b == ans)
#11                         score = score + 10; //每道题 10 分
#12                 }
#13                 JOptionPane.showMessageDialog(null, "your score= " + score);
#14         }
#15     }
```

【说明】表达式 10+(int)(90* Math.random())产生[10,99]区间的随机数。这里，循环起计数作用，在循环内，第 6、7 行产生两个被加数，第 8 行提示用户解答，第 10 行判断解答的正确性，第 11 行通过累加分值的方法统计得分。

3.3.4　循环嵌套

循环嵌套是指循环体中又含循环语句。3 种循环语句可以自身嵌套，也可以相互嵌套。嵌套将循环分为内外两层，外层循环每循环一次，内层循环要执行一圈。注意，编写嵌套循环时不能出现内外循环的结构交叉现象。

【例 3-8】　找出 3～50 中的所有素数，按每行 5 个数输出。

【分析】素数是指除了 1 和本身，不能被其他整数整除的数。因此，要判断一个数 n 是否为素数，可用一个循环来解决：用 2～n-1 的数除 n，有一个能除尽，则可断定该数不是素数，这时应结束循环，引入一个标记变量 f 来表示这方面的信息，f 为 true 时表示该数为素数，为 false 时则表示该数不是素数。

程序代码如下：

```
#01     public class Ex3_8 {
#02         public static void main(String args[]) {
#03             int m = 0;
#04             for (int n = 3; n <= 50; n++) {    //外层循环
#05                 boolean f = true;
#06                 int k = 2;
#07                 while (f && k <= (n - 1)) { //内层循环，用 2～n-1 的数除 n
#08                     if (n % k == 0)
#09                         f = false;        //发现有一个数能除尽，n 就不是素数
#10                     k++;
#11                 }
#12                 if (f) {
#13                     System.out.print("\t" + n);
#14                     m++;
#15                     if (m % 5 == 0)
#16                         System.out.println();
#17                 }
#18             }
#19         }
#20     }
```

【运行结果】

3	5	7	11	13
17	19	23	29	31
37	41	43	47	

【说明】本例包含多种结构嵌套情况，读者需要仔细思考整个程序的组织。从循环的角度，包含一个二重循环：外层循环是有规律地变化，适合用 for 循环实现；内层循环要判断数 n 是否为素数，由于内循环的循环次数是不定的，所以采用 while 循环，注意循环进行的条件是 f 为 true 且控制变量小于等于 n−1。

3.4　跳转语句

3.4.1　break 语句

在 switch 语句中，break 语句已经得到应用。在各类循环语句中，break 语句提供了一种方便地跳出循环的方法。它有以下两种使用形式。

❑　break：不带标号，从 break 所处的循环体中直接跳转出来。
❑　break 标号名：带标号，跳出标号所指的代码块，执行块后的下一条语句。

给代码块加标号的格式如下：

```
BlockLabel: { codeBlock }
```

思考以下程序的运行结果。

```java
class Loop{
    public static void main(String[ ] agrs) {
        outer:  for(int x=0;x<2;x++){
        middle: for(int y=0;y<4;y++){
                    System.out.println(x+","+ y);
                    if(y==2) { break   outer; }
                }
            }
        }
}
```

【运行结果】

0,0
0,1
0,2

【说明】注意到语句 if(y==2) { break　outer; }是当 y=2 时要退出标号 outer 所标记的循环，也就是退出外循环，所以运行结果只有 3 行内容。如果换成不带标号的 break 语句，则输出结果中还将包括外循环 x 取值为 1 的那些情形。

利用 break 语句可以改写前面的很多例子。例如，例 3-8 引入了布尔变量来控制循环，且采用 while 循环。实际上，也可以用 for 循环来实现，代码如下：

```
for (int k=2; k<=(n-1);k++) { //用 2～(n-1)的数除 n
    if (n % k==0)
        break;              //发现有一个数能除尽，n 就不是素数
}
```

在这种情况下，要在循环外看是否为素数，就只能看循环控制变量的值，但由于这里将 k 定义为循环局部变量，其值在循环结束后就无效了；解决办法是在循环前定义 k，这样判断是否为素数只要看 k 是否等于 n 即可。

【例 3-9】　4 位同学中有一位做了好事，班主任问是谁做的好事。A 说"不是我"，B 说"是 C"，C 说"是 D"，D 说"C 说谎"。已知 4 人中 3 人说的是真话，1 人说的是假话。根据这些信息，找出做了好事的人。

【分析】这是一个逻辑问题，用算法语言解决此类问题通常要用循环去测试所有可能的情形，不妨用字符'A''B''C''D'分别代表 A、B、C、D 4 位同学，循环控制变量 man 定义为字符型，其取值范围是从字符'A'至字符'D'。

程序代码如下：

```
#01    public class FindPerson{
#02        public static void main(String args[ ]) {
#03            char man;
#04            for (man ='A' ; man <= 'D'; man++) {
#05                int a = (man != 'A') ? 1 : 0;
#06                int b = (man == 'C') ? 1 : 0;
#07                int c = (man =='D') ? 1 : 0;
#08                int d = (man != 'D') ? 1 : 0;
#09                if (a + b + c + d == 3)
#10                    break;
#11            }
#14            System.out.println("the man is "+man);
#15        }
#16    }
```

【运行结果】

the man is C

【说明】第 5～8 行将 4 人说话的真假转换为 1 和 0 的数字形式，从而方便表达有 3 人的话为真的判定处理。当找到满足条件的情形时，则通过 break 退出循环，因为是在循环外输出 man 的值，所以 man 要在循环前进行定义。

【思考】如果满足条件时直接输出结果，也就是将输出 man 值的语句提前到循环内，应该如何改写程序？这时变量 man 也可以在 for 语句的头部定义。

3.4.2　continue 语句

continue 语句用来结束本次循环，跳过循环体中尚未执行的语句，接着进行循环条件的判断，以决定是否继续循环。对于 for 语句，在进行循环条件的判断前，还要先执行迭代语句。Continue 语句有以下两种形式。

❏　continue：不带标号，终止当前一轮的循环，继续下一轮循环。
❏　continue 标号名：带标号，跳转到标号指明的外层循环中，继续其下一轮循环。

【例 3-10】　输出 10 和 20 之间不能被 3 或 5 整除的数。

程序代码如下：

```
#01    public class Ex3_10 {
#02        public static void main(String args[ ]) {
#03            int j = 9;
#04            do {
#05                j++;
#06                if (j % 3 == 0 || j % 5 == 0)
#07                    continue;
#08                System.out.print(j + " ");
#09            } while (j < 20);
#10        }
#11    }
```

【运行结果】

11　13　14　16　17　19

【说明】当变量 j 的值能被 3 或 5 整除时，执行 continue 语句，跳过本轮循环的剩余部分，直接执行下一轮循环。

该程序如果用 for 循环来表达，则第 3～9 行的代码可以写成如下形式。

```
for (int j=10;j<=20;j++) {
   if (j%3==0 || j%5==0 )
       continue;
   System.out.println(j + " ");
}
```

另外，条件还可改用逻辑与（&&）来表达，比较符换成不等号（!=），具体代码如下：

```
for (int j=10;j<=20;j++)
   if (j%3!=0 && j%5!=0 )
       System.out.println(j + " ");
```

实际上，针对同一问题往往有多种编程表达形式，表达问题逻辑时合理使用逻辑运算符可事半功倍。要尽量让程序代码清晰简练，且可读性好、执行效率高。

习 题

1. 选择题

（1）以下程序的运行结果为（ ）。

```
public class Test {
    public static void main(String args[ ]) {
        int i=0, j=2;
        do {
            i=++i;
            j--;
        } while(j>0);
        System.out.println(i);
    }
}
```

    A. 0   B. 1   C. 2   D. 3

（2）执行以下程序后，输出结果为（ ）。

```
public class Ex2{
    public static void main(String args[ ]) {
        int k ,f=1;
        for (k=2;k<5;k++)
            f = f * k;
        System.out.println(k);
    }
}
```

    A. 0   B. 1   C. 5   D. 4   E. 24

（3）设有如下类：

```
class Loop {
    public static void main(String[ ] agrs) {
        int x=0;int y=0;
        outer: for(x=0;x<100;x++){
        middle: for(y=0;y<100;y++){
                System.out.println("x="+x+"; y="+y);
                if (y==10) {   <<<insert code>>>   }
            }
        }
    }
}
```

在<<<insert code>>>处插入（ ）可以结束外循环。

    A. continue middle;   B. break outer;

    C. break middle;   D. continue outer;

（4）下列循环的执行次数是（   ）。

```
int x=4,y=2;
while (--x!=x/y) {    }
```

      A．1   B．2   C．3   D．4

（5）以下程序段的输出结果为（   ）。

```
int x=1;
for (x=2;x<=10;x++ ) ;
System.out.print(x);
```

      A．1   B．2   C．10   D．11

（6）设 int x=2，y=3，则表达式(y-x==1)?(!true?1:2):(false?3:4)的值为（   ）。

      A．1   B．2   C．3   D．4

2．写出以下程序的运行结果

程序 1：

```
String c="red";
switch (c) {
    default:
        System.out.println("white");
    case "red":
        System.out.println("red");
        break;
    case "blue":
        System.out.println("blue");
}
```

程序 2：

```
outer:
for (int i=1;i<3;i++)
    for (int j=1;j<4;j++) {
        if (i==1 && j==2)
            continue outer;
        System.out.println("i="+i+"    j="+j);
    }
```

程序 3：

```
int j=0;
do {
    if(j==5) continue;
    System.out.print(j + " ");
    j++;
} while(j<10);
```

程序 4：

```
int i = 10,  j = 10;
```

```
boolean b = false;
if ( b = i == j)
    System.out.println("True");
else
    System.out.println("False");
```

程序 5：

```
int a=1,b=2,c=3,d=0;
if (a>1)
    if (b>2)
        d=4;
    else
        d=2;
else if(b>c)
    d=3;
else   d=1;
System.out.println("d="+d);
```

程序 6：

```
int m=8,n=5;
while (m>2) {
    if (m>n)
        m = m-n;
    else
        n = n-m;
}
System.out.println(m);
```

程序 7：

```
int x=1,y=1,z=1;
if (x--==1 && y++==1 || z++==1)
    System.out.println("x="+x+",y="+y+",z="+z);
```

程序 8：

```
int x=23659;
String m="result=";
while (x>0) {
    m = m + x%10;
    x = x/10;
}
System.out.println(m);
```

程序 9：

```
int i=0,j=5;
top: for(; ;) {
    i++;
    for (; ;)
        if (i>--j) break top;
}
```

```
System.out.println("i="+i+",j="+j);
```

3．编程题

（1）从键盘输入一个整数，根据其是奇数还是偶数分别输出 odd 和 even。

（2）从键盘输入 3 个整数，按由小到大的顺序排列输出。

（3）从键盘输入 a、b、c 3 个实数，计算方程 $ax^2+bx+c=0$ 的根。

（4）运输公司对用户计算运费，路程越远，折扣越高，标准如表 3-1 所示。

表 3-1　路程与折扣的关系

路程 s/km	折扣/%
s<250	0
250≤s<500	2
500≤s<1000	5
1000≤s<2000	8
2000≤s<3000	10
s≥3000	15

设每吨千米货物的基本运费为 price，货物重量为 weight，距离为 s，折扣为 discount，则运费 freight 的计算公式为：

$$freight = price*weight*s*(1-discount)$$

从键盘输入 price、weight 和 s 的值，计算总运费。

（5）利用下式求 e^x 的近似值：

$$e^x=1+x/1!+x^2/2!+x^3/3!+\cdots+x^n/n!+\cdots$$

输出 x 为 0.2 和 1.0 之间步长为 0.2 的所有 e^x 值（计算精度为 0.00001）。

（6）设有一条绳子，长 2000 m，每天剪去其 1/3，计算多少天后其长度变为 1 cm。

（7）计算 n 至少多大时，以下不等式成立：

$$1+1/2+1/3+\cdots+1/n>6$$

（8）从键盘输入 10 个整数，将最大、最小的整数找出来并输出。

（9）百鸡百钱问题。公鸡每只 3 元，母鸡每只 5 元，小鸡 3 只 1 元，用 100 元买 100 只鸡，公鸡、母鸡、小鸡应各买多少只？

（10）用二重循环输出九九乘法表，注意用制表符\t 实现结果的对齐显示。

（11）输入一个整数，判断该数是否为降序数，如果是则输出 true，否则输出 false。所谓降序数，是指该数的各位数字从高到低逐步下降（包括相等）。例如，5441 是降序数，但 363 不是。

（12）有 N 个人参加 100 米短跑比赛。跑道为 8 条。程序的任务是按照尽量使每组的人数相差最少的原则分组。例如：N=8 时，分成 1 组即可；N=9 时，分成 2 组：一组 5 人，一组 4 人。要求从键盘输入一个正整数 N，输出每个分组的人数。

第 4 章　数组与方法

本章知识目标：

❑　掌握一维数组和二维数组的定义、空间分配。

❑　掌握用循环访问数组元素的方法。

❑　掌握方法的定义格式，理解方法头和方法体的作用。

❑　掌握方法的调用形式，理解参数传递的特点。

❑　了解 Java 应用程序的命令行参数的使用。

数组是程序设计语言中常用的一种数据组织方式，广泛应用于批量数据的处理。将完成一些特定功能的程序编写为方法，在需要的地方调用，可缩短整个程序的代码长度，提高编程效率。

4.1　数　　组

Java 语言中，数组是一种最简单的复合数据类型，数组的主要特点如下。

❑　数组是相同数据类型元素的集合。

❑　数组中各元素按先后顺序连续存放在内存之中。

❑　每个数组元素用数组名和它在数组中的位置（称为下标）表达。

4.1.1　一维数组

一维数组与数学中的数列有着很大的相似性。数列 $a_1, a_2, a_3 \cdots$ 的特点也是元素名字相同，下标不同。创建一维数组需要以下 3 个步骤。

1. 声明数组

声明数组要定义数组的名称、维数和数组元素的类型。定义格式有以下两种。

格式 1：数组元素类型　数组名[];

格式 2：数组元素类型[]　数组名;

其中，数组元素类型可以是基本类型，也可以是类或接口。例如，要保存某批学生的成绩，可以定义一个数组 score，声明如下：

```
int score[ ];
```

该声明定义了一个名为 score 的数组，每个元素类型为整型。

2．创建数组空间

声明数组只是定义了数组名和元素类型，并未指定元素个数。与变量一样，数组的每个元素需要占用存储空间，因此必须通过某种方式规定数组的大小，进而确定数组需要的空间。

给已声明的数组分配空间可采用如下格式：

数组名 ＝ new 数组元素类型 [数组元素的个数];

例如：

```
score = new int[10];              //创建含 10 个元素的整型数组
```

也可以在声明数组的同时给数组规定空间，即将数组声明和分配数组空间合并。例如：

```
int score[ ] = new int[10];
```

数组元素的下标从 0 开始，最大下标值为数组的大小减 1。当数组的元素类型为基本类型时，在创建存储空间时将按默认规定给各元素赋初值。但如果元素类型为其他引用类型，则其所有元素值为 null（代表空引用）。

对于以上定义的 score 数组，10 个元素的下标分别为 score[0]，score[1]，score[2]，……，score[9]，每个元素的初值为 0。

3．创建数组元素并初始化

另一种给数组分配空间的方式是声明数组时给数组一个初值表，则数组的元素个数取决于初值表中数据的元素个数。格式如下：

类型 数组名[]={ 初值表 };

例如：

```
int score[ ] = {1,2,3,4,5,6,7,8,9,10};
```

该语句将创建一个整型数组 score，其中包含 10 个元素，且各元素的初值分别为 1，2，……，10。

通过数组的 length 属性可得到数组的长度，也就是数组元素的个数。例如，score.length 指明数组 score 的长度。

【注意】数组元素的下标范围是 0～score.length-1，如果下标超出范围，运行时将产生"数组访问越界异常"。

编程中常用循环来控制对数组元素的访问，访问数组元素的下标随循环控制变量变化。

【例 4-1】利用随机函数产生 15 个学生的成绩，统计高于平均成绩的学生人数。

【分析】如果仅仅是求学生的平均成绩，可以不用数组，现在还要统计高于平均成绩的学生人数，这就涉及对数据的反复处理：可以将数据保存在数组中，先用循环遍历数组元素累加出成绩总和，除以人数即可得到平均成绩；接下来再次用循环遍历数组统计出高于平均成绩的学生人数。

程序代码如下：

```
#01    public class Ex4_1 {
#02        public static void main(String args[ ]) {
#03            int   score[ ] = new int[15];
#04            double sum = 0, average ;
#05            /* 产生学生成绩存入数组，并累加成绩和输出成绩  */
#06            for (int k = 0; k < score.length; k++) {
#07                score[k] = (int) (Math.random() * 101);
#08                sum += score[k];                        //所有学生成绩累加
#09                System.out.printf("%4d",score[k]);      //输出数组元素
#10            }
#11            System.out.println();
#12            average = sum/score.length;                 //计算平均成绩
#13            /* 以下统计高于平均成绩的人数 */
#14            int count=0;
#15            for (int k = 0; k < score.length; k++)
#16                if (score[k]>=average)
#17                    count++;
#18            System.out.printf("高于平均成绩的人数为：%d\n", count);
#19        }
#20    }
```

【运行示例】

62　46　69　12　11　45　14　97　87　7　26　2　96　36　50
高于平均成绩的人数为：8

【练习】求最高分和最低分，如何修改程序？

特别地，对于数组和含一组元素的集合，存在一个特殊的 for 循环语句，类似于其他程序设计语言中的 for each 循环，可遍历访问其中的所有元素，形式如下：

for (元素类型 循环变量名:数组名) { 循环体 }

因此，以上求数组所有元素之和的循环语句可改写为：

```
for (int x:score)   sum += x;
```

其中，x 的取值将随循环执行过程分别为 score[0]，score[1]，……，score[9]。

值得注意的是，增强 for 循环只能访问数组元素，不能给数组元素赋值。以下代码编译没有问题，但运行时会发现 score 数组的元素没有得到随机数的值。

```
for (int x:score)   x = (int)(Math.random()*100);
```

【例 4-2】 用随机数模拟投掷色子 5000 次，输出各点值的出现次数。

【分析】色子的值只有 6 种情况，可以定义一个数组来统计这 6 种情况，数组的大小就是 6。投掷 5000 次可以通过一个循环来控制，根据投掷结果给相应数组元素增加 1。注意，数组的下标从 0 开始，而色子的值从 1 开始，所以要进行减 1 的折算，即投掷 1 时给

下标为 0 的元素增加 1，依此类推。

程序代码如下：

```
#01    public class    Ex4_2 {
#02      public static void main(String args[ ]) {
#03        int    count[ ] = new int[6];
#04        for ( int k = 0; k<5000; k++){           //投掷 5000 次
#05          int v = (int)(Math.random()* 6 + 1);
#06          count[v-1]++;                  //对应色子点值的统计元素值增加 1
#07        }
#08        for (int i = 0;i<count.length; i++)
#09          System.out.println((i+1)+ "出现次数为: "+count[i]);
#10      }
#11    }
```

【运行结果】

1 出现次数为：809

2 出现次数为：831

3 出现次数为：831

4 出现次数为：841

5 出现次数为：834

6 出现次数为：854

【说明】从投掷色子的结果可以看出，Math.random()产生的值是在（0，1）区间均匀分布的，由于不包括 0 和 1，因此要得到 1～6 的色子值要进行乘 6 加 1 的操作。

【例 4-3】　将一维数组元素按由小到大的顺序重新排列。

【分析】排序方法有很多种，这里介绍一种最简单的方法——交换排序法。其基本思想如下：

假设对 n 个元素进行比较，即 a[0]，a[1]，……，a[n-1]。

第一遍，目标是在第一个元素处（i=0）放最小值，做法是将第一个元素与后续各元素（i+1～n-1）逐个进行比较，如果有另一个元素比它小，则交换两元素的值。

第二遍，仿照第一遍的做法，在第二个元素处（i=1）放剩下元素中的最小值，也即将第二个元素与后续元素进行比较。

……

最后一遍（第 n-1 遍），将剩下的两个元素 a[n-2]与 a[n-1]进行比较，在 a[n-2]处放最小值。

最终要进行 n-1 遍比较（外循环），在第 i 遍（内循环）要进行 n-i 次比较。

程序代码如下：

```
#01    public class Ex4_3 {
#02        public static void main(String arge[ ]) {
#03            int a[ ] = { 4, 6, 3, 8, 5, 3, 7, 1, 9, 2 };
#04            int n = a.length;
```

```
#05              System.out.println("排序前=>");
#06              for (int k = 0; k < n; k++)
#07                  System.out.print("    " + a[k]);
#08              System.out.println();
#09              /* 以下对数组元素按由小到大进行排序 */
#10              for (int i = 0; i < n - 1; i++)
#11                  for (int j = i + 1; j < n; j++)
#12                      if (a[i] > a[j]) {
#13                          /* 交换 a[i]和 a[j] */
#14                          int temp = a[i];
#15                          a[i] = a[j];
#16                          a[j] = temp;
#17                      }
#18              System.out.println("排序后=>");
#19              for (int k = 0; k < n; k++)
#20                  System.out.print("    " + a[k]);
#21          }
#22      }
```

【运行结果】

排序前=>

　　4　6　3　8　5　3　7　1　9　2

排序后=>

　　1　2　3　3　4　5　6　7　8　9

【说明】第 14～16 行交换 a[i] 和 a[j]的值，如果直接用 a[i]= a[j]，则 a[j]= a[i]会导致两个元素的值均为 a[j]原来的值，所以引入一个临时变量 temp，而且要注意语句次序。

4.1.2　多维数组

Java 语言中，多维数组被看作数组的数组。多维数组的定义是通过对一维数组的嵌套来实现的，即用数组的数组来定义多维数组。

多维数组中，最常用的是二维数组。下面以二维数组为例介绍多维数组的使用。

1．声明数组

二维数组的声明与一维数组类似，只是要给出两对方括号。其主要有以下两种格式。

格式 1：数组元素类型　数组名[ ][ ];

格式 2：数组元素类型[ ][ ]　数组名;

例如：

```
int a[ ][ ];
```

2．创建数组空间

为二维数组创建存储空间有两种方式。

（1）直接为每一维分配空间。例如：

```
int a[ ][ ] = new int [2][3];
```

以上定义了 2 行 3 列的二维数组 a，数组的每个元素为一个整数。数组中各元素通过两个下标来区分，每个下标的最小值为 0，最大值比行数或列数少 1。数组 a 共包括 6 个元素，即 a[0][0]、a[0][1]、a[0][2]、a[1][0]、a[1][1]、a[1][2]。其排列如表 4-1 所示。

表 4-1　二维数组的排列

a[0][0]	a[0][1]	a[0][2]
a[1][0]	a[1][1]	a[1][2]

可以看出二维数组在形式上与数学中的矩阵和行列式相似。

（2）从最高维开始，按由高到低的顺序分别为每一维分配空间。例如：

```
int a[ ][ ] = new int [2][ ];
a[0] = new int [3];
a[1] = new int [4];
```

Java 语言中，不要求多维数组每一维的大小相同。

要获取数组的行数，可以通过如下方式：

数组名.length

要获取数组的列数，则要先确定行，再通过如下方式获取该行的列数：

数组名[行标].length

【例 4-4】　二维数组动态创建示例。

程序代码如下：

```
#01    public class Ex4_4 {
#02        public static void main(String[ ] args) {
#03            int[ ][ ] m = new int[4][ ];        //这里只定义了二维数组行的大小
#04            for (int i = 0; i < m.length; i++) {
#05                m[i] = new int[i + 1];        //对每行创建子数组
#06                for (int j = 0; j < m[i].length; j++) {
#07                    m[i][j] = i + j;
#08                }
#09            }
#10            //以下按行、列输出数组的元素
#11            for (int i = 0; i < m.length; i++) {
#12                for (int j = 0; j < m[i].length; j++)
#13                    System.out.print(m[i][j] + " ");
#14                System.out.println();
#15            }
#16        }
#17    }
```

【运行结果】

0

1　2

2　3　4

3　4　5　6

【说明】第 3 行定义了二维数组的行数，但没有确定每行的列数；在循环中第 5 行逐个创建每行的子数组的大小，即确定列数，但这里它们的大小不一样。引用数组元素时，必须保证访问的数组元素是在已创建好的空间范围内。

3．创建数组元素并初始化

二维数组初始化与一维数组初始化的原则相同。可用如下方式在数组定义的同时进行初始化：

```
int a[ ][ ] = {{1,2,3},{4,5,6}};        //2×3 的数组
int b[ ][ ] = {{1,2},{4,5,6}};          //b[0]有两个元素，而 b[1]有 3 个元素
```

更为常见的做法是在数组定义后通过二重循环给数组的每个元素赋值。

4.2　方　　法

4.2.1　方法声明

方法是类的行为属性，标志了类所具有的功能和操作。方法由方法头和方法体组成，方法头定义方法的访问特征，方法体实现方法的功能。其一般格式如下：

修饰符 1　修饰符 2 ... 返回值类型　方法名(形式参数表) [throws　异常列表]

{

　　　方法体各语句;

}

【说明】

（1）任何方法定义中均含有圆括号()，无参方法在圆括号中不含任何内容。

（2）修饰符包括方法的访问修饰符（如 public 等）、抽象方法修饰符（abstract）、类方法修饰符（static）、最终方法修饰符（final）、同步方法修饰符（synchronized）、本地方法修饰符（native），它们的作用将在后面章节进行介绍。

（3）形式参数规定了方法需要多少个参数及每个参数的类型信息，在方法体内访问参数名可获取参数值。形式参数列表的格式如下：

类型 1　参数名 1, 类型 2　参数名 2,...

（4）返回值是方法在操作完成后返回调用它的环境的数据，返回值的类型用各种类型的关键字（如 int、float 等）来指定。如果方法无返回值，则用 void 标识。

对于有返回值的方法，在方法体中一定要有一条 return 语句，该语句的形式有以下两种。

❑ return 表达式;：方法返回结果为表达式的值。

❑ return;：用于无返回值的方法退出。

return 语句的作用是结束方法的运行，并将结果返回给方法调用者。return 返回值必须与方法头定义的返回类型相匹配。

4.2.2 方法调用

调用方法就是要执行方法，方法调用的形式如下：

方法名(实际参数表)

【说明】

（1）实际参数表列出传递给方法的实际参数。实际参数简称为实参，可以是常量、变量或表达式。相邻的两个实参间用逗号分隔。实参的个数、类型、顺序要与形参一致。

（2）方法调用的执行过程是，首先将实参的值传递给形参，然后执行方法体。方法运行结束后，方法结果返回给调用者，然后继续执行方法调用处的后续语句。

【例 4-5】　编写求阶乘的方法，并利用求阶乘的方法实现一个求组合的方法。

n 个元素中取 m 个的组合计算公式为 c(n,m)=n!/((n-m)!*m!)，利用求组合方法输出如下杨辉三角形。

c(0,0)

c(1,0) c(1,1)

c(2,0) c(2,1) c(2,2)

c(3,0) c(3,1) c(3,2) c(3,3)

程序代码如下：

```
#01    public class Ex4_5 {
#02        /* 求 n!的方法 fac(n) */
#03        public static long fac(int n) {
#04            long res = 1;
#05            for (int k = 2; k <= n; k++)
#06                res = res * k;
#07            return res;
#08        }
#09
#10        /* 求 n 个元素中取 m 个的组合方法 */
#11        public static long com(int n, int m) {
#12            return fac(n) / (fac(n - m) * fac(m));
#13        }
#14
#15        public static void main(String args[ ]) {
```

```
#16                 for (int n = 0; n <= 3; n++) {
#17                     for (int m = 0; m <= n; m++)
#18                         System.out.print(com(n, m) + "   ");
#19                     System.out.println();
#20                 }
#21         }
#22 }
```

【运行结果】

1
1　1
1　2　1
1　3　3　1

【说明】第 3～8 行定义了求 n!的方法 fac(n)；第 11～13 行定义了求组合的方法 com(n,m)，它利用求阶乘的方法 fac()计算组合。在 main()方法中通过一个二重循环来调用求组合的方法，输出杨辉三角形各个位置的数据。

【思考】用二维数组表示杨辉三角形各行各列的数据，不难发现有下列规律：

a[i][0]=1，a[i][j]=a[i-1][j-1] + a[i-1][j]

其中，i 代表行，变化范围为 0～n，n 为行数-1；j 代表列，变化范围为 1～i。

【练习】用数组保存数据，输出含 5 行数据的杨辉三角形。

4.2.3　参数传递

在 Java 中，参数传递是以传值的方式进行的，即将实参的存储值传递给形参，这时要注意以下两种情形。

（1）对于基本数据类型的参数，其对应的内存单元存放的是变量的值，参数传递是将实参的值传递给形参单元。这种情形下，对形参和实参的访问操纵的是不同的内存单元。因此，在方法内对形参数据的任何修改都不会影响实参。

（2）对于引用类型（如对象、数组等）的参数变量，实参和形参单元中存放的是引用地址，参数传递是将实参存放的引用地址传递给形参。这样，实参和形参引用的是同一对象或同一数组。因此，对形参所引用对象成员或数组元素的更改将直接影响实参对象或数组。

【例 4-6】　参数传递演示。

程序代码如下：

```
#01    public class Ex4_6 {
#02        static void paraPass(int x, int y[ ]) {
#03            x = x + 1;
#04            y[1] = y[1] + 1;
#05            System.out.println("x= " + x);
#06        }
```

```
#07
#08        public static void main(String args[ ]) {
#09            int m = 5;
#10            int a[ ] = { 1, 4, 6, 3 };
#11            paraPass(m, a);
#12            System.out.println("m= " + m);
#13            for (int k = 0; k < a.length; k++)
#14                System.out.println(a[k] + "\t");
#15        }
#16   }
```

【运行结果】

x= 6

m= 5

1　5　6　3

【说明】

paraPass()方法有两个参数，参数 x 为基本类型，参数 y 为一维数组，也就是引用类型。方法调用时，两个实际参数分别为整型变量 m 和整型数组 a。

（1）实参 m 的值传递给为形参变量 x 分配的单元中，x 的值为 5，如图 4-1 所示。在 paraPass()方法内将 x 值增加 1，输出 x 的结果为 6，方法 paraPass()执行结束后，返回 main() 方法中，输出 m 的值是 5。

（2）第 2 个参数是数组。实参 a 中存储的是数组的引用地址，参数传递时是将实参数组 a 中的引用地址传递给形参 y。图 4-2 给出了参数传递时形参与实参的对应关系，也即形参 y 和实参 a 代表同一数组。因此，当在方法内将 y[1]加上 1 变为 5 后，a[1]也为 5。

图 4-1　基本类型数据的参数传递　　　图 4-2　引用类型数据的参数传递

4.2.4　递归

递归是方法调用中的一种特殊现象，它是在方法自身内又调用方法自己。注意，在方法内递归调用自己通常是有条件的，在某个条件下不再递归。递归调用的一个典型例子是求阶乘问题，根据阶乘的计算特点，可以发现如下规律：

n!=n*(n-1)!

也就是说，5 的阶乘是 5 乘以 4 的阶乘，而 4 的阶乘是 4 乘以 3 的阶乘，依此类推。最后 1 的阶乘为 1，或 0 的阶乘为 1，结束递归。

用数学表示形式来描述可以写成：

$$
\begin{cases}
\text{fac}(n) = 1, & n=1 \ \text{或} \ n=0 \\
\text{fac}(n) = n*\text{fac}(n-1), & n>1
\end{cases}
$$

可以利用递归编写如下求阶乘的方法：

```
static int fac(int n)   {
    if (n==1 || n==0)
        return 1;
    else
        return n*fac(n-1);
}
```

在编写递归方法时一定要先安排不再递归的条件检查，从而避免无限递归。递归的执行要用到堆栈来保存数据，堆栈在递归的过程中需要保存程序执行的现场，然后在递归结束时再逐级返回结果。返回时知道 1！就可以得到 2！，知道 2！就可以得到 3！，依此类推，也就是计算递归时分为递推和回推两个阶段。采用递归计算在效率上明显不高，因此在一般情况下不采用递归计算。

4.2.5　方法的可变长参数

Java 5 后，方法支持可变长参数，参数定义时，使用"…"表示可变长参数。与可变参数匹配的实参个数不固定，方法调用时，对应可变长参数可以给出任意多个实参（包括 0个）。因此，一个方法中不允许有多个可变长参数，而且可变长参数必须处于方法参数排列中的最后位置。

标准输出流的 printf()方法就含有可变长参数。该方法含有两个参数，第 1 个参数为代表输出格式的描述串，第 2 个参数为代表输出数据的可变长参数。方法格式如下：

printf(String format,Object... obj)

以下是 printf()方法的两个调用，第 1 个调用有两个参数，第 2 个调用有 3 个参数。

```
System.out.printf("%d ",n);                //其中,n 为整型变量
System.out.printf("%d %s",n,"cat");
```

在含有可变长参数的方法中，可以把可变长参数当成数组使用。例如，以下方法求一组数据的累加和，在方法中通过增强 for 循环遍历访问每个参数。

```
static double add(double... parms) {
    double s = 0;
    for (double p : parms)
        s += p;
    return   s;
}
```

针对该方法的以下调用均是成立的。

```
double sum1 = add(1.8, 6 ,6.4 , 8.2);
double sum2 = add(2.5,5.8);
double sum3 = add();
```

特别地，如果实参数据来自数组，则可直接传递数组名给可变长参数。例如：

```
double[ ] score = {90, 80, 65,70,59};
double sum = add(score);
```

【注意】可变长参数可兼容数组类实参，但是数组类形参却无法兼容可变长参数的实参。也就是说，如果将以上 add()方法的形参改为数组类型，则 add(5 ,6)形式的调用不成立。

4.3　Java 的命令行参数

在 Java 应用程序的 main()方法中有一个字符串数组参数，该数组中存放所有的命令行参数。命令行参数是给 Java 应用程序提供数据的手段之一，它跟在命令行运行的主类名之后，各参数之间用空格分隔。使用命令行参数有利于提高应用程序的通用性。

【例 4-7】　输出命令行所有参数。
程序代码如下：

```
#01    public class Command{
#02        public static void main(String[ ] args) {
#03            for (String s:args)
#04                System.out.println(s);
#05        }
#06    }
```

【运行示例】

D:\>java Command "you are welcome" to"china!"

you are welcome

to

china!

【说明】上面是在 DOS 命令行方式下运行程序，如果命令行参数中有引号，则两个引号间的字符系列为一个参数，引号之外的空格作为参数的分隔符。如果引号不匹配，则从左引号后面的字符开始一直至行尾的所有字符将作为一个参数。

在 Eclipse 环境中，要运行带命令行参数的程序，首先选中要运行的类，在工程的 Run 菜单中选择 Run Configurations...命令，然后选择 Arguments 选项卡，将出现如图 4-3 所示的界面，在其中的 Program arguments 部分填写命令行参数，注意参数之间用空格隔开。最后，单击 Run 按钮即可。运行程序时将读取命令行参数，一旦配置好命令行参数，以后运行程序就会自动获取先前配置的命令行参数。

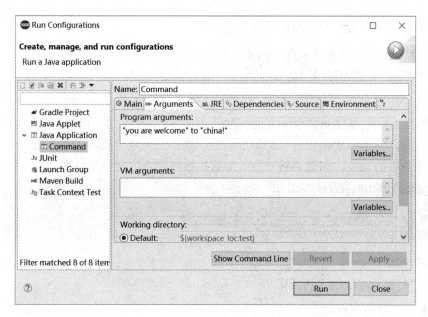

图 4-3　在 Eclipse 环境下设置命令行参数

4.4　数组工具类 Arrays

Java 中有一个 Arrays 类，该类在 java.util 包中，其中封装了对数组进行操作的一系列静态方法。以下介绍其中部分方法。

1. 数组排序

利用 Arrays 类的 sort()方法可方便地对数组排序。例如：

```
int   a[ ] = { 4, 6, 3, 8, 5, 3, 7, 1, 9, 2 };
Arrays.sort(a);
for (int k=0;k<a.length;k++) {
    System.out.print(a[k]+ " ");
}
```

输出结果如下：

1 2 3 3 4 5 6 7 8 9

2. 数组转化为字符串

利用 Arrays 类的 toString()方法可以将数组转化为字符串的形式。例如：

```
int   a[ ] = { 4, 6, 3, 8, 5, 3, 7, 1, 9, 2 };
System.out.print(Arrays.toString(a));
```

输出结果如下：

[4, 6, 3, 8, 5, 3, 7, 1, 9, 2]

如果将上面的数组变为二维数组形式：

```
int   a[ ][ ] = { {4, 6}, {3, 8, 5},{ 3, 7, 1},{ 9, 2} };
System.out.print(Arrays.toString(a));
```

相应输出结果如下：

[[I@2a139a55, [I@15db9742, [I@6d06d69c, [I@7852e922]

可以看到，输出结果是一些引用地址信息，这些引用地址实际上是二维数组每行元素构成的一维数组的地址。如果要将二维数组的数据内容转化为字符串表示，需要用 Arrays 类提供的 deepToString()方法。例如：

```
int   a[ ][ ] = { {4, 6}, {3, 8, 5},{ 3, 7, 1},{ 9, 2} };
System.out.print(Arrays.deepToString(a));
```

输出结果如下：

[[4, 6], [3, 8, 5], [3, 7, 1], [9, 2]]

【例 4-8】   二分查找问题。

【分析】二分查找又称折半查找，是一种效率较高的查找方法。折半查找法比较次数少，查找速度快，用于不经常变动而且查找频繁的有序列表。折半查找的算法思想是查找过程中采用跳跃式方式查找，即先以有序数列的中点位置为比较对象，如果要找的元素值小于该中点元素，则将待查序列缩小为左半部分，否则为右半部分。每次比较将查找区间缩小一半。

程序代码如下：

```
#01    import java.util.*;
#02    public class ArraySearch{
#03        public static int binarySearch(int x[ ], int key) {
#04            int start = 0;                          //区间的左边界
#05            int end = x.length - 1;                 //区间的右边界
#06            while (start <= end) {
#07                int mid =   start + (end - start)/ 2 ;    //求中点位置
#08                if (key < x[mid]) {
#09                    end = mid - 1;                  //继续在左半区查找
#10                } else if (key > x[mid]) {
#11                    start = mid + 1;                //继续在右半区查找
#12                } else {
#13                    return mid;                     //找到，则返回位置
#14                }
#15            }
#16            return -1;                              //没找到，则返回-1
#17        }
#18
#19        public static void main(String[ ] args) {
#20            int   a[ ] = new int[10];
#21            for (int k = 0; k<a.length; k++)
#22                a[k] = (int)(Math.random()*50);     //给数组初始化
```

```
#23            Arrays.sort(a);                          //排序
#24            System.out.println(Arrays.toString(a));   //输出数组
#25            Scanner scan = new Scanner(System.in);
#26            System.out.print("请输入要查找的数据值? ");
#27            int v = scan.nextInt();
#28            int p = binarySearch(a,v);                //调用二分查找方法
#29            if (p != -1 )
#30                System.out.println("在数组中首次出现位置为 a["+p+"]");
#31              else
#32                System.out.println("该数据在数组中不存在!");
#33        }
#34    }
```

【运行示例】

[9, 12, 19, 19, 25, 27, 30, 40, 48, 49]

请输入要查找的数据值? 25

在数组中首次出现位置为 a[4]

【说明】第 3～17 行定义了二分查找方法，使用该方法前，要求参数数组按由小到大的顺序进行排序。第 28 行调用该方法查找变量 v 的值在数组 a 中的位置。

二分查找算法也可以采用递归来描述和实现，每次递归要查找的下标范围不一样，通过方法参数给出数组查找的范围。

采用递归设计的二分查找方法如下：

```
public static int binarySearch2(int x[ ], int start, int end, int key){
    int mid = (end - start) / 2 + start;
    if (x[mid] == key)    return mid;        //找到，则返回位置
    if (start >= end)     return -1;         //没找到，返回-1
    if (key > x[mid])
        return binarySearch2(x, mid + 1, end, key);
    else
        return binarySearch2(x, start, mid - 1, key);
}
```

在 main()方法中调用递归设计的二分查找方法的调用语句写成如下形式：

```
int p = binarySearch2(a, 0, a.length-1, key);
```

3. 数组元素的二分查找

【例 4-8】　设计的二分查找法只能用于整型数组，实际上 Arrays 类中含有针对二分查找的 binarySearch()方法，可用于在任何类型的数组中查找元素。其常用形态如下：

static <T> int binarySearch(T[] a ,T key)

其中，T 代表泛型类型，泛型是用于表达通用类型的，可参见第 13 章的介绍。

该方法的功能：如果 key 在数组 a 中，返回搜索值在数组中的位置，否则返回"–"（插

入点）。其中，插入点为大于 key 值的元素位置，相对于开始位置为-1 进行计算。结果为正值代表找到，为负值则代表没找到。例如：

```
public static void main(String[ ] args) {
    int   a[ ] = {2, 5, 7, 8, 9, 24, 67};                //有序数组
    Scanner scan = new Scanner(System.in);
    System.out.print("请输入要查找的数据值? ");
    int value = scan.nextInt();
    int p = Arrays.binarySearch(a,value);
    System.out.println(value + "的索引位置为 a["+p+"]");
}
```

【运行示例 1】

请输入要查找的数据值? 8

8 的索引位置为 a[3]

【运行示例 2】

请输入要查找的数据值? 15

15 的索引位置为 a[-6]

【说明】运行示例 1 是找到元素的情形，它返回在数组中的元素位置。而运行示例 2 返回的结果为负值，注意这里的 "-" 有特殊含义，它用来表达插入位置。也就是说，该方法除了用于查找，还可以为数据插入正确位置做准备。

实际上，Arrays 类的 sort()方法和 toString()方法的参数数组类型也是泛型，以下代码演示了针对字符串类型数组的方法调用样例。

```
public static void main(String[ ] args) {
    String   s[ ] = {"are","he","she", "is", "boy", "girl","you"};
    Arrays.sort(s);                              //数组排序
    System.out.println(Arrays.toString(s));      //输出数组
    Scanner scan = new Scanner(System.in);
    System.out.print("请输入要查找的数据值? ");
    String x = scan.nextLine();
    int p = Arrays.binarySearch(s,x);            //查找 x 在数组 s 中的位置
    System.out.println(x + "的索引位置为 s["+p+"]");
}
```

【运行结果】

[are, boy, girl, he, is, she, you]

请输入要查找的数据值? boy

is 的索引位置为 s[1]

4. 数组的复制

Arrays 类提供 3 对数组进行复制的两个方法。

❑　static <T> T[] copyOf(T[] arr,int newLength)：从 arr 数组的首位置开始，复制指定长度的元素到结果数组中。如果 newLength 值大于整个数组长度，则新数组中剩

余元素按默认赋值初始化。

❑ static<T>T[] copyOfRange(T[] arr,int fromIndex,int toIndex)：将 arr 数组的 fromIndex
至 toIndex 区间的部分元素复制到结果数组中。

例如，以下代码对应的输出结果为[2, 5, 8, 24, 67]。

```
int   a[ ] = {2,5,8,24,67,7,9 };
int   b[ ] = Arrays.copyOf(a,5);
System.out.println(Arrays.toString(b));
```

这里，Arrays.copyOf(a,5)只会将数组 a 中的前 5 个元素复制到结果数组中。

习　　题

1．选择题

（1）给出下面代码：
```
public class Person{
    public static void main(String a[ ]) {
        int arr[ ] = new int[10];
        System.out.println(arr[1]);
    }
}
```

以下说法正确的是（　　）。

  A．编译时将产生错误

  B．编译时正确，运行时将产生错误

  C．输出 0

  D．无输出

（2）以下程序的输出结果为（　　）。

```
public class Test{
    static int x=5;
    public static void main(String argv[ ]){
        change(x);
        x++;
        System.out.println(x);
    }
    static void change(int m){
        m+=2;
    }
}
```

  A．7　　　　　　　　B．6　　　　　　　　C．5　　　　　　　　D．8

（3）以下程序的运行结果为（　　　）。

```java
public class Q {
    public static void main(String argv[ ]) {
        int anar[ ]= new int[5];
        System.out.println(anar[0]);
    }
}
```

  A．出错：anar 在未初始化前被引用   B．null
  C．0   D．5

（4）以下程序的运行结果为（　　　）。

```java
public class Q1 {
    public static void main(String argv[ ]) {
      if (!f(3))
          System.out.println("3 is odd");
      else
          System.out.println("3 is even");
    }
    public static boolean f(int x){
        return    x%2==0;
    }
}
```

  A．3 is odd   B．3 is even
  C．程序不能通过编译   D．程序可编译，但不能正常运行

2．写出以下程序的运行结果

程序 1：

```java
class test1 {
    public static void main(String args[ ]) {
        int a[ ]=new int[6];
        for (int m=0;m<a.length;m++) {
            a[m]=m+1;
            System.out.print(a[m]);
            if (m%3==0)
                System.out.println();
        }
    }
}
```

程序 2：

```java
class test2{
    public static void main(String args[ ]){
        int s = f(3) + f(2);
        System.out.println("s="+s);
```

```
        }
    public static int f(int k) {
        int m=1,r=1;
        while (m<=k) {
            r = r * m;
            m++;
        }
        return r;
    }
}
```

程序 3：

```
class test3{
    public static void main(String args[ ]){
        int[ ] a={1,2,3,4};
        for (int i=0;i<4;i++)
            a[i]=a[i]+i;
        for(int b:a)
            System.out.println(b);
    }
}
```

程序 4：

```
class test4{
    public static void main(String args[ ]){
        System.out.println(fun(2));
    }
    static int fun(int x) {
        int j=1;
        switch(x) {
            case 1: j++;
            case 2: j++;
            case 3: j++;
            default: j++;
        }
        return j+x;
    }
}
```

程序 5：

```
class test5{
    public static void main(String args[ ]){
        int[ ] a ={3,1,5,4};
        System.out.println(fun(a,3));
    }
    static int fun(int k[ ],int n) {
        if (n>0)
```

```
            return n + fun(k,n-1);
        else
            return 0;
    }
}
```

3．编程题

（1）输入一个班的成绩到一维数组中，求最高分、平均分，并统计各分数段的人数。其中分数段有不及格（<60）、及格（60～69）、中（70～79）、良（80～89）、优（≥90）。

（2）幻方是一个 3 阶以上的方阵，每个元素值不同，且每一行之和、每一列之和、左对角线之和以及右对角线之和都等于一个相同的数。编写一个程序，验证输入的 3 阶矩阵是否为幻方。以下为两组验证数据。

4	9	2	47	113	17
3	5	7	29	59	89
8	1	6	101	5	71

（3）编写一个方法，求 3 个数中的最大值，并调用该方法求从命令行参数中获得的任意 3 个整数中的最大者。

（4）编写一个方法，利用选择排序按由小到大的顺序实现一维数组的排序，并验证方法。与交换排序的不同在于，选择排序在每遍比较的过程中，不急于进行交换，先确定最小元素的位置，在每遍比较完后，再将最小元素与本遍最小值该放位置的元素交换。

（5）编写一个方法，判断一个数是否为素数，返回布尔值。利用该方法验证哥德巴赫猜想：任意一个不小于 3 的偶数可以拆成两素数之和。不妨将验证范围缩小到 3～100。

（6）利用求素数的方法，找出 3～99 的所有姐妹素数。所谓姐妹素数，是指两个素数为相邻奇数。

（7）利用命令行参数输入一个整数 n（范围为 2～9），输出含 n 行数据的数字三角形。以下是 n 的值为 4 时的三角形。

1

222

33333

4444444

（8）编写并验证如下方法。

① 求一维数组中的最大元素值。

② 求一维数组中所有元素的平均值。

③ 查找某个数据在数组中出现的位置。

（9）利用命令行参数输入两个整数，求它们的和与积。

（10）利用随机函数产生两位数以内的随机整数给一个 5 行 6 列的二维数组赋值。按行、列输出该数组，并求其最外一圈元素之和。

第 2 篇

Java 面向对象的核心概念与应用

Java 是一门面向对象的程序语言，充分体现了面向对象的程序设计思想。本篇介绍 Java 面向对象编程的相关概念，包括类与对象，继承与多态，常用数据处理类，抽象类、接口与内嵌类等内容。第 5 章介绍类与对象的知识，用图示展示类与对象的概念及关系。第 6 章介绍 Java 的继承与多态中涉及的系列概念，如对父类构造方法和成员的调用、方法的覆盖和重载、访问修饰符和 final 修饰符、对象引用转换等，该章还对 Object 和 Class 这两个特殊的类进行了简要介绍。第 7 章结合面向对象编程的具体应用，对常用数据类型处理类，如字符串、基本数据类型包装类以及日期和时间处理相关类进行了介绍。第 8 章介绍抽象类、接口及内嵌类的概念与应用。

本篇的目的是让读者对 Java 面向对象的核心概念有清晰的理解，掌握面向对象编程的特点，具备基本的面向对象编程能力。

第 5 章   类 与 对 象

本章知识目标:

❑ 熟悉类定义的格式、类头和类体的构成。

❑ 掌握对象的创建与使用、构造方法的特点。

❑ 熟悉 this 的含义与使用形式。

❑ 掌握 static 修饰符的作用、类成员和对象成员的使用差异。

❑ 熟悉不同变量的作用域。

❑ 了解包的定义与使用。

最简单的 Java 程序也要编写类,类的成员包括属性和方法。对象也称类的实例,每个对象都是根据类创建的,对象是个性化的,每个对象都有各自的属性值。

5.1   类 的 定 义

类定义包括类声明和类体两部分,类定义的语法格式如下:

[修饰符] class 类名 [extends 父类名] [implements 接口列表] {
　　…　　//类体部分
}

【说明】

(1)类定义中带方括号([ ])的内容为可选部分。

(2)修饰符有访问控制修饰(如 public)和类型修饰(如 abstract、final)。

(3)关键字 class 引导要定义的类,类名为一个标识符,通常首字母大写。

(4)关键字 extends 引导该类要继承的父类。

(5)关键字 implements 引导该类所实现的接口列表。

(6)类体部分用一对花括号括起来,包括属性和方法的定义。类的属性也称域变量,是对类的对象的特性描述,而类的方法表现为对类对象实施某个操作,往往用来获取或更改类对象的属性值,方法通常以小写字母开始。

❑ 类的成员属性的定义格式如下:

[修饰符] 类型 变量名;

❑ 类的成员方法的定义格式如下:

[修饰符] 返回值类型 方法名（[参数定义列表]）[throws 异常列表] {

　　… //方法体

　　}

【注意】当一个以上的修饰符修饰类或类中的域、方法时，这些修饰符之间用空格分开，修饰符的先后排列次序可任意。

【例 5-1】 表示点的 Point 类。

程序代码如下：

```
#01    public class Point {
#02        private int x;                        //x 坐标
#03        private int y;                        //y 坐标
#04
#05        public void setX(int x1) {
#06            x = x1;
#07        }
#08
#09        public void setY(int y1) {
#10            y = y1;
#11        }
#12
#13        public int getX() {
#14            return x;
#15        }
#16
#17        public int getY() {
#18            return y;
#19        }
#20
#21        public String toString() {           //对象的字符串描述表示
#22            return "点: " + x + "," + y;
#23        }
#24    }
```

【说明】在 Point 类中，第 2~3 行定义了两个属性——x 和 y，分别表示点的 x 和 y 坐标。第 5~7 行定义了 setX()方法，该方法将修改点的 x 属性值。第 9~11 行定义了 setY() 方法，该方法将修改点的 y 属性值。第 13~15 行定义了 getX()方法，该方法用来获取点的 x 属性值。第 17~19 行定义了 getY()方法，该方法用来获取点的 y 属性值。第 21~23 行定义了 toString()方法，该方法用来获取对象的描述信息，它将对象的 x 和 y 属性拼接为一个字符串作为返回结果。

【注意】定义类时，通常给类的属性加上 private 访问修饰，表示只能在本类中访问该属性；而给类的方法加上 public 访问修饰，表示该方法对外公开。有关访问修饰的更多内容将在第 6 章讨论。

5.2　对象的创建与引用

5.2.1　创建对象及访问对象成员

定义 Java 类后，可以使用"new+构造方法"来创建类的对象，并将创建的对象赋给某个引用变量，之后就可以使用"引用变量名.属性"访问对象的属性，使用"引用变量名.方法名（实参表）"访问对象的方法。同一类可以创建任意对象，每个对象有各自的值空间，对象不同则属性值也不同。在许多场合，对象也称为类的实例，相应地，对象的属性也叫实例变量，而对象的方法也叫实例方法，实例方法通常用来获取对象的属性或更改属性值。

创建对象的同时给引用变量赋值的具体语句格式如下：

<类型>　引用变量名= new <类型>([参数])

其中，<类型>为类的名字，new 操作实际就是调用类的构造方法创建对象。如果一个类未定义构造方法，则系统会提供默认的无参构造方法。例如：

```
Point p1 = new Point();
```

也可以先通过变量类型定义语句、定义引用变量，然后创建对象给其赋值。例如：

```
Point p2,p3;
p2 = new Point() ;
p3 = p2 ;
```

为了演示对象的创建，不妨在例 5-1 程序中增加一个 main()方法，并添加如下代码：

```
public static void main(String args[ ]) {
    Point p1 = new Point();              //创建一个 Point 对象
    Point p2 = new Point();              //创建另一个 Point 对象
    Point p3 = p1;
    p1.setX(5);                          //修改 p1 的 x 属性值为 5
    p1.setY(8);                          //修改 p1 的 y 属性值为 8
    p2.x = 12;                           //修改 p2 的 x 属性值为 12
    System.out.println("p1" + p1);
    System.out.println("p2" + p2);
    System.out.println("p3 的 x 属性值=" + p3.getX());
}
```

【运行结果】

p1 点：5,8

p2 点：12,0

p3 的 x 属性值=5

【说明】在 main()方法中，创建了两个 Point 对象，并通过变量 p1 和 p2 保存其引用。通过 p1 和 p2 可以访问这两个对象，有时直接称对象 p1 和对象 p2。但必须注意的是，p1 和 p2 只是引用变量，其作用是方便访问对象成员。程序中创建 Point 对象时，其属性没有明确赋值，那么对象属性的初始值由相应数据类型的默认值决定。这里，整型的属性赋初值 0，如图 5-1 所示。

图 5-1　对象初始值

执行后续代码，将变量 p1 赋值给变量 p3，表示这两个变量引用同一个对象。接下来的 3 行，分别针对 p1 对象执行 setX()和 setY()方法，修改其 x 和 y 属性值，修改 p2 对象的 x 属性值为 12，各对象的属性变量值如图 5-2 所示。最后几条语句输出对象时将调用对象的 toString()方法。

图 5-2　对象赋值变化

值得一提的是，对象和引用变量都是独立的，在程序运行过程中要注意其赋值变化。Java 垃圾回收处理器将自动发现并清除程序中没有任何引用变量指向的对象。

5.2.2　对象的初始化和构造方法

在创建对象时，要给对象的属性成员分配内存空间，并进行初始化。如果定义属性成员时没有指定初值，则系统按默认规则设定初值。特别地，引用类型的成员变量的默认初值为 null。在定义属性成员时也可以指定初值，例如：

```
public class Point {
    private int x=10;
    …
```

执行以上代码，则创建对象时，每个 Point 对象的 x 属性的初值均按上述赋值设定为 10。
指定初值的另一种办法是通过初始化块来设置，例如：

```
public class Point {
    private int x;
    …
    {    //初始化块
        x = 20;
```

```
    }
    …
```

初始化块是在类中直接用花括号括住的代码段，不在任何方法中。

【注意】 在有初始化块存在的情况下，首先按属性定义的初值给属性赋值，然后执行初始化块代码重新赋值。更为常用的给对象设置初值的方式是通过构造方法，程序在以上赋初值情况执行完后才调用构造方法。

构造方法是给对象设置初值的规范方式，前面介绍的方式给所有对象的某属性设置同样的初值，而构造方法是根据方法参数给对象属性赋不同初值。

【注意】 如果一个类未指定构造方法，则系统自动提供一个无参构造方法，该方法的方法体为空，形式如下：

```
public Point() { }     //系统默认的无参构造方法
```

构造方法是类的一种特殊方法，定义构造方法时要注意以下问题。

（1）构造方法的名称必须与类名相同。

（2）构造方法没有返回类型。

（3）一个类可提供多个构造方法，这些方法的参数不同。在创建对象时，系统自动调用能满足参数匹配的构造方法为对象初始化。

以下为 Point 类的一个构造方法。

```
public Point(int x1, int y1) {
    x = x1;
    y = y1;
}
```

使用该构造方法可以创建一个 Point 对象赋给变量 p4。

```
Point p4 =   new   Point(20, 30);
```

p4 的 x 和 y 属性值分别为 20 和 30。

5.3　理解 this

this 出现在类的实例方法或构造方法中，用来代表使用该方法的对象。用 this 做前缀可访问当前对象的实例变量或成员方法。

this 的用途主要包含以下几种情形。

（1）在实例变量和局部变量名称相同时，用 this 做前缀来特指访问实例变量。

（2）把当前对象的引用作为参数传递给另一个方法。

（3）在一个构造方法中调用同类的另一个构造方法，形式为 this（参数）。但要注意，用 this 调用构造方法，必须是方法体中的第一个语句。

【例 5-2】 Point 类的再设计。

程序代码如下：

```
#01    public class Point {
#02        private int x, y;
#03
#04        public Point(int x, int y1) {          //构造方法
#05            this.x = x;                         //在方法体内参变量隐藏了同名的实例变量
#06            this.y = y1;
#07        }
#08
#09        public Point() {                        //无参构造方法
#10            this(0, 0);                         //必须是方法体内第一个语句
#11        }
#12
#13        public double distance(Point p) {       //求当前点与 p 点的距离
#14            return Math.sqrt((this.x-p.x)*(x-p.x)+(y-p.y)*(y-p.y));
#15        }
#16
#17        public double distance2(Point p) {
#18            return p.distance(this);            //p 点到当前点的距离
#19        }
#20    }
```

【说明】在构造方法中，由于参数名 x 与实例变量 x 同名，在方法内直接写 x 指的是参数，要访问实例变量必须加 this 来特指。仔细体会第 5、6、10、14、18 行中 this 的使用，哪些地方可省略 this？

【思考】this 在构造方法中出现是指当前构造的对象，在实例方法中出现是指调用方法的对象，那么在 main()方法中能使用 this 吗？

【例 5-3】 银行卡类的设计。

【分析】每张银行卡均有银行名、卡号、持卡人、密码、余额等属性，这里，用 double 型来表达卡内余额，其他属性用字符串类型表达。确定了属性后，可以编写构造方法和 toString()方法，不妨假设 toString()方法的结果中只涉及卡号和余额。针对各个属性的 getter() 和 setter()方法可以由 Eclipse 工具自动生成，这里省略。对银行卡的常见操作是存款和取款，存款操作可以通过参数提供存款金额，并累加到卡内余额上；取款操作同样通过参数指定取款金额，但操作能否成功取决于卡内余额是否充足，因此返回结果设计为布尔型。

程序代码如下：

```
#01    public class BankCard {
#02        String owner;              //持卡人
#03        String cardNo;             //卡号
#04        String password;           //密码
#05        double money;              //卡内余额
#06        String bank;               //银行标识
#07
#08        public BankCard(String user,String card,String bankname){
```

```
#09          owner = user;
#10          cardNo = card;
#11          bank = bankname;
#12          password="888888";                    //假设初始密码为 888888
#13      }
#14
#15      public String toString() {
#16          return "卡号:"+ cardNo +"的余额有:"+ money;
#17      }
#18
#19      public void saveMoney(double money) {       //存款
#20          this.money += money;
#21      }
#22
#23      public boolean withdraw(double money) {      //取款
#24          if (this.money>money) {
#25              this.money -= money;                 //从卡内余额扣去取走的金额
#26              return true;                         //取款操作成功
#27          }
#28          return false;                            //取款操作失败
#29      }
#30 }
```

接下来，添加 main()方法，在方法中创建 BankCard 对象进行测试。

```
public static void main(String args[ ]) {
    BankCard card= new BankCard("王军","88453329463","工商银行");
    System.out.println(card);
    card.saveMoney(800);
    System.out.println(card);
    if (card.withdraw(200))
        System.out.println("取款成功！"+card);
    else
        System.out.println("卡内余额不足！");
}
```

【运行结果】

卡号:88453329463,余额有:0.0

卡号:88453329463,余额有:800.0

取款成功！卡号:88453329463,余额有:600.0

5.4 类变量和静态方法

5.4.1 类变量

用 static 修饰符修饰的属性是仅属于类的静态属性，相应的成员变量也称类变量或者静态变量。

1. 类变量的访问形式

类变量通常是通过类名做前缀来访问的，以对象做前缀也可以访问，在本类中甚至可以通过变量名直接访问。以下面思考题中的静态变量 k 为例，可以用如下几种方式访问。

❑ 在本类中直接访问，如 k++。

❑ 通过类名做前缀访问，如 A.k。

❑ 通过类的一个对象做前缀访问，如 x1.k++。

【思考题】以下程序的运行结果如何？

```java
public class A {
  static int k=3;     //类变量
  public static void main(String[ ] args) {
    A   x1 = new A();
    x1.k++;
    A   x2 = new A();
    x2.k = 5;
    k++;
    System.out.println("k="+A.k);
  }
}
```

【注意】静态变量在存储上归属类空间，不依赖任何对象，通过对象访问静态变量实质上还是访问类空间的变量。在 Eclipse 等开发工具中，通过对象访问类变量会给出警告性指示。

2. 给类变量赋初值

在加载类代码时，Java 运行系统将自动给类的静态变量分配空间，并按默认赋值原则以及定义变量时的设置赋初值。静态变量也可以通过静态初始化代码块赋初值，静态初始化代码块与对象初始化代码块的差别是在花括号前加有 static 修饰。例如：

```java
static {
    count=100;
}
```

【注意】静态初始化代码的执行是在 main()方法执行前完成的。

【例 5-4】 静态空间与对象空间的对比。

程序代码如下：

```
#01    class TalkPlace {
#02        static String talkArea = "";           //类变量
#03    }
#04
#05    public class User {
#06        static int count = 0;                   //类变量
```

```
#07        String username;                    //实例变量
#08        int age;                            //实例变量
#09
#10        public User(String name, int yourage) {
#11            username = name;
#12            age = yourage;
#13        }
#14
#15        /* 方法 log()通过静态变量记录调用它的对象次数 */
#16        void log() {
#17            count++;                         //直接访问本类的静态变量
#18            System.out.println("you are no " + count + " user");
#19        }
#20
#21        /* 方法 speak()向讨论区发言 */
#22        void speak(String words) {
#23            //访问其他类的静态变量通过类名访问
#24            TalkPlace.talkArea = TalkPlace.talkArea + username
#25                + "说:" + words+ "\n";
#26        }
#27
#28        public static void main(String args[ ]) {
#29            User x1 = new User("张三", 20);
#30            x1.log();
#31            x1.speak("hello");
#32            User x2 = new User("李四", 16);
#33            x2.log();
#34            x2.speak("good morning");
#35            x1.speak("bye");
#36            System.out.println("---讨论区内容如下：");
#37            System.out.println(TalkPlace.talkArea);
#38        }
#39    }
```

【运行结果】

you are no 1 user

you are no 2 user

---讨论区内容如下：

张三说：hello

李四说：good morning

张三说：bye

【说明】本例包含两个类，第 1～3 行是 TalkPlace 类，其中仅定义了一个类变量 talkArea。第 5～39 行是 User 类，在 User 类中有 3 个属性，其中，username 和 age 为实例变量，它们的值取决于对象，实例变量在对象空间分配存储单元，每个对象有各自的存储空间。User 类的另一属性 count 为类变量，其值可以为类的所有成员共享，类变量在类空间分配存储单元。对象空间和类空间的存储示意图如图 5-3 所示。由于类变量是共享的，在实例方法中可以直接访问同一类的类变量，但要访问另一类的类变量，必须以另一类的对象或类名做前缀。

图 5-3 对象空间和类空间的存储示意图

【思考】如果将程序中的 count 变量改为实例变量，程序输出结果如何？

5.4.2 静态方法

用 static 修饰符修饰的方法称为静态方法，也叫类方法。调用静态方法，一般使用类名做前缀。当然，也可以通过对象来调用，但必须清楚它不依赖任何对象。在 static 方法中能处理类变量，也可访问其他 static 方法，但绝不能访问任何归属对象空间的变量或方法。

【例 5-5】 求 10～100 的所有素数。

程序代码如下：

```
#01    public class findPrime {
#02        /* 以下方法判断一个整数 n 是否为素数  */
#03        public static boolean prime(int n) {
#04            for (int k = 2; k <= Math.sqrt(n); k++) {
#05                if (n % k == 0)
#06                    return false;
#07            }
#08            return true;
#09        }
#10
#11        public static void main(String args[ ]) {
#12            for (int m = 10; m <= 100; m++) {
#13                if (prime(m))
#14                    System.out.print(m + " , ");
#15            }
```

```
#16        }
#17    }
```

【说明】该程序中将求素数的方法编写为静态方法是最好的选择。通常，数学运算函数均可考虑设计为静态方法。在 main()方法中可以直接调用 prime()方法。

【思考】如果将 prime()方法设计为实例方法，则如何在 main()方法中调用？

图 5-4 对类的成员进行了归纳，各成员在类中的排列位置是并列关系。

图 5-4　类的成员划分

5.5　变量的作用域

变量的作用域也称变量的有效范围，是指程序中的一个区域，变量在其作用域内可以被访问。作用域也决定 Java 运行系统什么时候为变量创建和释放内存。根据变量在程序中声明的位置，可以将变量分为以下 4 种。

（1）成员变量：其作用域是整个类体。定义成员变量时系统会自动赋默认初值。

（2）局部变量：也称自动变量，是在方法内定义或者在一段代码块中定义的变量。方法中局部变量的作用域从它的声明位置扩展到它被定义的代码块结束。具体来说，方法体内定义的局部变量在整个方法内有效，而循环内定义的局部变量只在循环内有效。

【注意】定义局部变量时系统不会赋默认初值，因此在引用变量时要保证先赋值。但对于由基本类型元素构成的数组，系统会按基本类型的默认赋初值原则给每个元素赋默认初值。对于元素为引用类型的数组，则每个元素的默认初值为 null。

（3）方法参数：其作用域是整个方法。

（4）异常处理参数：跟方法参数的作用相似，其作用范围是 catch 后面跟随的异常处理块。例如，以下代码段演示了异常检查，catch 后面的圆括号中定义了异常处理参数 e，其只能在该 catch 的异常处理代码块中访问。

```
try {
    int x = Integer.parseInt(args[0]);      //args 为命令行参数
```

```
}
catch (Exception e) {              //异常处理参数的有效范围
    System.out.println("产生异常："+e);
}
```

对于局部变量，在 Java 10 中还支持变量类型推断功能，允许通过关键词 var 来定义变量，但注意这样定义的变量一定要同时给其赋值，它是通过所赋的值来推断变量的类型的。例如：

```
var x = 1;                        //推断变量 x 为 int 型
System.out.println(x+1);          //输出结果为 2
var y = "hello";                  //推断变量 y 为字符串类型
System.out.println(y+1);          //输出结果为 hello1
```

【例 5-6】 变量的作用域举例。

程序代码如下：

```
#01    public class Scope {
#02        int x = 1;                       //成员变量 x
#03        int y;                           //成员变量 y
#04
#05        public void method(int a) {      //方法参数在整个方法内有效
#06            int x = 8;                   //本地变量将成员变量隐藏
#07            for (int i = 1; i < a; i++)  //定义循环控制变量 i
#08                y++;
#09            System.out.println("x=" + x + ",y=" + y + ",a=" + a);
#10        }
#11
#12        public static void main(String a[ ]) {
#13            Scope x = new Scope();       //方法内定义的局部变量 x
#14            x.method(6);
#15        }
#16    }
```

【运行结果】

x=8,y=5,a=6

【说明】在 method()方法内，第 6 行定义了局部变量 x，方法内访问的 x 均指此变量，但方法内访问的 y 则指对象的实例变量，第 7 行定义的 i 为循环控制变量，该变量只在循环内有效。

图 5-5 给出了各类变量的作用域宽窄情况。

图 5-5 各类变量的作用域宽窄情况

关于变量是否允许同名问题，要注意以下几点。

（1）在同一作用域不能定义两个同名变量。例如，方法中不能再定义一个与参数同名的变量；方法中编写的循环控制变量也不能再与方法中的局部变量同名。

（2）不同作用域定义的变量允许同名。例如，method()方法内定义的局部变量 x 与实例变量 x 同名，在方法内将隐藏同名的实例变量。

（3）对于嵌套的循环，其内外循环定义的循环控制变量不能同名，但并列的循环定义的循环控制变量允许同名。

5.6　使用包组织类

5.6.1　Java API 简介

Java 中的所有资源是以文件方式组织的，其中主要包含大量的类文件，也需要进行组织管理。Java 采用包来组织类，与操作系统的树形结构目录一样，但 Java 中采用了 “.” 来分隔目录。通常将逻辑相关的类放在同一个包中。包将类的命名空间进行了有效划分，同一包中不能有两个同名的类。

Java 系统提供的类库也称为 Java API，它是系统提供的已实现的标准类的集合。根据功能的不同，Java 类库按其用途被划分为若干个不同的包，每个包都有若干个具有特定功能和相互关系的类（class）和接口（interface）。在 J2SE 中，可以将 Java API 的包分为 3 部分，即 java.*包、javax.*包和 org.*包。其中，第一部分称为核心包（以 java 开头），主要子包有 applet、awt、beans、io、lang、math、net、sql、text、util 等；第二部分称为 java 扩展包（以 javax 开头），主要子包有 swing、security、rmi 等；第三部分不妨称为组织扩展包，主要用于 CORBA 和 XML 处理等。

学习 Java 语言，除了掌握 Java 编程的基本概念和基本思想，还应对 Java 类库的内容体系有基本了解，知道什么场合使用什么类和什么方法。

要使用某个类，必须指出类所在包的信息，这与访问文件需要指定文件路径是一样的。例如，以下代码将使用 java.util 包中 Date 类创建一个代表当前日期的日期对象，并将该对象的引用赋值给变量 x。

```
java.util.Date x=new java.util.Date();
```

实际上，在 java.sql 包中也包括一个 Date 类，因此使用类必须指定包路径。

使用系统类均需给出全程路径很烦琐，为此，Java 提供了 import 语句引入所需的类，然后在程序中直接使用类名来访问类。使用形式如下：

```
import java.util.Date;
…
Date x = new Date();
```

5.6.2 建立包

在默认情况下，系统会为每一个源文件创建一个无名包，这个源文件中定义的所有类都隶属于这个无名包，它们之间可以相互引用非私有的域或方法，但无名包中的类不能被其他包中的类所引用。因此，如果希望编写的类被其他包中的类引用，则要建立有名包。

创建包的语句需要使用关键字 package，而且要放在源文件的第 1 行。每个包对应一条目录路径。例如，以下定义 test 包就意味着在当前目录下对应有一个 test 子目录，该包中所有类的字节码文件将存放在 test 子目录下。在文件 Point.java 中包含如下代码：

```
package test; //定义包
public class Point{
    …
}
```

在 DOS 下，要编译带包的 Java 程序有两种办法。

（1）手工创建一个 test 子目录，将源程序文件存放到该子目录，在该子目录的上级目录下利用以下命令编译，也就是编译时要指明源程序的目录路径。

```
javac test/Point.java
```

也可以直接在子目录中编译源程序。

假如，Point 类含 main()方法，则类执行时需加包路径。例如：

```
java test.Point
```

（2）采用带路径指示的编译命令。格式如下：

javac –d destpath   Point.java

其中，destpath 为存放应用的主类文件的根目录路径，编译器将自动在 destpath 指定的目录下建立一个 test 子目录，并将产生的字节码文件保存到 test 子目录下。

典型的用法是在当前目录下进行编译，命令为：

```
javac   –d   .   Point.java
```

编译后将源程序文件 Point.java 移动到 test 子目录中。

在 Eclipse 等 Java 开发环境中，在工程的 src 文件夹下建立的子文件夹将自动对应 Java程序的包路径，在各子文件夹下添加的 Java 程序在自动产生代码时将默认添加对应的包定义。系统环境会自动进行相关源程序的编译检查，如果发现编译错误，会直接在代码出错位置给出错误提示。

5.6.3 包的引用

在一个类中可以引用与它在同一个包中的类，也可以引用其他包中的 public 类，但这时要指定包路径，具体有以下几种方法。

（1）在引用类时使用包名做前缀，如 new java.util.Date()。

（2）用 import 语句加载需要使用的类。在程序开头用 import 语句加载要使用的类，如 import java.util.Date；然后在程序中可以直接通过类名创建对象，如 new Date()。

（3）用 import 语句加载整个包，用"＊"号代替类名位置。它将加载包中的所有类，如 import java.util.＊;。

【注意】import 语句加载整个包并不是将包中的所有类添加到程序中，而是告诉编译器使用这些类时到什么地方查找类的代码。在某些特殊情况下，两个包中可能包含同名的类，如 java.util 和 java.sql 包中均包含 Date 类，如果程序中同时引入了这两个包，则不能直接用 new Date()创建对象，而要具体指定包路径。

【例 5-7】 编写一个代表圆的类，其中包含圆心（用 Point 表示）和半径两个属性，利用本章 Point 类提供的方法求两个圆心间的距离，编写一个静态方法判断两个圆是否外切。用两个实际圆验证程序。

程序代码如下：

```
#01    import test.Point; //引入 test 包中的 Point 类
#02    public class Circle {
#03        Point center;
#04        double r;
#05
#06        public Circle(Point p, double r) {
#07            center = p;
#08            this.r = r;
#09        }
#10
#11        public static boolean isCircumscribe(Circle c1, Circle c2) {
#12            return (Math.abs(c1.center.distance(c2.center) - c1.r - c2.r) < 0.00001);
#13        }
#14
#15        public String toString() {
#16            return "\"圆心是" + center + ",半径=" + r + "\"";
#17        }
#18
#19        public static void main(String args[ ]) {
#20            Point a = new Point(10, 10);
#21            Point b = new Point(30, 20);
#22            Circle c1 = new Circle(a, 10);
#23            Circle c2 = new Circle(b, 5);
#24            if (isCircumscribe(c1, c2))
#25                System.out.println(c1 + " 和" + c2 + "的两圆相外切");
#26            else
#27                System.out.println(c1 + " 和" + c2 + "的两圆不外切");
#28        }
#29    }
```

【运行结果】

"圆心是点：10,10,半径=10.0" 和"圆心是点：30,20,半径=5.0"的两圆不外切

【说明】本例演示了参数和属性均含有复合类型的情形，代表圆心的属性为 Point 类型，第 11～13 行定义的圆的外切判定方法的两个参数是 Circle 类型，第 24 行调用该方法时将两个圆对象作为实参传递给方法。判定两圆是否外切以圆心间的距离与两半径之和的差的绝对值是否小于误差值作为条件。

【注意】如果一个程序中同时存在 package 语句、import 语句和类定义，则排列次序是：package 语句为第一条语句，接下来是 import 语句，然后是类定义。

习　　题

1．选择题

（1）以下代码的编译运行结果为（　　　）。

```
public class Test {
    public static void main (String args [ ]) {
        int age;
        age = age + 1;
        System.out.println("The age is " + age);
    }
}
```

A．编译通过，运行无输出　　　　　　B．编译通过，运行输出：The age is 1

C．编译通过但运行时出错　　　　　　D．不能通过编译

（2）以下代码的输出结果为（　　　）。

```
public class Test{
    int x=5;
    public static void main(String argv[ ]){
        Test t=new Test();
        t.x++;
        change(t);
        System.out.println(t.x);
    }
    static void change(Test m){
        m.x+=2;
    }
}
```

A．7　　　　　　　　B．6　　　　　　　　C．5　　　　　　　　D．8

（3）设有如下代码：

```
public class Test{
    long a[ ] = new long[10];
```

```
    public static void main ( String arg[ ] ) {
        System.out.println ( a[6] );
    }
}
```

以下叙述正确的是（　　　）。

    A．输出 null   B．输出 0

    C．出现编译错误   D．运行出错

（4）给出如下不完整类：

```
class Person {
    String name, department;
    int age;
    public Person(String n){ name = n; }
    public Person(String n, int a){ name = n; age = a; }
    public Person(String n, String d, int a) {
        //给属性 name、age 赋值，如 name=n;age=a;
        department = d;
    }
}
```

可取代注释部分内容，达到注释目的的是（　　　）。

    A．Person(n,a);   B．this(Person(n,a));

    C．this(n,a);   D．this(name,age);

（5）设有以下程序：

```
class Test{
    Test(int i)   {
        System.out.println("Test(" +i +")");
    }
}
public class Q12 {
    static Test    t1 = new Test(1);
    Test    t2 = new Test(2);
    static Test    t3 = new Test(3);
    public static void main(String[ ] args) {
        Q12 Q = new Q12();
    }
}
```

程序的执行结果为（　　　）。

    A．Test(1)   B．Test(3)

        Test(2)   Test(2)

        Test(3)   Test(1)

    C．Test(2)   D．Test(1)

        Test(1)   Test(3)

Test(3)   Test(2)

2．思考题

（1）比较类变量与实例变量、类方法与实例方法在使用上的差异。

（2）包有什么作用？如何给类指定包和在别的类中引用包中的类？

（3）定义一个代表矩形的类，设置哪些属性最合适？

3．写出以下程序的运行结果

程序 1：

```java
public class test{
    static int x1=4;
    int x2=5;
    public static void main(String a[ ])  {
        test obj1=new test();
        test obj2=new test();
        obj1.x1=obj1.x1+2;
        obj1.x2=obj1.x2+4;
        obj2.x2=obj2.x2+1;
        x1=x1+3;
        System.out.println("obj1.x1="+obj1.x1);
        System.out.println("obj1.x2="+obj1.x2);
        System.out.println("obj2.x2="+obj2.x2);
        System.out.println("test.x1="+test.x1);
    }
}
```

程序 2：

```java
class test {
    static int x=5;
    static { x+=10; }
    public static void main(String args[ ]) {
        System.out.println("x="+x);
    }
    static { x=x-5; }
}
```

程序 3：

```java
public   class   Ex1{
    static int m=2;
    public static void main(String args[ ])  {
        Ex1 obj1=new Ex1();
        Ex1 obj2=new Ex1();
        obj1.m=m+1;
        System.out.println("m="+obj2.m);
    }
}
```

程序 4：

```
public class User {
    static int count=0;
    public User(){
        count++;
        System.out.println("第"+count+"个 User 创建");
    }
    public static void main(String args[ ]) {
        new User();
        new User();
    }
}
```

程序 5：

```
public class RangeTest {
    int count=3;
    public void m(){
        for(int count=1;count<5;count++)
            System.out.println(count);
        System.out.println("count="+ count);
    }
    public static void main(String args[ ]) {
        new RangeTest().m();
    }
}
```

程序 6：

```
public class Node {
    int value;
    Node next;
    public static void main(String args[ ]) {
        Node h=new Node();
        Node p=h;
        for (int k=1;k<=4;k++) {
            p.value=10-k;
            Node q=new Node();
            p.next=q;
            p=q;
        }
        p=h;
        while (p!=null) {
            System.out.println(p.value);
            p=p.next;
        }
    }
}
```

4. 编程题

（1）编写一个代表三角形的类，其中 3 条边为三角形的属性，并封装有求三角形的面积和周长的方法。分别利用 3 条边为 3、4、5 和 7、8、9 的两个三角形进行测试。

（2）编写一个学生类 Student，包含的属性有学号、姓名、年龄，将所有学生存储在一个数组中，自拟数据，用数组的初始化方法给数组赋值，并实现如下操作。

① 将所有学生年龄增加 1 岁。

② 按数组中顺序显示所有学生信息。

③ 查找显示所有年龄大于 20 岁的学生名单。

（3）编写一个 Person 类，包括人的姓名、性别、年龄、子女等属性，并封装有获得姓名、获得年龄、增加 1 岁、获得子女、设置子女等方法，其中子女为一个 Person 数组。用某实际数据测试该类的设计。

（4）编写一个代表日期的类，包括代表年、月、日的 3 个属性，创建日期对象时要判断参数提供的年、月、日是否合法，若不合法要进行纠正。年的默认值为 2000；月的值在 1 到 12 之间，默认值为 1；日由一个对应 12 个月的整型数组给出合法值，特别地，对于 2 月，通常为 28 天，但闰年的 2 月为 29 天。闰年是指年的值为 400 的倍数，或者为 4 的倍数但不为 100 的倍数。将创建的日期对象输出时，年、月、日之间用"/"分隔。

（5）编写一个矩阵类，其中封装有一个代表矩阵的二维数组，并提供一个实现两个同行列矩阵的相加方法。利用随机函数产生两个 3 行 4 列的矩阵，验证类设计。

（6）n 只猴子要选大王，选举方法如下：所有猴子按 1，2，……，n 编号并按照顺序围成一圈，从第 k 个猴子起，由 1 开始报数，报到 m 时，该猴子就跳出圈外，下一只猴子再次由 1 开始报数，如此循环，直到圈内剩下一只猴子，这只猴子就是大王。

① 输入数据：猴子总数 n，起始报数的猴子编号 k，出局数字 m。

② 输出数据：猴子的出队序列和猴子大王的编号。

第 6 章　继承与多态

本章知识目标:
- ❑ 掌握继承的概念及变量的隐藏问题。
- ❑ 掌握多态性的两种体现。
- ❑ 掌握各类访问控制符的作用。
- ❑ 掌握对象引用转换的相关概念。
- ❑ 掌握 super 的含义与使用。
- ❑ 理解 Object 类的作用及其几个常用方法的使用特点。
- ❑ 了解 Class 类的作用及反射机制。
- ❑ 理解 final 修饰符作用于类、方法、属性变量上的含义。

继承和多态是面向对象的两大特性。现代软件设计强调软件重用,而面向对象的继承机制为软件重用提供了很好的支持。本章围绕继承和多态展开,其中包括访问控制符和 final 修饰符的作用以及对象引用转换问题等,并介绍了继承层次中顶级类 Object 的基本功能。

6.1　继　　承

继承是存在于面向对象程序中两个类之间的一种关系。被继承的类称为父类或超类,而继承父类的类称为子类。父类实际上是所有子类的公共域和公共方法的集合,而每个子类则是父类的特殊化,是对公共域和方法在功能、内涵方面的扩展和延伸。继承可使程序结构清晰,降低编码和维护的工作量。

6.1.1　Java 继承的实现

定义类时通过 extends 关键字指明其要继承的直接父类。子类对象除了可以访问子类中直接定义的成员,还可访问父类的所有非私有成员。

不妨以代表"像素"的 Pixel 类的设计为例,可以编写如下代码:

```java
import java.awt.Color;
class Pixel {
    private int x;              //x 坐标
    private int y;              //y 坐标
    Color c;                    //颜色
    //其他
}
```

前面已编写过 Point 类，而像素是 Point 的一种特殊情况，利用继承机制可以将 Pixel 类的定义改动如下：

```
import java.awt.Color;
class Pixel extends Point{
    Color c;       //颜色
    //其他
}
```

在 Pixel 类中只需定义颜色属性，其他属性可从 Point 类继承，从而使代码得以简化。用 UML 表示继承关系，如图 6-1 所示。

图 6-1　用 UML 表示继承关系

【注意】通过类的继承，祖先类的所有成员均将成为子类拥有的"财富"，但是能否通过子类对象直接访问这些成员则取决于访问权限的设置。例如，在子类中不能通过子类对象访问父类的私有属性，但并不意味着子类对象没有该属性，可以通过其他一些公开方法间接存取该属性。

6.1.2　构造方法在类继承中的作用

构造方法不能继承。由于子类对象要对继承自父类的成员进行初始化，因此，在创建子类对象时，除了执行子类的构造方法，还需要调用父类的构造方法。具体遵循以下原则。

（1）子类可以在自己的构造方法中使用关键字 super 来调用父类的构造方法，但 super 调用语句必须是子类构造方法中的第一个可执行语句。

（2）子类在自己定义的构造方法中如果没有用 super 明确调用父类的构造方法，则在创建对象时，首先自动执行父类的无参构造方法，然后执行自己定义的构造方法。

以下程序在编译时将出错，原因在于父类不含无参构造方法。

```
class Parent  {
    String my;
    public Parent(String x) { my = x; }
}
public class subclass extends Parent {     }
```

因为在 parent 类中定义了一个有参构造方法，所以系统不会自动产生无参构造方法。如果将有参构造方法注释掉，编译将可以通过。

鉴于上述情形，一个类在设计时如果有构造方法，最好提供一个无参构造方法。因此，系统类库中的类大多提供了无参构造方法，用户编程时最好也养成此习惯。

【例 6-1】　类的继承中构造方法的调用测试。

程序代码如下：

```
#01   import java.awt.Color;
```

```
#02    class Point {
#03        private int x, y;
#04
#05        public Point(int x, int y) {            //有参构造方法
#06            this.x = x;
#07            this.y = y;
#08        }
#09
#10        public Point() {                        //无参构造方法
#11            this(0, 0);                          //用 this 调用本类的另一个构造方法
#12        }
#13
#14        public String toString() {
#15            return  "点：" + x + "," + y;
#16        }
#17    }
#18
#19    public class Pixel extends Point {
#20        Color c;
#21
#22        public Pixel(int x, int y, Color c) {
#23            super(x, y);                        //用 super 调用父类的构造方法
#24            this.c = c;
#25        }
#26
#27        public String toString() {
#28            return super.toString() + "颜色：" + c;   //用 super 访问父类的方法
#29        }
#30
#31        public static void main(String a[ ]) {
#32            Pixel x = new Pixel(3, 24, Color.blue);
#33            System.out.println(x);
#34        }
#35    }
```

【运行结果】

点：3,24 颜色：java.awt.Color[r=0,g=0,b=255]

【说明】本例中两次出现 super 关键词，super 与 this 在使用上有类似性，super 表示当前对象的直接父类对象的引用，通过 super 除了可以调用父类的构造方法，还可以引用访问父类的属性和方法。

【注意】使用 this 查找匹配的方法时，首先在本类查找，找不到时再到其父类和祖先类查找；使用 super 查找匹配方法时，首先在直接父类查找，如果不存在，则继续到其祖先类逐级往高层查找。

为了演示对父类无参构造方法的隐含调用，可以将 Pixel 的构造方法中含 super 调用的行注释掉，则程序运行结果将为：

点：0,0 颜色：java.awt.Color[r=0,g=0,b=255]

6.2 多 态 性

一般地，面向对象的多态性体现在以下两个方面。

（1）方法的重载（overload）：也称参数多态，是指在同一个类中定义多个方法名相同，但参数形态不同的方法。一个类有多个构造方法，称为构造方法的多态性。

（2）子类对父类方法的覆盖（override）：因继承带来的多态，在子类中可对父类定义的方法重新定义，这样在子类中将覆盖来自父类的同形态方法。

6.2.1 方法的重载

方法的重载是指同一类中存在多个方法名相同但参数不同的方法，参数的差异包括形式参数的个数、类型等。

1. 方法调用参数匹配处理原则

方法调用的匹配处理原则是：首先按"精确匹配"原则查找匹配方法，如果找不到，则按"自动类型转换匹配"原则查找能匹配的方法。

所谓"精确匹配"，就是实参和形参类型完全一致。所谓"自动类型转换匹配"，是指虽然实参和形参类型不同，但能将实参的数据按自动转换原则赋值给形参。

【例 6-2】 方法调用的匹配测试。

程序代码如下：

```
#01   public class A {
#02       void test(int x) {
#03           System.out.println("test(int):" + x);
#04       }
#05
#06       void test(long x) {
#07           System.out.println("test(long):" + x);
#08       }
#09
#10       void test(double x) {
#11           System.out.println("test(double):" + x);
#12       }
#13
#14       public static void main(String[ ] args) {
#15           A a1 = new A();
#16           a1.test(5.0);
#17           a1.test(5);
#18       }
#19   }
```

根据方法调用的匹配原则，不难发现运行程序时将得到如下结果：

test(double):5.0

test(int):5

如果将 test(int x)方法注释掉，则结果为：

test(double):5.0

test(long):5

【说明】因为实参 5 默认为 int 型数据，因此，如果 test(int x)方法存在，则按"精确匹配"原则处理；如果该方法不存在，则按"转换匹配"原则优先考虑匹配 test(long x)方法。

【思考】

（1）如果将 test(long x)方法也注释掉，情况如何？

（2）以上 3 个方法中，如果只将 test(double x)方法注释掉，程序能编译通过吗？

【例 6-3】　从复数方法理解多态性。

程序代码如下：

```
#01    public class Complex {
#02        private double x, y;                              //x、y 分别代表复数的实部和虚部
#03
#04        public Complex(double real, double imaginary) {  //构造方法
#05            x = real;
#06            y = imaginary;
#07        }
#08
#09        public String toString() {
#10            return "(" + x + "," + y + "i" + ")";
#11        }
#12
#13        /* 方法 1： 将复数与另一个复数 a 相加 */
#14        public Complex add(Complex a) {                  //实例方法
#15            return new Complex(x + a.x, y + a.y);
#16        }
#17
#18        /* 方法 2： 将复数与另一个由两实数 a、b 构成的复数相加 */
#19        public Complex add(double a, double b) {         //实例方法
#20            return new Complex(x + a, y + b);
#21        }
#22
#23        /* 方法 3：将两个复数 a 和 b 相加 */
#24        public static Complex add(Complex a, Complex b) { //静态方法
#25            return new Complex(a.x + b.x, a.y + b.y);
#26        }
#27
#28        public static void main(String args[ ]) {
#29            Complex x, y, z;
#30            x = new Complex(4, 5);
#31            y = new Complex(3.4, 2.8);
```

```
#32            z = add(x, y);                              //调用方法 3 进行两复数相加
#33            System.out.println("result1=" + z);
#34            z = x.add(y);                               //调用方法 1 进行两复数相加
#35            System.out.println("result2=" + z);
#36            z = x.add(6, 8);                            //调用方法 2 进行两复数相加
#37            System.out.println("result3=" + z);
#38        }
#39    }
```

【运行结果】

result1=(7.4,7.8i)

result2=(7.4,7.8i)

result3=(10.0,13.0i)

【说明】以上有 3 个方法实现复数的相加运算，其中两个为实例方法，一个为静态方法，它们的参数形态是不同的，调用方法时将根据参数形态决定匹配哪个方法。注意静态方法和实例方法的调用差异，实例方法一定要有一个对象作为前缀；静态方法则不依赖对象。

【思考】第 32 行调用形式为 add(x,y)，用 x.add(x,y)可以吗？用 Complex.add(x,y)又如何？

以上 3 个方法进行复数相加时将产生一个新的复数作为方法的返回值，并不改变参与运算的两个复数对象的值，如果要改变调用方法的复数的值，则方法设计为如下形式：

```
public void add(Complex a) {                         //将另一个复数的值加到当前复数上
    x = x + a.x;
    y = y + a.y;
}
```

请读者测试该方法的调用，思考这里用哪种设计更规范合理。

2. 可变长参数带来的参数多态的二义性

可变长参数由于参数数量可以变化，可能导致参数多态的二义性问题。调用带可变参数的方法，应注意下面两点。

（1）方法调用时，如果实参既能够与固定参数的方法匹配，也能够与可变长参数的方法匹配，则优先选择固定参数的方法。也就是固定参数匹配优先于可变长参数匹配。

假设有以下两个 maxValue()方法，其中，一个方法的参数是两个固定参数，另一个方法的两个参数中含有可变长参数。

```
static double maxValue(double first,double... args) {    //可变长参数
    double    m = first;
    for (int k=0; k<args.length; k++) {
        if (m < args[k])
            m = args[k];
    }
    return m;
```

```
}

static double maxValue(double x, double y) {              //固定参数
    return    x>y? x : y;
}
```

按固定参数优先于可变长参数的方法调用匹配原则，不难领会以下方法调用的结果。

```
double a = maxValue(5.8 , 9.5);                        //选择固定参数的方法
double b = maxValue(6, 5, 28, 45, 12);                 //选择可变长参数的方法
```

（2）如果要调用的方法可以与两个带可变长参数的方法匹配，则编译会报错。例如，以下两个 maxValue()方法中均含有可变长参数。

```
static    double    maxValue(double first,double second,double... args) { … }
static    double    maxValue(double first,double...args ){ …    }
```

方法调用 maxValue(5, 6)不能通过编译，会出现二义性。该方法调用和上面两个带可变长参数的方法均能匹配。注意，可变长参数的形参意味着可以匹配 0 到多个实参。

6.2.2　方法的覆盖

子类将继承父类的非私有方法，在子类中也可以对父类定义的方法重新定义，这时将产生方法覆盖。也就是通过子类对象访问的方法是子类自己重新定义的方法。需要注意的是，子类在重新定义父类已有的方法时，应保持与父类完全相同的方法头部声明，即应与父类具有完全相同的方法名、参数列表，返回类型一般也要相同。

例如，在以下类 B 中定义的方法，只有 test(int x)存在对例 6-2 中类 A 的方法覆盖。

```
class B extends A   {
    void test(int x) {                               //将覆盖父类方法
        System.out.println("in B.test(int):" + x);
    }

    void test(String x,int y) {                      //不会产生方法覆盖
        System.out.println("in B.test(String,int):" + x+","+y);
    }
}
```

【思考】通过子类 B 的对象共可直接调用多少个 test()方法？

关于方法覆盖，以下问题值得注意。

（1）方法名、参数列表完全相同才会产生方法覆盖，返回类型通常也要一致，只有返回类型为引用类型时，允许子类方法的返回类型才是父类方法返回类型的子类型。其他情形导致类型不一致时编译将提示错误。

（2）方法覆盖不能改变方法的静态与非静态属性。子类中不能将父类的实例方法定义为静态方法，也不能将父类的静态方法定义为实例方法。

（3）不允许子类中方法的访问修饰符比父类有更多的限制。例如，不能将父类定义中用 public 修饰的方法在子类中重定义为 private 方法，但可以将父类的 private 方法重定义为 public 方法。通常子类中的方法访问修饰应与父类中的保持一致。

6.3　几个特殊类

6.3.1　Object 类

Object 类是所有 Java 类的最终祖先，如果类定义时不包含关键词 extends，则编译将自动认为该类直接继承 Object 类。Object 是一个具体类，可以创建对象。Object 类包含所有 Java 类的公共属性和方法，以下给出了几个常用方法。

- public boolean equals(Object obj)：该方法本意用于两个对象的"深度"比较，也就是比较两个对象封装的数据是否相等；而比较运算符"=="在比较两个对象变量时，只有当两个对象引用指向同一对象时才为真值。但在 Object 类中，equals() 方法采用"=="运算进行比较，其他类如果没有定义 equals()方法，则继承 Object 类的 equals()方法。因此，在类设计时，需要进行对象的数据比较，一般要重写 equals()方法。
- public String toString()：该方法返回对象的字符串描述，在 Object 类中被设计为返回对象名后跟一个 Hash 码。其他类通常将该方法进行重写，以提供关于对象的更有用的描述信息。
- public final Class getClass()：返回对象的所属类，而且利用 Class 类提供的 getName() 方法可获取对象的类名称。
- protected void finalize()：该方法在 Java 垃圾回收程序删除对象前自动执行。一个对象没有任何一个引用变量指向时，Java 垃圾回收程序将自动释放对象空间。

【例 6-4】　给 Point 类增加 equals()方法。
程序代码如下：

```
#01    public class Point {
#02        private int x, y;
#03
#04        public Point(int x, int y) {
#05            this.x = x;
#06            this.y = y;
#07        }
#08
#09        public boolean equals(Point p) {
#10            return (x == p.x && y == p.y);
#11        }
#12
#13        public String toString() {
```

```
#14              return "点:" + x + "," + y;
#15          }
#16
#17      public static void main(String arg[ ]) {
#18          Point x = new Point(4, 3);
#19          System.out.println("x=" + x);
#20          System.out.println(x.equals(new Point(4, 3)));
#21      }
#22  }
```

【运行结果】

x=点:4,3

true

【说明】第 9～11 行定义了 Point 类的 equals()方法，只有当前对象的 x、y 坐标值与参数中指定 Point 的 x、y 坐标值均相等时方法返回 true，第 20 行给出了该方法的调用测试。

【思考】

（1）观察有无 toString()方法时程序运行结果的变化，并分析原因。

（2）观察有无 equals(Point p)方法时程序运行结果的变化，并分析原因。

【注意】Point 类定义的 equals()方法没有形成对 Object 类中继承的 equals()方法的覆盖，因为两个方法的参数不同，Object 类中 equals()方法的参数是 Object 类型，第 20 行调用的 equals()方法按参数精确匹配原则应是来自 Point 类中定义的。

6.3.2　Class 类

Java 运行环境中提供了反射机制，这种机制允许在程序中动态获取类的信息以及动态调用对象的方法。其相关的类主要有 Class 类、Field 类、Method 类、Constructor 类、Array 类，它们分别代表类、类的属性、类的方法、类的构造方法以及动态创建数组。

1．获取 Class 类型的对象

Class 类封装一个对象和接口运行时的状态，当装载类时，Class 类型的对象自动创建。可以获取 Class 对象的方法有以下 3 种。

方法 1：调用 Object 类的 getClass()方法。

方法 2：使用 Class 类的 forName()方法。

方法 3：如果 T 是一个 Java 类型，那么 T.class 就代表与该类型匹配的 Class 对象。例如，String.class 代表字符串类型，int.class 代表整数类型。

以下代码演示了使用上面介绍的不同方法获取 Class 对象。

```
Class t = new Random().getClass();              //用方法 1
System.out.println(t.getName());
try {
    t = Class.forName("java.lang.String");        //用方法 2，要指明包路径
} catch (ClassNotFoundException e) { e.printStackTrace(); }
```

```
System.out.println(t.getName());
t = int.class;                                    //用方法 3
System.out.println(t.getName());
```

【运行结果】

java.lang.Random

java.lang.String

int

【说明】从 Class 对象的 getName()方法调用结果可知，除基本类型外，其他类型的结果均含包路径。例如，String.class 类型对象的 getName()结果为 java.lang.String。

2．Class 类的常用方法

以下列出了 Class 类的几个常用方法。

- ❑ static Class<?> forName(String className)：返回给定串名相应的 Class 对象。若给定一个类或接口的完整路径名，那么此方法将试图定位、装载和连接该类。若成功，返回该类对象；否则，抛出 ClassNotFoundException 异常。
- ❑ Constructor<Object> getDeclaredConstructor()：获取类的默认构造器，通过构造器的 newInstance()方法可得到相应对象。
- ❑ String getName()：返回 Class 对象表示的类型（类、接口、数组或基类型）的完整路径名字符串。
- ❑ Method[ ] getMethods()：返回当前 Class 对象表示的类或接口的所有公有成员方法对象的数组，包括自身定义的和从父类继承的方法。而且，利用 Method 类提供的invoke()方法可实现相应类的成员方法的调用。

例如：

```
Object invoke(Object obj,Object[ ] args)
```

其中，obj 代表调用该方法的类实例对象，args 代表存放方法参数的对象数组。

- ❑ Method getMethods(String name,Class … parameterType)：返回指定方法名和参数类型的方法对象。
- ❑ Field[] getFields()：返回当前 Class 对象表示的类或接口的所有可访问的公有域对象的数组。

【例 6-5】　反射机制简单测试举例。

程序代码如下：

```
#01    import java.lang.reflect.*;
#02    class Calculate {
#03        public int add(int x, int y) {
#04            return x + y;
#05        }
#06
#07        public int minus(int x, int y) {
```

```
#08              return x - y;
#09        }
#10   }
#11
#12   public class Ex6_5{
#13        public static void main(String[ ] args) throws Exception {
#14            Class<?> myclass = Class.forName("Calculate");
#15            System.out.println(myclass.getName());
#16            Object x = myclass.getDeclaredConstructor().newInstance();
#17            Method[ ] m = myclass.getMethods();        //获取 Calculate 类的所有方法
#18            Object[ ] Args = new Object[ ] { 1, 2 };
#19            for (int i = 0; i < 2; i++)
#20                System.out.println(m[i].toString());
#21            System.out.println(m[1].invoke(x, Args));    //调用对象的第 2 个方法
#22            Method addm = myclass.getMethod("add", int.class, int.class);
#23            System.out.println(addm.invoke(x, Args));    //调用 add 方法
#24        }
#25   }
```

【运行结果】

Calculate

public int Calculate.add(int,int)

public int Calculate.minus(int,int)

−1

3

【说明】该例反映了用反射机制动态调用一个类的方法的过程。首先第 14 行利用 Class
类的 forName()方法由类名 Calcuate 创建相应的 Class 类型的对象，然后第 16 行得到 Calcuate
对象实例，第 17 行通过 getMethods()方法得到 Calcuate 类的所有方法，最后第 21 和第 23
行通过 Method 对象的 invoke()方法实现对 Calcuate 对象的方法调用。该机制为 Java 方法的
动态调用提供了方便，常用于分布式应用编程中。

6.4　对象引用转换和访问继承成员

第 2 章介绍了基本类型的数据赋值转换原则，那么对于对象类型在赋值处理上有哪些
规定呢？从类的继承机制可发现父类与子类在概念上的关系，父类代表更广的概念，子类
属于父类所定义的概念范畴。在具体编程中，允许将子类对象赋值给父类的引用变量，但
反之不可。

6.4.1　对象引用转换

1. 对象引用赋值转换

允许将子类对象赋值给父类引用，这种赋值也经常发生在方法调用的参数传递时，如

果一个方法的形参定义的是父类引用类型，那么调用这个方法时，可以使用子类对象作为实参。当然，任何方法调用将首先考虑参数精确匹配，然后才考虑转换匹配。

【例 6-6】　方法的引用类型参数匹配处理。

程序代码如下：

```
#01    public class RefTest {
#02        void test(Object obj) {
#03            System.out.println("test(Object):" + obj);
#04        }
#05
#06        void test(String str) {
#07            System.out.println("test(String):" + str);
#08        }
#09
#10        public static void main(String[ ] args) {
#11            RefTest   a = new RefTest();
#12            a.test("hello");
#13        }
#14    }
```

根据方法调用的匹配原则，运行程序时将得到如下结果：

test(String):hello

如果将第 6～8 行的 test(String str)方法定义注释掉，则运行结果为：

test(Object):hello

　　【注意】由于 Object 类是继承层次中最高层的类，所以任何对象均可匹配 Object 类型的形参。Java 类库中有不少方法的参数为 Object 类型，方法定义考虑体现了通用性。在 JDK 1.5 之后，甚至基本类型的数据也可以赋值给 Object 类型或相应包装类型的引用变量，它是通过将基本类型自动包装成相应类型的对象来实现转换赋值的，例如，int 类型数据包装成 integer 类型的对象。

2. 对象引用强制转换

　　以下代码，尽管先前将一个字符串对象赋给 Object 类型的引用变量 m，但不允许将 m 直接赋给字符串类型的变量 y，因为编译程序只知道 m 的类型为 Object，将父类对象赋给子类引用变量是不允许的。

　　在将父类引用赋值给子类变量时要进行强制转换，这种强制转换在编译时总是被认可的，但运行时的情况取决于对象的值。如果父类对象引用指向的是该子类的一个对象，则转换是成功的，如果指向的是其他子类对象或父类自己的对象，则转换会抛出异常。

```
Object m = new String("123");        //允许，父类变量引用子类对象
String y = m;                        //不允许
String y = (String)m;                //强制转换，编译允许，且运行没问题
Integer p = (Integer)m;              //强制转换，编译允许，但运行时出错
```

6.4.2　访问继承成员

如果子类中定义了与父类同名的属性，在子类中将隐藏来自父类的同名属性变量。这体现了"最近优先原则"，即子类中有，就不会去找父类。

【例 6-7】　访问继承成员示例。

程序代码如下：

```
#01   class SuperShow {
#02       int y = 8;                                    //父类 SuperShow 的 y 属性
#03       int m = 2;
#04
#05       void show() {                                 //父类 SuperShow 的 show()方法
#06           System.out.println("sup.show,y=" + y);
#07       }
#08   }
#09
#10   public class ExtendShow extends SuperShow {
#11       int y = 20;                                   //子类 ExtendShow 的 y 属性
#12       int z = 1;
#13
#14       void show( ) {                                //子类 ExtendShow 的 show()方法
#15           System.out.println("ext.show,y=" + y);
#16       }
#17
#18       public static void main(String args[ ]) {
#19           ExtendShow b = new ExtendShow();
#20           SuperShow a = b;                          //允许父类引用变量引用子类对象
#21           System.out.println("ext.y=" + b.y);       //用子类引用变量访问 y 属性
#22           System.out.println("sup.y=" + a.y);       //用父类引用变量访问 y 属性
#23           b.show();                                 //用子类引用变量访问 show()方法
#24           a.show();                                 //用父类引用变量访问 show()方法
#25           System.out.println("z=" + b.z + ",m=" + b.m);
#26       }
#27   }
```

【运行结果】

ext.y=20

sup.y=8

ext.show,y=20

ext.show,y=20

z=1,m=2

【说明】

（1）从图 6-2 可以看出，每个 ExtendShow 类型的对象拥有 4 个属性，其中有两个 y 属性：一个是子类定义的，一个是父类

图 6-2　对象属性继承

定义的。在子类中，查找成员属性时将优先匹配本类定义的属性，在子类中没有找到的属性才会到父类中去查找，也就是在子类中将隐藏父类出现过的同名属性。

（2）将子类对象赋值给父类的引用变量后，通过该引用变量访问对象的成员时，访问的行为方法是子类对象的覆盖方法，而属性值却是父类的。原因在于对象执行方法时由实际对象的类型决定，而不是引用变量类型；访问属性时则由引用变量的类型决定，因为编译程序在分析程序时是基于类型来决定访问哪个属性变量的。

静态成员是依赖类的，静态成员的访问基于引用变量的类型，而不是对象类型。尽管父类引用变量可指向子类对象，但通过父类引用变量访问的静态方法和静态属性均是父类的。读者可将本例的属性和方法均加上 static 修饰进行测试。

【注意】细心体会隐藏和覆盖在用词上的差异，当子类与父类有相同成员时，通过子类引用访问的成员均是子类定义的。问题在于通过父类引用操作一个子类对象时是有差异的，隐藏的父类成员再现，而覆盖的成员被子类"代替"。只有实例方法存在覆盖关系，各类属性和静态方法均是隐藏关系。换句话说，通过父类引用访问子类对象时，只有实例方法是子类定义的，对象属性、静态属性、静态方法均是父类定义的。

6.5　访问控制符

访问控制符是一组限定类、域或方法是否可以被程序其他部分访问和调用的修饰符。Java 中用来修饰类的访问控制符只有 public，表示类对外"开放"，类定义时也可以无访问修饰，表示类只限于在同一包中访问使用。修饰属性和方法的访问控制符有 public、protected 和 private 3 种，还有一种是无修饰符的默认情况。外界能访问某个类的成员的条件是：首先要能访问类，其次要能访问类的成员。

1．公共访问控制符（public）

访问控制符 public 有两个用途，首先，可以作为类的修饰符，将类声明为公共类，表明该类可以被所有的其他类所访问，否则该类只限于在同一包的类中访问；其次，可以作为类的成员的访问修饰符，表明在其他类中可以无限制地访问该成员。

要真正做到类成员可以在任何地方访问，在进行类设计时必须同时满足两点：一是类被定义为 public，二是类的成员被定义为 public。

2．默认访问控制符

默认的访问控制指在属性或方法定义前没有给出访问控制符的情形，在这种情况下，该属性或方法只能在同一个包的类中访问，而不可以在其他包的类中访问。

3．私有访问控制符（private）

访问控制符 private 用来声明类的私有成员，它提供了最高的保护级别。用 private 修饰的域或方法只能被该类自身所访问和修改，而不能在任何其他类（包括该类的子类）中访问。

　　通常，出于系统设计的安全性考虑，将类的成员属性定义为 private 形式保护起来，而将类的成员方法定义为 public 形式对外公开，这是类封装特性的一个体现。

【例 6-8】　测试对私有成员的访问。

　　程序代码如下：

```
#01   class Myclass {
#02       private int a; //私有变量
#03
#04       void set(int k) {
#05           a = k;
#06       }
#07
#08       void display() {
#09           System.out.println(a);
#10       }
#11   }
#12
#13   public class Ex6_8{
#14       public static void main(String arg[ ]) {
#15           Myclass my = new Myclass();
#16           my.set(4);
#17           my.display();
#18           my.a = 5;
#19       }
#20   }
```

程序在编译时将产生以下访问违例的错误指示：

d:\>javac Ex6_8.java

Ex6_8.java:18: a has private access in Myclass

　　my.a=5;

　　　　^

1 error

【说明】由于私有成员 a 只限于在本类访问，因此，在另一个类中不能直接对其访问，第 18 行将报错，但第 16、17 行通过非私有成员方法 set()和 display()间接访问 a 是允许的。

4．保护访问控制符（protected）

访问控制符 protected 修饰的成员可以被以下 3 种类所引用。

（1）该类本身。

（2）与该类在同一个包中的其他类。

（3）在其他包中的该类的子类。

【例 6-9】　测试包的访问控制的一个简单程序。

　　文件 1：PackageData.java（该文件存放在 sub 子目录下）。

```
#01   package sub;
#02   public class PackageData {
```

```
#03        protected static int number = 1;
#04    }
```

文件 2：Mytest.java。

```
#01    import sub.*;
#02    public class Mytest {
#03        public static void main(String args[ ]) {
#04            System.out.println("result=" + PackageData.number);
#05        }
#06    }
```

程序编译将显示如下错误：

Mytest.java:4: number has protected access in sub.PackageData

　　System.out.println("result="+PackageData.number);

　　　　　　　　　　　　　　　　　　　　^

1 error

如果将程序 Mytest.java 的类头部做如下修改：

public class Mytest extends PackageData

再次测试，则程序编译通过，运行结果如下：

result=1

【说明】本例中将一个静态属性 number 的访问修饰符定义为 protected，在其他包中只有子类才能访问该属性。

【练习】要检查其他访问控制的修饰效果，可以修改访问控制符分别进行测试。

各类访问控制符的作用如表 6-1 所示。

表 6-1　各类访问控制符的作用

控 制 等 级	同 一 类 中	同 一 包 中	不同包的子类中	其　　他
private	可直接访问			
默认	可直接访问	可直接访问		
protected	可直接访问	可直接访问	可直接访问	
public	可直接访问	可直接访问	可直接访问	可直接访问

【注意】表 6-1 中所说的访问限制是指类的修饰符为 public 的情况下，对成员变量的访问限制。如果类的修饰符为默认，则只限于在本包中的类才能访问。由此可知，Java API 所提供的类均添加了 public 修饰，否则在其他包中不能访问其任何成员。

6.6　final 修饰符的使用

1. 用 final 修饰类

用 final 修饰符修饰的类称为最终类。最终类的特点是不允许继承。Java API 中不少类定义为 final 类，这些类通常用来完成某种标准功能，如 Math 类、String 类、Integer 类等。

2. 用 final 修饰方法

用 final 修饰符修饰的方法是功能和内部语句不能被更改的最终方法，在子类中不能再对父类的 final 方法重新定义。所有已被 private 修饰符限定为私有的方法，以及所有包含在 final 类中的方法，都被默认为是 final 的。

3. 用 final 定义常量

用 final 标记的变量也就是常量。例如，final double PI=3.14159;。

常量可以在定义时赋值，也可以先定义后赋值，但只能赋值一次。与普通属性变量不同的是，系统不会给常量赋默认初值，因此要保证引用常量前给其赋初值。

需要注意的是，如果将引用类型的变量标记为 final，那么该变量只能固定指向一个对象，不能修改，但可以改变对象的内容，因为只有引用本身是 final 的。例如，例 6-10 的程序中将 t 定义为常量，因而不能再对 t 重新赋值，但可以更改 t 所指对象的内容，如更改对象的 weight 属性值。

【例 6-10】 常量赋值测试。

程序代码如下：

```
#01    public class AssignTest {
#02        public static int totalNumber = 5;
#03        public final int id;                //定义对象的常量属性
#04        public int weight;
#05
#06        public void m() {
#07            id++;                           //实例方法中不能给常量赋值
#08        }
#09
#10        public AssignTest(final int weight) {
#11            id = totalNumber++;             //由于常量 id 未赋过值，允许在构造方法中给其赋值
#12            weight++;                       //不允许，不能更改定义为常量的参数
#13            this.weight = weight;
#14        }
#15
#16        public static void main(String args[ ]) {
#17            final AssignTest t = new AssignTest(5);
#18            t.weight = t.weight + 2;        //允许
#19            t.id++;                         //不允许
#20            t = new AssignTest(4);          //不允许
#21        }
#22    }
```

【说明】即使是未赋过值的常量 id，在实例方法中也不能给其赋值，如第 7 行的 id++ 不被允许，因为实例方法可多次调用。但构造方法中可以给未初始化的常量赋值，如第 11 行的情形，因为构造方法只在创建对象时执行一次。

【注意】对于属性常量，要注意是否有 static 修饰，两者性质是不同的。带有 static 修饰的常量是属于类的常量，只能在定义时或者在静态初始化代码块中给其赋值。

习　　题

1．选择题

（1）为了使下面的程序通过编译，最少要做的修改是（　　）。

```
1.  final class A {
2.       int x;
3.       void mA() { x=x+1; }
4.  }
5.  class B extends A {
6.       final A a=new A();
7.       final void mB(){
8.            a.x=20;
9.            System.out.println("hello");
10.      }
11. }
```

A．第 1 行去掉 final　　　　　　　B．第 6 行去掉 final

C．删除第 8 行　　　　　　　　　　D．第 1 行和第 6 行去掉 final

（2）考虑如下类：

```
public class Sub extends Base  {
    public Sub(int k) {   }
    public Sub(int m,int n) {
        super(m,n);
        …
    }
}
```

假设 Base 类与 Sub 类在同一包中，则在 Base 类中必须存在的构造方法是（　　）。

A．Base()　　　　　　　　　　　　B．Base(int k) {   }

C．Base(int m,int k) {   }　　　　　D．Base(int i,int j,int k) {   }

（3）考虑如下类：

```
class Parent {
    String one, two;
    public Parent(String a, String b){
        one = a;
        two = b;
    }
    public void print(){ System.out.println(one); }
}
```

```
public class Child extends Parent {
    public Child(String a, String b){
        super(a,b);
    }
    public void print(){
        System.out.println(one + " to " + two);
    }
    public static void main(String arg[ ]){
        Parent p = new Parent("south", "north");
        Parent t = new Child("east", "west");
        p.print();
        t.print();
    }
}
```

程序的调试结果为（　　　）。

    A．在编译时出错　　　　　　　　B．south
                                east

    C．south to north　　　　　　　D．south to north
       east to west　　　　　　　　　　east
    E．south
       east to west

（4）以下程序的调试结果为（　　　）。

```
public class Test {
    int m=5;
    public   void some(int x) {
        m=x;
    }
    public static void main(String args[ ]) {
        new Demo().some(7);
    }
}
class Demo extends Test {
    int m=8;
    public   void some(int x) {
        super.some(x);
        System.out.println(m);
    }
}
```

    A．5　　　　B．8　　C．7　　D．无任何输出　　E．编译错误

（5）类 Test1 定义如下：

```
#01    public class Test1{
#02        public float aMethod(float a,float b){ ... }
#03
#04    }
```

下面方法插入第 3 行处不合法的是（　　）。

  A．public float aMethod(float a,float b,float c){... }

  B．public float aMethod(float c,float d){ ... }

  C．public int aMethod(int a,int b){ ... }

  D．private float aMethod(int a,int b,int c){ ... }

（6）设有如下代码：

```
class Base{ }
public class MyCast extends Base{
    static boolean b1 = false;
    static int i = -1;
    static double d = 10.1;
    public static void main(String args[ ]){
        MyCast m = new MyCast();
        Base b = new Base();
        //Here
    }
}
```

则在//Here 处插入（　　）代码将不出现编译和运行错误。

  A．b=m;   B．m=b;   C．d =i;   D．b1 =i;

（7）设有如下代码：

```
public class Parent {
    void change() { }
}
class Child extends Parent {   }
```

下面方法中可被加入类 Child 中的是（　　）。

  A．public void change(){ }

  B．void chang(int i){ }

  C．private void change(){ }

  D．static void chang(){ }

（8）有如下代码段：

```
public class Base{
    int w, x, y ,z;
    public Base(int a,int b){
        x=a; y=b;
    }
    public Base(int a, int b, int c, int d){
        .../assignment x=a, y=b
        w=d;
        z=c;
    }
```

```
    }
```

在注释//assignment x=a, y=b 前的正确语句可以是（　　　）。

    A．Base(a,b);　　　　　　　　B．x=a, y=b;

    C．x=a; y=b;　　　　　　　　D．this(a,b);

（9）给出下面的类：

```
public class Sample{
    long length;
    public Sample(long x){ length = x; }
    public static void main(String arg[ ]){
        Sample s1, s2, s3;
        s1 = new Sample(21L);
        s2 = new Sample(21L);
        s3 = s2;
        long m = 21L;
    }
}
```

下面表达式中返回 true 的是（　　　）。

    A．s1 == s2　　　　　　　　B．s2 == s3

    C．m == s1　　　　　　　　D．s1.equals(m)

2．思考题

（1）方法的重载与方法的覆盖分别代表什么含义？

（2）Java 类的继承有何特点？

3．写出以下程序的运行结果

程序 1：

```
class parent {
    protected static int count=0;
    public parent() {count++; }
}
public class child extends parent{
    public child() { count++; }
    public static void main(String args[ ]) {
        child x=new child();
        System.out.println("count="+x.count);
    }
}
```

程序 2：

```
public class A {
    protected void test(float x) {
        System.out.println("test(float):" + x);
```

```
    }
    protected void test(Object obj) {
        System.out.println("test(Object):" + obj );
    }
    protected void test(String str ) {
        System.out.println("test(String):" + str);
    }
    public static void main (String[ ] args) {
        A a1 = new A();
        a1.test("hello");
        a1.test(5);
    }
}
```

程序 3：

```
class exSuper {
    public void func(String p, String s) {
        System.out.println(p);
    }
}
public class example extends exSuper {
    public void func(String p, String s) {
        System.out.println(p + " : " + s);
    }
    static public void main(String arg[ ]) {
        exSuper e1 = new exSuper();
        e1.func("hello1", "hi1");
        exSuper e2 = new example();
        e2.func("hello2", "hi2");
    }
}
```

程序 4：

```
class Tree{ }
class Pine extends Tree{ }
class Oak extends Tree{ }
public class Forest {
    public static void main( String[ ] args ) {
        Tree tree = new Pine();
        if( tree instanceof Pine )
            System.out.println( "Pine" );
        if( tree instanceof Tree )
            System.out.println( "Tree" );
        if( tree instanceof Oak )
            System.out.println( "Oak" );
        else
            System.out.println( "Oops" );
```

```
        }
    }
```

程序 5：

```
public class IsEqual {
    int x;
    public IsEqual(int x1)  {
        x=x1;
     }
    public static void main(String a[ ])  {
        IsEqual m1=new IsEqual(4);
        IsEqual m2=new IsEqual(4);
        IsEqual m3=m2;
        m3.x=6;
        System.out.println("m1=m2 is "+(m1==m2));
        System.out.println("m2=m3 is "+(m2==m3));
        System.out.println("m1.x==m2.x is "+(m1.x==m2.x));
        System.out.println("m1.equals(m2)="+m1.equals(m2));
    }
}
```

4．编程题

（1）给 Point 类添加以下几个求两点间距离的多态方法，并进行调用测试。

```
public double distance(Point p)                    //求点与 p 点间距离
public double distance(int x,int y)                //求点与（x,y）点间距离
public static double distance(Point x,Point y)     //求 x、y 两点间距离
```

（2）定义一个 Person 类，含姓名、性别、年龄等字段；继承 Person 类设计 Teacher 类，增加职称、部门等字段；继承 Person 类设计 Student 类，增加学号、入学时间、专业等字段。定义各类的构造方法和 toString()方法，并分别创建对象进行测试。

（3）改进例 5-7 中的 Circle 类，提供若干求面积的方法，形态分别如下：

```
public double area()                    //求当前圆的面积
public static double area(double r)     //求半径为 r 的圆的面积
public static double area(Circle c)     //求参数指定圆的面积
```

（4）修改例 6-3 中复数类的设计，增加两复数相乘的多态方法，并增加计算复数模的方法，然后用实例测试两复数的加、乘、求模运算。

第7章 常用数据类型处理类

本章知识目标：

❑ 掌握 String 类和 StringBuffer 类处理字符串的差异。

❑ 了解各种基本数据类型包装类的常用方法的使用。

❑ 了解 Date、Calendar、Clock 和 LocalDate 等日期和时间类的使用。

❑ 了解 BigInteger 类的使用。

本章涉及编程中常用的数据类型相关类。Java 将字符串看作对象，提供了 String 和 StringBuffer 两个类，分别用于处理不变字符串和可变字符串。针对基本类型数据的分析处理，Java 提供了各种数据类型包装类。针对超大整数，Java 提供了 BigInteger 类；针对日期和时间的表示及处理，Java 提供了 Date、Calendar、Clock、LocalDate 和 LocalTime 等类。

7.1 字符串的处理

字符串的应用非常广泛，搜索引擎实际上就是字符串的搜索匹配处理。字符串是字符的序列，在某种程度上类似于字符的数组，实际上，在有些语言（如 C 语言）中用字符数组表示字符串，在 Java 中则是用类的对象来表示。Java 中使用 String 类和 StringBuffer 类来封装字符串。String 类用于不变字符串的操作，StringBuffer 类则用于可变字符串的处理。换句话说，String 类创建的字符串是不会改变的，而 StringBuffer 类创建的字符串可以修改。

String 类主要用于对字符串内容进行检索和比较等操作，但要记住操作的结果通常得到一个新字符串，而且不会改变源串的内容。

7.1.1 String 类

1. 创建字符串

字符串的构造方法有如下 4 个。

❑ public String()：创建一个空的字符串。

❑ public String(String s)：用已有字符串创建新的 String。

❑ public String(StringBuffer buf)：用 StringBuffer 对象的内容初始化新的 String。

❑ public String(char value[ ])：用已有字符数组初始化新的 String。

在构造方法中使用最多的是 public String(String s)，即用另一个串作为参数创建一个新串对象，例如：

```
String s = new String("ABC");
```

这里要注意，字符串常量在 Java 中也是以对象形式存储的，Java 编译时将自动对每个字符串常量创建一个对象，因此，当将字符串常量传递给构造方法时，将自动把常量对应的对象传递给方法参数。当然，也可以直接给 String 变量赋值。例如：

```
String s = "ABC";
```

字符数组要转换为字符串，可以利用以下构造方法，例如：

```
char[ ] helloArray = { 'h', 'e', 'l', 'l', 'o' };
String helloString = new String(helloArray);
```

利用字符串对象的 length()方法可获得字符串中的字符个数。例如，字符串"good morning\\你好\n"的长度为 16。

利用字符串对象的 toCharArray()方法可得到字符串对应的字符数组。

2．字符串的连接

利用"+"运算符可以实现字符串的拼接，而且可以将字符串与任何一个对象或基本数据类型的数据进行拼接。例如：

```
String s = "Hello!";
s = s + " Mary "+4;   //s 的结果为 Hello! Mary 4
```

读者也许会想，String 对象封装的数据不是不能改变吗？这里怎么能够修改 s 的值？这里要注意，String 类的引用变量只代表对字符串的一个引用，更改 s 的值实际上只将其指向另外一个字符串对象。字符串拼接后将创建另一个串对象，而变量 s 指向这个新的串对象。

Java 还提供了一个方法 concat(String str)，专用于字符串的连接。以下代码将创建一个新串"4+3=7"并赋给 s，而内容为"4+3="的串对象不再有引用变量指向，该串对象将自动由垃圾收集程序删除。

```
String s = "4+3=";
s = s.concat("7");   //新串为 4+3=7
```

String 类还有一个静态方法 format(String format, Object... args)，其返回结果是根据字符串格式描述和参数内容生成格式化后的字符串，具体格式描述和转换效果与第 2 章介绍的 System.out.printf()方法一样。

3．比较两个字符串

字符串的比较方法如表 7-1 所示，其中，compareTo()方法的返回值为一个整数，而其他两个方法的返回值为布尔值。

表 7-1　字符串的比较方法

方　　法	功能（当前串与参数内容比较）
boolean equals(Object Obj)	如果相等返回 true，否则返回 false

续表

方　　法	功能（当前串与参数内容比较）
boolean equalsIgnoreCase(String Str)	忽略字母的大小写判断两串是否相等
int compareTo(String Str)	当前串大，则返回值大于 0
	当前串小，则返回值小于 0
	两串相等，则返回值等于 0

注意：字符串的比较有一个重要的概念，例如：

```
String s1 = "Hello!World";
String s2 = "Hello!World";
boolean b1 = s1.equals(s2);
boolean b2 = (s1==s2);
```

s1.equals(s2)是比较两个字符串的对象值是否相等，显然结果为 true；而 s1==s2 是比较两个字符串对象引用是否相等，结果仍为 true，为何？

由于字符串常量是不变量，Java 在编译时对待字符串常量的存储有一个优化处理策略——相同字符串常量只存储一份，也就是说 s1 和 s2 指向的是同一个字符串，如图 7-1 所示。因此，s1==s2 的结果为 true。不妨对程序进行适当修改，其中一个字符串采用构造方法创建，情况又会怎样呢？例如：

```
String s1 = "Hello!World";
String s2 = new String("Hello!World");
boolean b1 = s1.equals(s2);
boolean b2 = (s1==s2);
```

这时 b1 是 true，b2 却为 false。因为 new String("Hello!World")将导致运行时创建一个新字符串对象，如图 7-2 所示。

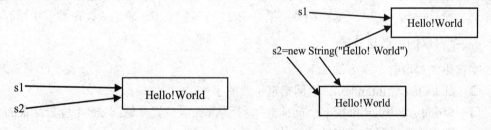

图 7-1　相同串常量的存储分配　　　图 7-2　用 String 的构造方法将创建一个新串对象

特别地，String 类的 intern()方法返回字符串的一个等同串。如下两个赋值是等价的：

```
String s2 = s1.intern();
String s2 = s1;
```

【例 7-1】　设有中英文单词对照表。输入中文单词，显示相应英文单词；输入英文单词，显示相应中文单词。如果没找到，显示"无此单词！"。

程序代码如下：

```
#01    import java.util.*;
#02    public class Translate{
#03        public static void main(String args[ ]) {
#04            String[ ][ ] x = { {"good","好" }, { "bad","坏" }, {"work","工作" } };
#05            String res;
#06            Scanner scan=new Scanner(System.in);
#07            System.out.print("请输入一个单词？ ");
#08            String in = scan.nextLine();
#09            if ((res = find(x, in)) != null)
#10                System.out.println("翻译结果= "+res);
#11            else
#12                System.out.println("无此单词!");
#13        }
#14
#15        /* 在数组中查找单词，找到给出翻译结果，没找到则返回 null */
#16        static String find(String[ ][ ] x, String y) {
#17            /* 以下根据英文找中文   */
#18            for (int k = 0; k < x.length; k++)
#19                if (x[k][0].equals(y))
#20                    return x[k][1];
#21            /* 以下根据中文找英文 */
#22            for (int k = 0; k < x.length; k++)
#23                if (x[k][1].equals(y))
#24                    return x[k][0];
#25            return null;
#26        }
#27    }
```

【说明】本例用字符串类型的二维数组来存放中英文单词的对应表。find()方法用于获取翻译结果。第 18～20 行根据英文单词查找中文单词，第 22～24 行根据中文单词查找英文单词，一旦找到单词，则返回翻译结果。第 25 行返回 null，表示单词在数组中不存在。

4. 字符串的提取与替换

字符串的提取与替换方法如下。

❏ char charAt(int index)：返回指定位置的字符。

❏ String substring(int begin, int end)：返回从 begin 位置开始到 end-1 位置结束的子字符串，因此子字符串的长度是 end-begin。

❏ String substring(int begin)：返回从 begin 位置开始到串末尾结束的子字符串。

❏ String trim()：将当前字符串去除前部空格和尾部空格后的结果作为返回的字符串。

❏ String toUpperCase()：将字符串的字符全部换为大写字母表示。

❏ String toLowerCase()：将字符串的字符全部换为小写字母表示。

❏ String replace(char ch1,char ch2)：将字符串中所有 ch1 字符换为 ch2。

❏ String replaceAll(String regex,String replacement)：将字符串中所有与正则式 regex 匹配的子字符串用新的字符串 replacement 替换。

　　注意正则表达式的一些特殊符号。正则式中的符号"+"用于匹配前面的子表达式一次以上连续出现，例如，字符串 s="壹万零零零叁"，则 s.replaceALL("零+", "零")的结果为"壹万零叁"，3 个零被一个零替换。关于正则式中特殊符号的作用见本书附录 A。

【例 7-2】　输入一个字符串，统计数字字符、英文字母以及其他字符的数量。

　　程序代码如下：

```
#01   public class Account{
#02       public static void main(String args[ ]) {
#03           java.util.Scanner scan = new java.util.Scanner(System.in);
#04           System.out.print("请输入一个字符串？ ");
#05           String a = scan.nextLine();
#06           int n = 0, c = 0 ,m = 0;              //3 个计数变量初始化
#07           for (int k = 0; k < a.length(); k++) {
#08               char x = a.charAt(k);            //取字符串中位置为 k 的字符
#09               if ((x >= 'a' && x <= 'z') || (x >= 'A' && x <= 'Z'))
#10                   c++;                         //字母字符个数增 1
#11               else if (x >= '0' && x <= '9')
#12                   n++;                         //数字字符个数增 1
#13               else
#14                   m++;                         //其他字符个数增 1
#15           }
#16           System.out.println("数字字符" + n + "个");
#17           System.out.println("字母字符" + c + "个");
#18           System.out.println("其他字符" + m + "个");
#19       }
#20   }
```

【运行示例】

请输入一个字符串？ x=4,y=5,x+y=9

数字字符 3 个

字母字符 4 个

其他字符 6 个

　　【说明】第 7～15 行通过循环遍历整个字符串的各个字符。第 8 行通过 String 对象的 charAt()方法获取第 k 个位置的字符。第 9 行判断 x 是否为字母字符，要兼顾大写和小写情形，注意逻辑与（&&）和逻辑或（||）的应用。

5．字符串中字符或子串的查找

　　表 7-2 列出的方法用来在字符串中查找某字符或子串的出现位置，如果未找到，则方法返回值为-1。带 start 参数的方法规定查找的开始位置。

表 7-2　在字符串中查找字符或子串

方　　法	功能（返回参数在字符串中的位置）
int indexOf(int ch)	ch 的首次出现位置
int indexOf(int ch, int start)	ch 的首次出现位置≥start

续表

方　　　法	功能（返回参数在字符串中的位置）
int indexOf(String str)	str 的首次出现位置
int indexOf(String str, int start)	str 的首次出现位置≥start
int lastIndexOf(int ch)	ch 的最后出现位置
int lastIndexOf(int ch, int start)	ch 的最后出现位置≤start
int lastIndexOf(String str)	str 的最后出现位置
int lastIndexOf(String str, int start)	str 的最后出现位置≤start

【注意】字符串中第一个字符的位置是 0。

思考以下程序的运行结果。

```
public class Test{
    public static void main(String args[ ]) {
        String s = "Java 是面向对象的语言，JavaScript 是脚本语言";
        int k = -1;
        do {
            k = s.indexOf( '是', k+1);
            System.out.print(k + "\t");
        } while (k != -1);
    }
}
```

【运行结果】

4　　　　23　　　　−1

将上面程序中 main()方法内代码替换为以下程序段，观察结果情况。

```
String s = "Java 是面向对象的语言，JavaScript 是脚本语言";
String sub = "语言";
for (int i = s.length(); i != -1;) {
    i = s.lastIndexOf(sub, i - 1);
    System.out.print(i + "\t");
}
```

【运行结果】

26　　　　10　　　　−1

另外，还有两个方法可用来判断参数串是否为字符串的特殊子串。

❏　boolean startsWith(String prefix)：判断参数串是否为当前串的前缀。

❏　boolean endsWith(String postfix)：判断参数串是否为当前串的后缀。

例如，以下代码中，布尔变量 x 的结果将为 true，而 y 的结果将为 false。

```
String s = "hello,world";
boolean x = s.startsWith("he");
boolean y = s.endsWith("or");
```

【例 7-3】　从一个带有路径的文件名中分离出文件名。

程序代码如下：

```
#01    public class Ex7_3 {
#02        /* 以下方法获取文件名，文件名是最后一个分隔符 "\" 后面的子串 */
#03        public static String pickFile(String fullpath) {
#04            int pos = fullpath.lastIndexOf('\\');
#05            if (pos == -1)
#06                return fullpath;
#07            return fullpath.substring(pos + 1);
#08        }
#09
#10        public static void main(String ags[ ]) {
#11            String filename = pickFile("d:\\java\\example\\test.java");
#12            System.out.println("filename=" + filename);
#13        }
#14    }
```

【运行结果】

filename=test.java

【说明】 字符串的查找和子字符串的提取在实际应用中经常遇到，读者要仔细体会查找与提取的配合，查找时经常遇到要查找的目标在字符串中出现多次的情况，事实上，本例中字符 "\" 就出现了 3 次，但这里只对离文件名近的出现位置感兴趣，所以选用 lastIndexOf()方法进行查找。

【思考】 编程统计一个字符串中某个子字符串出现的次数。

在 String 类中提供了一个方法 split()，用来根据指定分隔符分离字符串。这个方法非常有用，它的返回结果是一个字符串数组，数组的每个元素就是分离好的子字符串。split()的格式如下：

public String[ ] split(String regex)

例如，对于字符串 str="boo:and:foo"，split(":")的结果为{ "boo", "and", "foo" }，而 split("o")的结果为{ "b", "", ":and:f" }。

【注意】 参数串代表一个正则表达式的匹配模式，分隔符如果是 "+" "*" 等符号，要进行转义处理。例如，分隔符为"+"，要写成"\\+"的正则式，如对于字符串 x="1+2+4+5+8"，x.split("\\+")的结果为{"1", "2", "4", "5", "8" }。

【例 7-4】　输入若干整数相加的表达式，计算表达式的结果。

程序代码如下：

```
#01    import java.util.*;
#02    public class Caculate {
#03        public static void main(String args[ ]) {
#04            Scanner scan=new Scanner(System.in);
#05            System.out.print("输入若干整数相加的表达式: ");
#06            String str = scan.nextLine();
#07            scan.close();
```

```
#08              String a[ ] = str.split("\\+");
#09              int sum = 0;
#10              for (int k=0;k<a.length;k++) {
#11                  sum += Integer.parseInt(a[k].trim());
#12              }
#13              System.out.println(str + "=" + sum);
#14          }
#15      }
```

【运行示例】

输入若干整数相加的表达式：12 + 24 + 56+87

12 + 24 + 56+87=179

【说明】第 11 行对分离得到的子字符串进行了 trim()操作，去掉了其前后空格，因此如果输入的加法表达式中有空格符号也不影响计算结果。

7.1.2　StringBuffer 类

前面介绍的 String 类不能改变串对象中的内容，只能通过建立一个新串来实现串的变化，而创建对象过多不仅浪费内存，而且效率低。要动态改变字符串，通常用 StringBuffer 类。StringBuffer 类可实现字符串内容的添加、修改和删除。

1．创建 StringBuffer 对象

StringBuffer 类的构造方法如下。

❑　public StringBuffer()：创建一个空的 StringBuffer 对象。

❑　public StringBuffer(int length)：创建一个长度为 length 的 StringBuffer 对象。

❑　public StringBuffer(String str)：用字符串 String 初始化新建的 StringBuffer 对象。

2．StringBuffer 类的主要方法

StringBuffer 类的方法较多，表 7-3 列出了几个常用方法。

表 7-3　StringBuffer 类的常用方法

方　　　法	功　　　能
StringBuffer append(Object obj)	将某个对象的串描述添加到 StringBuffer 尾部
StringBuffer insert(int position, Object obj)	将某个对象的串描述插入 StringBuffer 中的某个位置
StringBuffer insert(int index, char[ ] str, int offset, int len)	将字符数组 str 中从 offset 位置开始的 len 个字符插入串的 index 位置
StringBuffer setCharAt(int position, char ch)	用新字符替换指定位置字符
StringBuffer deleteCharAt(int position)	删除指定位置的字符
StringBuffer replace(int start, int end, String str)	将参数指定范围的一个子字符串用新的字符串替换
String substring(int start, int end)	获取所指定范围的子字符串
int length()	StringBuffer 中串的长度（字符数）

例如，思考以下代码段对应的运行结果。

```
StringBuffer str1=new StringBuffer( );
str1.append("Hello,mary!");
str1.insert(6,30);
System.out.println(str1.toString( ));
```

【运行结果】

Hello,30mary!

【说明】insert(6,30)将 30 添加到 StringBuffer 中并不是匹配 insert(int position, Object obj)
方法，而是执行了 StringBuffer insert(int offset, int i)方法。

StringBuffer 类为各种基本类型提供了相应的方法，将其数据添加到 StringBuffer 对象
中，限于篇幅，未在表 7-3 中将这些方法全部列出。StringBuffer 类没有直接定义 equals()
方法，所以将继承 Object 类的 equals()方法。

【例 7-5】　将一个字符串反转。

程序代码如下：

```
#01    public class Ex7_5 {
#02        public static void main(String[ ] args) {
#03            String s = "Dot saw I was Tod";
#04            int len = s.length();
#05            StringBuffer dest = new StringBuffer(len);
#06            for (int i = (len - 1); i >= 0; i--) { //从后往前处理
#07                dest.append(s.charAt(i));
#08            }
#09            System.out.println(dest.toString());
#10        }
#11    }
```

【运行结果】

doT saw I was toD

【说明】第 6 行循环变量 i 的取值从串的末尾往前进行处理，第 7 行取串的第 i 个位置
的字符添加到 StringBuffer 中，循环结束后，StringBuffer 中的内容就是原来字符串的反转。
实际上，在 StringBuffer 中有一个 reverse()方法实现字符串的反转。本例只是演示字符串处
理的一些方法的应用。

仅用 String 类也可以实现对字符串的反转，代码如下：

```
String s = "Dot saw I was Tod";
String res = "";
for (int k=s.length();k>=0;k--)
    res = res + s.charAt(k);
System.out.println(res);
```

【注意】循环中将 res 变量所指串对象的值与获取的字符拼接产生新的字符串，将新
的字符串对象赋给 res。这里每个创建的字符串对象均要占用内存空间，也为 Java 的垃圾

回收带来负担，从效率上来讲比用 StringBuffer 类的拼接方法要差。

值得一提的是，从 Java 5 开始新增了 StringBuilder 类，该类和 StringBuffer 类功能类似，且效率更高，但 StringBuilder 方法不是线程安全的（不能同步访问）。在应用程序要求线程安全的情况下，必须使用 StringBuffer 类。以下代码演示了 StringBuilder 类的应用，如果换成 StringBuffer 类，输出结果一样。

```
StringBuilder sb = new StringBuilder();
sb.append("running...！ ");
sb.delete(3,7);
System.out.println(sb);        //输出结果为 run...!
```

7.2　基本数据类型包装类

每个 Java 基本数据类型均有相应的类型包装类。例如，Integer 类包装 int 值、Float 类包装 float 值。表 7-4 列出了基本数据类型和相应包装类。

表 7-4　基本数据类型和相应包装类

基本数据类型	相应包装类	基本数据类型	相应包装类
boolean	Boolean	long	Long
char	Character	int	Integer
double	Double	short	Short
float	Float	byte	Byte

使用包装类要注意以下几点。

（1）数值类型的包装类均提供了以相应基本类型的数据作为参数的构造方法，同时也提供了以字符串类型作为参数的构造方法，但如果字符串中数据不能代表相应数据类型，则会抛出 NumberFormatException 异常。例如，Integer（整型）类的构造方法如下。

- ❑　public Integer(int value)：根据整数值创建 Integer 对象。
- ❑　public Integer(String s)：根据数字字符串创建 Integer 对象。

（2）每个包装类均提供了相应的方法，用来从包装对象中抽取相应的数据，对于 Boolean 类的对象，可以调用 booleanValue()方法；对于 Character 类的对象，可以调用 charValue()方法；其他 6 个类可以利用如下方法抽取数值数据，这些方法在它们的父类 Number 中定义，但 Number 类是抽象类，没有具体实现这些方法，每个包装子类提供了方法的具体实现。

- ❑　public byte byteValue()。
- ❑　public short shortValue()。
- ❑　public int intValue()。
- ❑　public long longValue()。
- ❑　public float folatValue()。
- ❑　public double doubleValue()。

（3）包装类提供了各种 static 方法。例如，Character 类提供了 isDigit(char ch)方法，可判断一个字符是否为数字。除 Character 类外的所有包装类均提供了 valueOf(String s)静态方法，该方法将得到一个相应类型的对象。例如，Long.valueOf("23")构造返回一个包装了数据值 23 的 Long 对象。

Integer 类 的 toString(int i, in tradix)方法返回一个整数的某种进制表示形式。例如，Integer.toString(12,8) 的结果为 14。方法 toString(int i)返回十进制表示形式；方法 toBinaryString(int i)返回整数的二进制串表示形式。

还有一组非常有用的静态包装方法是 parseXXX()方法，分别如下。

- ❑ public static byte Byte.parseByte(String s)。
- ❑ public static short Short.parseShort(String s)。
- ❑ public static int Integer.parseInt(String s)。
- ❑ public static long Long.parseLong(String s)。
- ❑ public static float Float.parseFloat(String s)。
- ❑ public static double Double.parseDouble(String s)。

这些方法以字符串作为参数，返回相应的基本类型数据。在分析时，如果数据不正常，均会抛出 NumberFormatException 异常。

7.3 BigInteger 类

例 7-6 是蓝桥杯全国程序设计竞赛题，该题如果用长整数来表示数据将发生数据溢出。

【例 7-6】 所谓回文数就是左右对称的数字，如 585,5885,123321 等，当然，单个的数字也可以算作对称的。

小明发现了一种生成回文数的方法。例如，取数字 19，把它与自己的翻转数相加：

$19 + 91 = 110$

如果不是回文数，就再进行这个过程：

$110 + 011 = 121$

这次得到了回文数。

200 以内的数字中，绝大多数都可以在 30 步以内变成回文数，只有一个数字很特殊，就算迭代 1000 次，它还是顽固地拒绝回文，找出该顽固数字。

按照上面文字描述的思路，可编写如下程序代码。

```
#01    public class   ReverseNumber {
#02        public static void main(String args[ ]) {
#03            for (int n=1;n<=200;n++) {   //检查 200 以内的数
#04                StringBuffer b = new StringBuffer(String.valueOf(n));
#05                boolean f = false;
#06                for (int k=0;k<1000;k++) {    //最多迭代处理 1000 次
#07                    long x1 = Long.parseLong(b.toString());
```

```
#08                    long x2 = Long.parseLong(b.reverse().toString());
#09                    b = new StringBuffer(String.valueOf(x1+x2));
#10                    if (b.toString().equals(b.reverse().toString())) {
#11                        f = true;
#12                        break;
#13                    }
#14                }
#15            if (!f)
#16                System.out.println("这个顽固数字是:"+n);
#17        }
#18    }
#19 }
```

【说明】程序中用 long 类型的变量来存放数据，借助 StringBuffer 对象的 reverse()方法实现数的翻转，这里涉及 long 类型的数据和字符串数据的相互转换问题，第 4 行利用 String.valueOf()方法将长整数转换为字符串，第 7～8 行利用 Long.parseLong()方法将字符串转换为长整数。第 10 行进行两个字符串的相等比较，注意要将 StringBuffer 对象转换为 String 对象。

运行程序会出现异常，因为最后迭代形成的数据太长，用长整数表示会出现溢出，需要引入能表示更大范围数据的处理对象。Java 提供了 BigInteger 类表示大整数，可用 BigInteger 的 add()方法实现两个大整数的相加。

BigInteger 类在 java.math 包中，首先要通过 import 语句引入该类，然后将以上程序的第 7～9 行代码替换为如下代码。

```
BigInteger x1 = new BigInteger(b.toString());     //由数字串创建 BigInteger 对象
BigInteger x1 = new BigInteger(b.reverse().toString());
b = new StringBuffer(String.valueOf(x1.add(x2)));
```

再运行程序，可以看到如下输出结果。

这个顽固数字是：196

除了 add()方法，BigInteger 还提供了如下一些常用方法。

❑ BigInteger subtract(BigInteger val)：求当前大整数与参数指定的大整数之差。
❑ BigInteger multiply(BigInteger val)：求当前大整数与参数指定的大整数之积。
❑ BigInteger divide(BigInteger val)：求当前大整数与参数指定的大整数之商。
❑ BigInteger remainder(BigInteger val)：求当前大整数与参数指定的大整数的余数。
❑ int compareTo(BigInteger val)：求当前大整数与参数指定的大整数的比较结果，返回值为 1、-1 或 0，分别表示当前大整数大于、小于或等于参数指定的大整数。
❑ BigInteger abs()：返回当前大整数的绝对值。
❑ BigInteger pow(int n)：返回当前大整数的 n 次幂。
❑ boolean isProbablePrime（int certainty）：按指定的确定性概率判断大整数是否为素数，是返回 true，否则返回 false。

在 BigInteger 类中还定义了一些常量。

❑　BigInteger.ZERO：代表数值 0 的常量对象。

❑　BigInteger.ONE：代表数值 1 的常量对象。

例 7-7 中代码演示了 BigInteger 类的典型应用。

【例 7-7】　计算 1!+2!+3!+⋯+45!的值。

程序代码如下：

```
#01    import java.math.*;
#02    public class SumOfFactorial {
#03        public static void main(String args[ ]){
#04            BigInteger sum = BigInteger.ZERO ,
#05                k = BigInteger.ONE,
#06                fac = BigInteger.ONE,
#07                n = new BigInteger("45");          //构造方法的参数为数字串
#08            while (k.compareTo(n)<=0) {
#09                sum = sum.add(fac);                //类似 sum+=fac
#10                k = k.add(BigInteger.ONE);         //类似  k++
#11                fac = fac.multiply(k);             //类似 fac*=k
#12            }
#13            System.out.println(sum);
#14        }
#15    }
```

【运行结果】

122342346998826717539665299944651784048588130840420940313

【说明】第 4～7 行定义了 4 个 BigInteger 类型的变量，并分别赋了初值。由于表示的不是普通的整数，所以 BigInteger 构造方法的参数限制为数字字符串。大整数的运算操作均采用基于对象的方法调用来完成基本类型的相似运算。

对于比 double 类型有更大精度要求的实型数据，Java 提供了 BigDecimal 类，由于该类使用较少，限于篇幅，本书不进行介绍。

7.4　日期和时间类

在当今的大数据时代，不仅要获取当前的数据，还需要保存历史数据，也就是说数据需要时间戳。在处理问题时，往往需要分析出数据随时间变化的规律，从而为决策提供服务。java.util 包中提供了两个类——Date 和 Calendar，用来封装与日期和时间有关的信息。Java 8 在 java.time 包中也提供了若干处理日期和时间的类。

7.4.1　Date 类和 SimpleDateFormat 类

1. Date 类

在 Java 中，日期用代表毫微秒的一个长整数进行存储和表示，即日期是相对格林尼治时间（GMT）1970 年 1 月 1 日 0 时 0 分 0 秒过去的毫微秒数。日期的构造方法如下。

❑　Date()：创建一个代表当前时间的日期对象。

❑　Date(long date)：根据毫微秒值创建日期对象。

执行日期对象的 toString()方法将按星期、月、日、小时、分、秒、年的默认顺序输出相关信息，如 Sun Oct 31 16:28:04 CST 2004。

将当前日期与某个日期比较可使用 int compareTo(Date anotherDate)方法，结果为 0 代表相等；为负数代表日期对象比参数代表的日期要早；为正数则代表日期对象比参数代表的日期要晚。

另外，用 getTime()方法可得到日期对象对应的毫微秒值。

2. SimpleDateFormat 类

Java 中用 SimpleDateFormat 类对日期进行格式化描述，其构造方法如下：

public SimpleDateFormat(String format)

其中，参数串定义格式化日期的格式。

通过 SimpleDateFormat 类的实例方法 format(Date date)可将指定的日期对象按当前格式转换为字符串。表 7-5 给出了常用格式描述符及其含义。

表 7-5　日期的常用格式描述符及其含义

格式描述符	表 示 含 义	格式描述符	表 示 含 义
yyyy	年	HH	24 小时制(0~23)
MM	月	mm	分
dd	日	ss	秒
E	星期几	S	毫秒
a	上下午标识	z	时区

【例 7-8】　格式化日期。

程序代码如下：

```
#01    import java.text.SimpleDateFormat;
#02    import java.util.Date;
#03    public class FormatDate {
#04      public static void main(String args[ ]) {
#05        Date d = new Date();
#06        System.out.println(d);        //按 toString()方法描述输出日期
#07        SimpleDateFormat df1 = new SimpleDateFormat("y-M-d h:m:s a E");
#08        System.out.println(df1.format(d));
#09        SimpleDateFormat df2 = new SimpleDateFormat("yy-MM-dd hh:mm:ss a E");
#10        System.out.println(df2.format(d));
#11        SimpleDateFormat df3 = new SimpleDateFormat("yyyy-MM-dd");
#12        System.out.println(df3.format(d));
#13      }
#14    }
```

【运行结果】

Sun Jan 23 13:40:59 CST 2022

2022-1-23 1:40:59　下午　周日

22-01-23 01:40:59　下午　周日

2022-1 月-23

【说明】可以发现，在格式化日期数据时，如果对应的格式描述符给出的宽度不足，则会对数据进行裁剪；如果格式描述符给出的宽度有余，则会在数据前面补 0。但 y-M-d h:m:s 是按实际数据宽度来产生格式化串。

7.4.2　Calendar 类

Calendar 类主要用于日期与年、月、日等整数值的转换。Calendar 是一个抽象类，不能直接创建对象，但可以使用静态方法 getInstance()获得代表当前日期的日历对象，使用格式如下：

Calendar rightNow = Calendar.getInstance();

通过该对象可以调用如下方法将日历翻到指定的一个时间。

❑　void set(int year, int month, int date)。

❑　void set(int year, int month, int date, int hour, int minute)。

❑　void set(int year, int month, int date, int hour, int minute, int second)。

要从日历中获取有关年份、月份、星期、小时等的信息，可以通过 int get(int field)方法实现。其中参数 field 的值由 Calendar 类的静态常量决定，如 YEAR 代表年，MONTH 代表月，DAY_OF_WEEK 代表星期，HOUR 代表小时，MINUTE 代表分，SECOND 代表秒等。例如：

```
rightNow.get(Calendar.MONTH)
```

如果返回值为 0，代表当前日历是 1 月；如果返回 1，则代表 2 月，依此类推。

将当前日期拼接为字符串可用如下代码。

```
String mydate = rightNow.get(Calendar.YEAR) + "-"+ (rightNow.get(Calendar.MONTH) + 1)
    + "-" + rightNow.get(Calendar.DATE);
```

通过以下方法可获取日历对象的其他时间表示形式。

❑　long getTimeInMillis()：返回当前日历对应的毫微秒值。

❑　Date getTime()：返回当前日历对应的日期对象。

【例 7-9】　日期的使用示例。

程序代码如下：

```
#01    import java.util.*;
#02    public class CalendarDemo {
#03        public static void main(String[ ] args){
```

```
#04          Calendar rightNow = Calendar.getInstance();
#05          System.out.println("现在是"+ rightNow.get(Calendar.YEAR)+"年"
#06           + (rightNow.get(Calendar.MONTH) + 1)
#07           + "月" + rightNow.get(Calendar.DATE)+"日");
#08          System.out.println("具体时间是:"+rightNow.getTime());
#09          long time1 = rightNow.getTimeInMillis();
#10          rightNow.set(2020,7,1);      //日历翻到 2020 年 7 月 1 日
#11          long time2 = rightNow.getTimeInMillis();
#12          long days = Math.abs(time1-time2)/(1000*60*60*24);
#13          System.out.println("现在和 2020 年 7 月 1 日相隔"+days+"天");
#14      }
#15  }
```

【运行结果】

现在是 2022 年 1 月 23 日

具体时间是：Sun Jan 23 13:45:54 CST 2022

现在和 2020 年 7 月 1 日相隔 540 天

7.4.3 Java 8 新增的日期和时间类

Java 8 在 java.time 包中提供了系列类来处理日期和时间，如 Clock 是代表时钟的类，对当前时区敏感，可以采用以下方法替代 System.currentTimeMillis()方法来获取当前的毫秒时间。

```
long t = Clock.systemDefaultZone().millis();
```

当前时刻用 Instance 对象来表示。用 Clock 对象的 instant()方法可得到 Instance 的实例，由 Instance 实例可进一步得到 Date 对象。

此外，Java 8 还提供了专门的日期和时间类。表 7-6 给出了 Java 8 中几种日期和时间类的相关描述。

表 7-6　Java 8 提供的几种日期和时间类

类　名	表示内容	对象描述举例
LocalDate	不含具体时间的日期	2022-01-23
LocalTime	不含日期的时间	13:58:06.825042700
LocalDateTime	包含日期及时间，不含时区	2022-01-23T13:58:06.825042700
ZonedDateTime	包含时区的完整日期时间，时区以 UTC/格林尼治时间为基准	2022-01-23T13:58:06.826038500+08:00[Asia/Shanghai]

可通过类的静态方法获取以上日期和时间类的对象。静态方法 now()可得到代表当前时刻的日期及时间对象。静态方法 of()可根据参数指定的信息生成相应的对象。例如，利用 LocalDate 类提供的 of(int year, int month, int day)方法可按年、月、日要求创建日期对象。

日期和时间对象提供了众多的实例方法，用于获取某方面的信息。例如，用 LocalTime 对象的 getHour()、getMinute()和 getSecond()方法可分别得到小时、分和秒的时间信息。针

对 LocalDate 对象，用 getYear()方法可得到日期的年份，用 getMonthValue()方法可得到日期的月份，用 getDayOfMonth()方法可得到月中的第几天等。

此外，日期和时间也可以进行比较。例如，用 LocalDate 对象的 isBefore()、isAfter()、equals()方法可将当前日期对象与参数提供的日期对象进行比较。如果当前日期对象的日期比参数对象的日期要早，则 isBefore()方法返回 true，否则返回 false。

【例 7-10】　Java 8 的日期和时间类的使用示例。

程序代码如下：

```
#01   import java.time.*;
#02   import java.util.Date;
#03   public class Java8Date{
#04       public static void main(String[ ] args) {
#05           Clock clock = Clock.systemDefaultZone();
#06           Instant instant = clock.instant();                //代表的是时间戳
#07           Date date = Date.from(instant);
#08           System.out.println(date);
#09           LocalDate today = LocalDate.now();              //当前日期
#10           System.out.println("当前日期是"+today);
#11           LocalDate day = LocalDate.of(2021,10,15); //按指定年、月、日要求构建日期
#12           System.out.println(today.isBefore(day));
#13       }
#14   }
```

【运行结果】

Fri Mar 04 08:08:04 CST 2022

当前日期是 2022-03-04

false

【说明】第 5～7 行演示了 Clock 和 Instance 等类的使用，第 9～12 行演示了 LocalDate 对象的构建及其方法的使用。

习　　题

1. 选择题

（1）关于以下程序段，正确的说法是（　　　）。

```
#01   String   s1="abc"+"def";
#02   String   s2=new   String(s1);
#03   if(s1 == s2)
#04       System.out.println("= = succeeded");
#05   if (s1.equals(s2))
#06        System.out.println(".equals() succeeded");
```

　　　A. 行 4 与行 6 都将执行　　　　　B. 行 4 执行，行 6 不执行
　　　C. 行 6 执行，行 4 不执行　　　　　D. 行 4 与行 6 都不执行

（2）有如下程序：

```
public class ish{
    public static void main(String[ ] args) {
        String s="call me ishmae";
        System.out.println(s.charAt(s.length()-1));
    }
}
```

则输出结果为（   ）。

    A．a   B．e   C．c   D．"

（3）有如下程序：

```
public class Example{
    String str=new String("good");
    char[ ] ch={'a', 'b', 'c' };
    public static void main(String args[ ]){
        Example ex=new Example();
        ex.change(ex.str,ex.ch);
        System.out.print(ex.str+" and ");
        System.out.print(ex.ch);
    }
    public void change(String str,char ch[ ]){
        str="test ok";
        ch[0]='g';
    }
}
```

则输出结果为（   ）。

    A．good and abc   B．good and gbc

    C．test ok and abc   D．test ok and gbc

（4）运行以下程序的结果为（   ）。

```
public class Short {
    public static void main(String args[ ])  {
        StringBuffer s = new StringBuffer("Hello");
        if ((s.length() >=5) &&(s.append(" there").equals ("false")))
            ;    //do nothing
        System.out.println("value is " + s);
    }
}
```

    A．value is Hello   B．value is Hello there

    C．在第 4 或第 5 行出现编译错误   D．无输出

    E．空指针例外

（5）调用以下类 D 和 E 的 main()方法的输出结果为（   ）。

```
class D {
    public static void main(String[ ] args) {
        String s1 = new String("hello");
```

```
        String s2 = new String("hello");
        if (s1.equals(s2))
            System.out.println("equal");
        else
            System.out.println("not equal");
    }
}
class E {
    public static void main(String[ ] args) {
        StringBuffer sb1 = new StringBuffer("hello");
        StringBuffer sb2 = new StringBuffer("hello");
        if (sb1.equals(sb2))
            System.out.println("equal");
        else
            System.out.println("not equal");
    }
}
```

    A．D: equal; E: equal　　　　　　　　B．D: not equal; E: equal

    C．D: equal; E: not equal　　　　　　　D．D: not equal; E: not equal

    E．在标准输出中两个类均无输出

（6）以下程序的输出结果为（　　　）。

```
public class test {
    public static void main(String args[ ]) {
        String str1="abc";
        String str2="def";
        String str3=str1.concat(str2);
        str1.concat(str2);
        System.out.println(str1);
    }
}
```

    A．abc　　　　　B．def　　　　　C．abcabc　　　　D．abcdef　　　　E．defabc

2．写出以下程序的运行结果

程序 1：

```
public class wantChange{
    static void pass(String x) {
        x=x+" hello";
        System.out.println(x);
    }
    public static void main(String args[ ]) {
        String my="good moring";
        pass(my);
        System.out.println(my);
    }
}
```

```
}
```

程序 2:

```java
public class Test2{
    public static void main(String args[ ]) {
        String a[ ]={"good","bad","student","teacher","hello"};
        String s1,s2;
        s1=s2=a[0];
        for (int k=1;k<a.length;k++) {
            if (a[k].compareTo(s1)>0) s1=a[k];
            if (a[k].compareTo(s2)<0) s2=a[k];
        }
        System.out.println(s1+"\t"+s2);
    }
}
```

程序 3:

```java
public class Test3{
    public static void main(String args[ ]) {
        String s="good afternoon students";
        char a[ ]=s.toCharArray();
        int x1=0,x2=0;
        for (int k=0;k<a.length;k++) {
            if (a[k]=='o') x1++;
            if (a[k]=='t') x2++;
        }
        System.out.println(x1+"\t"+x2);
    }
}
```

程序 4:

```java
public class Foo {
    public static void main (String [ ] args) {
        StringBuffer a = new StringBuffer("A");
        StringBuffer b = new StringBuffer("B");
        operate(a,b);
        System.out.println(a + "," +b);
    }
    static void operate (StringBuffer x, StringBuffer y) {
        x.append(y);
        y = x;
    }
}
```

程序 5:

```java
public class Test{
    public static void main(String args[ ]) {
```

```
        String s1="abc";
        String s2="Abc";
        System.out.println(s1=s2);
        System.out.println(s1==s2);
    }
}
```

3. 编程题

（1）从键盘输入若干行文字，最后输入的一行 end 代表结束标记。

① 统计该段文字中英文字母的个数。

② 将其中的单词 the 全部改为 a，输出结果。

③ 找出该段文字中所有的数字串并输出。

（2）分别用字符数组和字符串存储一个英文句子 Java is an Object Oriented programming language，分离出其中的单词并输出，计算这些单词的平均字母数。

（3）利用随机函数产生 20 个 10～90 的不重复整数，将这些数拼接在一个字符串中，用逗号隔开，每产生一个新数，要保证其在该字符串中不存在。最后将串中的整数分离存放到一个数组中，将数组的内容按由小到大的顺序输出。

（4）编程求任意长度的一个数字字符串的各位数字之和。

（5）输入一个百亿以内的正整数，把它转换为人民币金额大写表示。例如，35201 转换为"叁万伍仟贰佰零壹"，31000 转换为"叁万壹仟"，120023201 转换为"壹亿贰仟零贰万叁仟贰佰零壹"，120020001 转换为"壹亿贰仟零贰万零壹"，100000001 转换为"壹亿零壹"。可以看到，在万后满千位，则不加零，否则要补零，但不要出现类似"零零"的情况。在亿后满千万位，则不加零，否则要补零，但整个"万档"没有数字时，"万"字省去。

（6）从 X 星截获一份电码，是如下一些数字串：

13、1113、3113、132113、1113122113、....

YY 博士经彻夜研究，发现了规律：

第 1 个数随便是什么，以后每个数都是对上一个数"读出来"。

比如第 2 个数是对第 1 个数的描述，意思是：1 个 1，1 个 3，所以是：1113。

第 3 个数意思是：3 个 1，1 个 3，所以是：3113。

请编写一个程序，可以从初始数字开始，连续进行这样的变换。

输入数据时，第一行输入一个数字组成的串，不超过 100 位。第二行输入一个数字 n，表示需要连续变换多少次，n 不超过 20。

输出一个串，表示最后一次变换完的结果。

例如：用户输入 5 和 7，则程序应该输出：13211321322115。

第 8 章　抽象类、接口与内嵌类

本章知识目标：

❑　掌握抽象类和抽象方法的定义形式。

❑　了解抽象类与继承的必然关系。

❑　掌握接口定义中成员的特点。

❑　掌握接口实现的具体要求。

❑　了解内嵌类的定义和使用特点。

在现实世界中，人们通常从抽象思维的角度来刻画事物的一些公共特性，具有这些特性的实体可以将这些特性具体化。在面向对象程序设计中，则通过继承机制来描述这种关系。Java 提供了抽象类和接口来体现抽象概念。类中还可以再定义类，称之为内嵌类，使用内嵌类可以更好地组织程序单元。

8.1　抽象类和抽象方法

8.1.1　抽象类的定义

抽象类代表一种优化了的概念组织方式。抽象类用来描述事物的一般状态和行为，然后在其子类中实现这些状态和行为，以适应对象的多样性。

抽象类用 abstract 修饰符修饰，具体定义形式如下：

```
abstract class 类名称 {
    成员变量定义;
    方法(){...}        //定义具体方法
    abstract 方法();    //定义抽象方法
}
```

【说明】

（1）在抽象类中可以包含具体方法和抽象方法。抽象方法的定义与具体方法不同，抽象方法在方法头后直接跟分号，而具体方法含有以花括号框住的方法体。

（2）抽象类表示的是一个抽象概念，不能被实例化为对象。

【思考】abstract 和 final 修饰符可以同时修饰一个类吗？

Java 类库中的很多类被设计为抽象类，如 Java 中 Number 类是一个抽象类，它只表示"数字"这一抽象概念，由其子类 Integer 和 Float 等创建具体对象；GUI 编程中的 Component

也是一个抽象类，它定义所有图形部件的公共特性，但不具体实现，在其子类中提供具体
实现。

8.1.2　抽象类的应用

【例 8-1】　定义一个代表"形状"的抽象类，其中包括求形状面积的抽象方法。继承该
抽象类定义三角形、矩形、圆，分别创建一个三角形、矩形、圆存入一个数组中，访问数
组元素将各类图形的面积输出。

程序代码如下：

```
#01    abstract class Shape {                    //定义抽象类
#02        abstract public double area();        //抽象方法
#03    }
#04
#05    class Triangle extends Shape {            //定义三角形
#06        private double a, b, c;
#07
#08        public Triangle(double a, double b, double c) {
#09            this.a = a;
#10            this.b = b;
#11            this.c = c;
#12        }
#13
#14        public double area() {
#15            double p = (a + b + c) / 2;
#16            return Math.sqrt(p * (p - a) * (p - b) * (p - c));
#17        }
#18    }
#19
#20    class Rectangle extends Shape {           //定义矩形
#21        private double width, height;
#22
#23        public Rectangle(double j, double k) {
#24            width = j;
#25            height = k;
#26        }
#27
#28        public double area() {
#29            return width * height;
#30        }
#31    }
#32
#33    class Circle extends Shape {              //定义圆
#34        private double r;
#35
#36        public Circle(double r) {
#37            this.r = r;
```

```
#38        }
#39
#40        public double area() {
#41            return Math.PI * r * r;
#42        }
#43  }
#44
#45  public class Ex8_1 {
#46      public static void main(String args[ ]) {
#47          Shape s[ ] = new Shape[3];        //定义 Shape 类型的数组
#48          s[0] = new Triangle(25, 41, 50);
#49          s[1] = new Rectangle(15, 20);
#50          s[2] = new Circle(47);
#51          for (int k = 0; k < s.length; k++)
#52              System.out.printf("%s->%.2f\n",s[k],s[k].area());
#53      }
#54  }
```

【运行结果】

Triangle@72ea2f77->510.20

Rectangle@58372a00->300.00

Circle@4dd8dc3->6939.78

【说明】在抽象类 Shape 中定义的抽象方法 area()在各具体子类中均要具体实现。在类 Ex8_1 中创建一个 Shape 类型的数组，将所有通过子类创建的对象存放到该数组中，即用父类变量存放子类对象的引用，在 for 循环中访问数组元素，实际上是通过父类引用访问具体的子类对象的方法。

【思考】抽象类用于表达事物的共性，而具体类则用于表达事物的个性，正如马克思主义哲学中矛盾的普遍性和特殊性的关系。在程序设计中运用抽象思维可增进软件重用。

对于 Shape 这个抽象类，还可以有更多的想象。例如，在 Shape 类中加入一个实例方法 getArea()，该方法调用 area()方法求面积。

```
abstract class Shape {
    public double getArea() { return area(); }      //实例方法
    abstract public double area();                  //抽象方法
}
```

也许有读者觉得奇怪，Shape 类中的 area()方法是抽象方法，如何能求面积呢?事实上，实际调用 getArea()方法是通过继承 Shape 这个抽象类的一个具体类的对象来进行的，在具体类中会给出 area()方法的具体实现。

又如，还可以在 Shape 类中增加一个静态方法，求任意形状的面积。

```
public   static double   area(Shape   x) {
    return   x.area();
}
```

这个静态方法通过参数传递具体形状。例如，以下代码求半径为 42 的圆的面积。

```
double mj = Shape.area(new Circle(42));
```

【思考】从以上案例可以看出，通过 Shape 类型的引用变量调用的实例方法取决于变量引用的具体对象，对象是圆就计算圆的面积，对象是矩形就计算矩形的面积，也就是表现为运行时的多态性，由此可联想到"具体问题具体分析"的思想。

8.2　接　　口

Java 中不支持多重继承，而是通过接口实现比多重继承更强的功能。Java 通过接口使处于不同层次，甚至互不相关的类可以具有相同的行为。

8.2.1　接口的定义

接口由常量和抽象方法组成，由关键字 interface 引导接口定义，具体语法如下：

```
[public] interface 接口名 [extends 父接口名列表 ]   {
    [public] [static] [final] 域类型 域名 = 常量值 ;
    [public] [abstract]   返回值 方法名(参数列表) [throw 异常列表];
}
```

有关接口定义要注意以下几点。

❑　声明接口可给出访问控制符，用 public 修饰的是公共接口。

❑　接口具有继承性，一个接口可以继承多个父接口，父接口间用逗号分隔。

❑　接口中所有属性的修饰默认是 public static final，也就是均为静态常量。

❑　接口中所有方法的修饰默认是 public abstract。

❑　在 Java 8 中允许接口有 default（默认）方法和 static（静态）方法，Java 9 后接口可以定义 private 方法。default 方法是在定义方法头上添加 default 关键字。default 方法和 static 方法均给出方法的具体实现，用于扩展接口功能。default 方法将由实现接口的类继承，而 static 方法需要通过接口名调用。

在 Java 8 之前，接口中的方法均为抽象方法，接口一旦发布就不便改变，接口内如果再增加一个方法，就会破坏所有实现接口的对象。default 方法和 static 方法就是为了解决接口的扩展性问题，让接口在发布之后仍能被逐步演化。

Compartor 接口是用于定义比较器的接口，在 Java 8 中，Compartor 接口提供了不少 default 方法或 static 方法。例如，方法 reversed()是该接口中的一个 default 方法，用来提供反向顺序的比较器，而在以前版本中该接口仅含 compare(T obj1, T obj2)一个方法。

以下 Move 接口给出了表达运动的行为规范。运动有快慢、有方向，在运动中还要小心意外。为此，接口定义了 walk()和 run()两个抽象方法，另外还包括一个 default 方法和一个 static 方法。

```
interface Move{
    void    walk();                //走路
    void    run();                 //奔跑
    default void forward(){        //default 方法
        System.out.println("前进...");
    }
    static void warning() {        //static 方法
        System.out.println("小心意外!!!");
    }
}
```

接口是抽象类的一种，不能直接用于创建对象。接口的作用在于规定一些功能框架，具体功能的实现则由遵守该接口约束的具体类去完成。实际生活中也有很多行为规范，如公民行为规范、各种法律条款等，作为公民要遵守这些规范，做到遵纪守法。

8.2.2　接口的实现

接口定义了一套行为规范，一个类要实现这个接口就要遵守接口中定义的规范，也就是要实现接口中定义的所有方法，换句话说，在类中要用具体方法覆盖接口中定义的抽象方法。

有关接口的实现，要注意以下问题。

（1）一个类可以实现多个接口。在类的声明部分用 implements 关键字声明该类将要实现哪些接口，接口间用逗号分隔。

（2）接口的抽象方法的访问限制符默认为 public，在实现时要在方法头中显式地加上 public 修饰，这点容易被忽视。

（3）如果实现某接口的类没有将接口的所有抽象方法具体实现，则编译时将提示该类只能为抽象类，而抽象类是不能创建对象的。

接口的多重实现机制在很大程度上弥补了 Java 类单重继承的局限性，不仅一个类可以实现多个接口，而且多个无关的类可以实现同一接口。

【例 8-2】　接口应用举例。

程序代码如下：

```
#01    interface Copyable {                    //定义 Copyable 接口
#02        Object copy();
#03    }
#04
#05    class Book implements Copyable {        //Book 类实现 Copyable 接口
#06        String book_name;                   //书名
#07        String book_id;                     //书号
#08
```

```
#09        public Book(String name, String id) {
#10            book_name = name;
#11            book_id = id;
#12        }
#13
#14        public String toString() {
#15            return   super.toString()+"书名:" + book_name + ",书号=" + book_id;
#16        }
#17
#18        public Object copy() {                    //覆盖接口中定义的抽象方法
#19            return new Book(book_name, book_id);
#20        }
#21
#22        public static void main(String[ ] args) {
#23            Book x = new Book("Java 程序设计", "ISBN8359012");
#24            System.out.println(x);
#25            System.out.println(x.copy());
#26            Book y = (Book) x.copy();           //赋值要用强制转换
#27            System.out.println(y);
#28        }
#29    }
```

【运行结果】

Book@15db9742,书名:Java 程序设计，书号=ISBN8359012

Book@6d06d69c,书名:Java 程序设计，书号=ISBN8359012

Book@7852e922,书名:Java 程序设计，书号=ISBN8359012

【说明】本例定义了一个 Copyable 接口，其中包含 copy()方法，在 Book 类中实现该方法，生成一个书名和书号相同的 Book 对象作为返回对象。程序中 Book 类的 copy()方法的返回类型为 Object，所以第 26 行将返回结果赋给 Book 引用变量要进行强制转换。实际上，Book 类的 copy()方法也可将返回类型定义为 Book，同样不违背接口实现，因为 Book 是 Object 的子类，这样，将 copy()方法的结果赋给 Book 引用变量就不需要强制转换。

由于一个类可以继承某个父类同时实现多个接口，因此也会带来多重继承上的二义性问题。例如，以下代码中 Test 类继承了 Parent 类同时实现了 Frob 接口。不难注意到，在接口和父类中均有变量 v，这时通过 Test 类的一个对象直接访问 v 就存在二义性问题，编译将提示错误。因此，程序中通过 super.v 和 Frob.v 来具体指定是哪个 v。事实上，这两个 v 不仅数值不同，而且性质不同，接口中的是常量，而类中定义的是属性变量。

```
interface Frob {      //接口 Frob 定义
    float v = 2.0f;
}

class Parent {        //Parent 类定义
    int v = 3;
}

class Test extends Parent implements Frob {    //继承 Parent 类并实现 Frob 接口
```

```
public static void main(String[ ] args) {
    new Test().printV();
}

void printV() {
    System.out.println((super.v + Frob.v) / 2);
}
}
```

8.3　内　嵌　类

内嵌类是指嵌套在一个类中的类，因此，有时也称为嵌套类（NestedClass）或内部类（InnerClass），而包含内嵌类的那个类称为外层类（OuterClass）。内嵌类与外层类存在逻辑上的所属关系，内嵌类的使用要依托外层类，这点与包的限制类似。内嵌类一般用来实现一些没有通用意义的功能逻辑。与类的其他成员一样，内嵌类也分不带 static 修饰的成员类和带 static 修饰的静态内嵌类。

8.3.1　成员类

内嵌类与外层类的其他成员处于同级位置，所以也称为成员类。在外层类的成员属性或方法定义中可创建内嵌类的对象，并通过对象引用访问内嵌类的成员。使用内嵌类有如下特点。

（1）内嵌类的定义可以使用访问控制符 public、protected 和 private 修饰。

（2）在内嵌类中可以访问外层类的成员。但如果外层的成员与内嵌类的成员存在同名现象，则按最近优先原则处理。

（3）在内嵌类中，this 指内嵌类的对象，要访问外层类的当前对象，需加上外层类名做前缀。例如，在例 8-3 代码中，内嵌类中用 OuterOne.this 表示访问外层类的 this 对象。

【例 8-3】　内嵌类访问外部类的成员。

程序代码如下：

```
#01    public class OuterOne {
#02        private int x = 3;
#03        private int y = 4;
#04
#05        public void OuterMethod() {
#06            InnerOne ino = new InnerOne();
#07            ino.innerMethod();
#08        }
#09
#10        public class InnerOne { //内嵌类
#11            private int z = 5;
```

```
#12             int x = 6;
#13
#14         public void innerMethod() {
#15             System.out.println("y is " + y);
#16             System.out.println("z is " + z);
#17             System.out.println("x =" + x);
#18             System.out.println("this.x=" + this.x);
#19             System.out.println("OuterOne.this.x=" + OuterOne.this.x);
#20         }
#21     } //内嵌类结束
#22
#23     public static void main(String arg[ ]) {
#24         OuterOne my = new OuterOne();
#25         my.OuterMethod();
#26     }
#27 }
```

【运行结果】

y is 4

z is 5

x =6

this.x=6

OuterOne.this.x=3

【注意】

（1）程序中所有定义的类均将产生相应的字节码文件，以上程序中的内嵌类经过编译后产生的字节码文件名为 OuterOne$InnerOne.class。内嵌类的命名除了不能与自己的外层类同名，不必担心与其他类名的冲突，因为其真实的名字加上了外层类名作为前缀。

（2）不能直接在 main()等静态方法中创建内嵌类的对象，要在外界创建内嵌类的对象，必须先创建外层类对象，然后通过外层类对象创建内嵌类对象。例如：

```
public static void main(String arg[ ]) {
    OuterOne.InnerOne i = new OuterOne().new InnerOne();
    i.innerMethod();
}
```

8.3.2　静态内嵌类

内嵌类可定义为静态的，静态内嵌类不需要通过外层类的对象来访问，静态内嵌类不能访问外层类的非静态成员。

【例 8-4】　静态内嵌类应用举例。

程序代码如下：

```
#01    public class Outertwo {
#02        private static int x = 3;
```

```
#03
#04        public static class Innertwo {              //静态内嵌类
#05            public static void m1() {               //静态方法
#06                System.out.println("x is " + x);
#07            }
#08
#09            public void m2() {                      //实例方法
#10                System.out.println("x is " + x);
#11            }
#12        }                                           //内嵌类结束
#13
#14        public static void main(String arg[ ]) {
#15            Outertwo.Innertwo.m1();                 //静态方法直接访问
#16            new Outertwo.Innertwo().m2();           //通过对象访问内嵌类的实例方法
#17        }
#18    }
```

【说明】本程序在静态内嵌类 Innertwo 中定义了两个方法，其中方法 m1()为静态方法，在外部调用该方法可直接通过类名访问，例如：

```
Outertwo.Innertwo.m1();
```

方法 m2()为实例方法，必须通过创建内嵌类的对象来访问，但是因为这里的内嵌类是静态类，所以可以通过外层类名直接访问内嵌类的构造方法，例如：

```
new Outertwo.Innertwo().m2();
```

8.3.3　方法中的内嵌类与匿名内嵌类

1. 方法中的内嵌类

内嵌类也可以在某个方法中定义，这种内嵌类称为局部内嵌类（LocalClass）。在方法内通过创建内嵌类的对象访问其成员，因为内嵌类对象的创建与方法内定义的局部变量的赋值没有逻辑关系，所以 Java 规定方法内定义的内嵌类只允许访问方法中定义的常量或者仅赋值过一次的变量。注意，方法中的内嵌类要先定义后使用。

【例 8-5】　方法中的内嵌类应用举例。

程序代码如下：

```
#01    public class Game{
#02        public void play(final String name) {
#03            class Desk {            //定义方法中的内嵌类
#04                public void on(int n) {
#05                    System.out.println("play "+name+" on desk " + n);
#06                }
#07            }
#08            new Desk().on(3);       //创建内嵌类对象并访问其成员
#09        }
```

```
#10
#11        public static void main(String args[ ]) {
#12            new Game().play("chess");
#13        }
#14    }
```

【运行结果】

play chess on desk 3

【说明】第 3~7 行定义的内嵌类在外层类的 play()方法内，第 8 行创建内嵌类的对象并执行其 on()方法，在 on()方法内访问了来自外层 play()方法的带 final 修饰的参数 name。

2．匿名内嵌类

Java 允许创建对象的同时定义类的实现，但是未规定类名，Java 将其定义为匿名内嵌类。

【例 8-6】 匿名内嵌类的使用示例。

程序代码如下：

```
#01    interface Observer {
#02        void action();
#03    }
#04
#05    public class Demo{
#06        void OuterMethod() {
#07            new Observer() {              //定义一个实现 Observer 接口的匿名内嵌类
#08                public void action() {    //实现接口定义的方法
#09                    System.out.println("action response!");
#10                }
#11            }.action();                   //调用内嵌类中定义的方法
#12        }
#13
#14        public static void main(String arg[ ]) {
#15            Demo obj = new Demo();
#16            obj.OuterMethod();
#17        }
#18    }
```

【运行结果】

action response!

【说明】第 7 行由接口直接创建对象似乎是不可能的，但要注意后面跟着的花括号中的代码给出了接口的具体实现，实际创建了一个实现 Observer 接口的匿名内嵌类对象。这种基于接口实现的匿名派生类的定义应用形式不仅限于接口，也适用于抽象类甚至具体类。第 11 行基于创建的匿名内嵌类对象调用其 action()方法，也就是执行第 8~10 行定义的 action()方法。

【注意】在程序编译时，匿名内嵌类同样会产生一个对应的字节码文件，其特点是以编号命名。例如，上面匿名内嵌类的字节码文件为 Demo$1.class。如果有更多的匿名内嵌类，将按递增序号命名。

习　　题

1. 选择题

（1）以下程序的调试结果为（　　）。

```java
abstract class MineBase {
    abstract void amethod();
    static int i;
}
public class Mine extends MineBase{
    public static void main(String argv[ ]){
        int[ ] ar = new int[5];
        for(i = 0;i < ar.length;i++)
            System.out.println(ar[i]);
    }
}
```

    A. 输出 5 个 0

    B. 编译错误：ar 未初始化就使用

    C. 编译错误：Mine 必须定义为抽象的

    D. 运行错误：i 超出数组下标范围

（2）以下程序的调试结果为（　　）。

```java
public class Outer{
    public String name = "Outer";
    public static void main(String argv[ ]){
        Inner i = new Inner();
        i.showName();
    }
    private class Inner{
        String name =new String("Inner");
        void showName(){
            System.out.println(name);
        }
    }
}
```

    A. 输出结果为 Outer

    B. 输出结果为 Inner

    C. 编译错误，因 Inner 类定义为私有访问

    D. 在创建 Inner 类实例的行出现编译错误

（3）设有类定义如下：

```java
class InOut{
```

```
    String s= new String("Between");
    public void amethod(final int iArgs){
        int iam;
        class Bicycle{
            public void sayHello(){
                //Here
            }
        }
    }
    public void another(){
        int iOther;
    }
}
```

可以安排在//Here 处的语句是（　　　）。

  A．System.out.println(s);   B．System.out.println(iOther);

  C．System.out.println(iam);   D．System.out.println(iArgs);

（4）有关抽象类，以下说法正确的是（　　　）。

  A．不能派生子类   B．不能对该类实例化

  C．所有方法均为抽象方法   D．类定义包含 abstract 关键字

（5）以下说法正确的是（　　　）。

  A．abstract 修饰符可修饰属性、方法和类

  B．抽象方法的方法体部分必须用一对花括号框住

  C．声明抽象方法，花括号可有可无

  D．声明抽象方法不可写出花括号

（6）设有如下代码：

```
interface IFace{ }
class CFace implements IFace{ }
class Base{ }
public class ObRef extends Base{
    public static void main(String argv[ ]){
        ObRef obj = new ObRef();
        Base b = new Base();
        Object obj1 = new Object();
        IFace obj2 = new CFace();
        //Here
    }
}
```

则在//Here 处插入（　　　）代码将不出现编译和运行错误。

  A．obj1=obj2;   B．b=obj;   C．obj=b;   D．obj1=b;

2．写出以下程序的运行结果

程序 1：

```java
abstract class A{
    void m1() { System.out.println("m1()");}
    abstract void m2( );
}
interface B{
    void n();
}
public class test    extends A implements B{
    void m2() {
        System.out.println("call m2()");
    }
    public void n(){
        System.out.println("call n()");;
    }
    public static void main(String argv[ ]){
        test obj = new test();
        obj.m1();
        obj.m2();
        obj.n();
    }
}
```

程序 2：

```java
public final class Test4 {
  class Inner {
      void test() {
          if (Test4.this.flag)
              sample();
          else
              System.out.println("inner test");
      }
  }
  private boolean flag = false;
  public void sample() {
      System.out.println("Sample");
  }
  public Test4() {
      flag=true;
      (new Inner()).test();
  }
  public static void main(String args [ ]) {
      new Test4();
  }
}
```

程序 3：

```java
interface A {
    float v = 2.0f;
```

```
        void init();
}
class B {
        int v = 3;
        void output(){
            System.out.println(v);
        }
}
class Test extends B implements A {
    public void init() {
        System.out.println("do init");
    }
    public static void main(String[ ] args) {
        Test x=new Test();
        x.init();
        x.output();
        x.printV();
    }
    void printV() {
        System.out.println(super.v + A.v);
    }
}
```

3．编程题

（1）定义一个接口，其中包含一个 display()方法用于显示信息；通知类、汽车类、广告类均要实现该接口，显示"通知内容"、"汽车油量"和"广告消息"，试编程实现并测试类的设计。创建的对象用接口引用，并通过接口引用变量执行 display()方法。

（2）定义接口 Shape，其中包括一个方法 size()，设计矩形、圆、圆柱体等类实现 Shape接口，其 size()方法分别表示计算矩形面积、圆面积、圆柱体的体积；分别创建代表矩形、圆、圆柱体的 3 个对象存入一个 Shape 类型的数组中，通过调用 size()方法将数组中各类图形的大小输出。

（3）定义一个抽象类——水果，其中包括 getWeight()方法，编写程序分别创建苹果、桃子、橘子 3 个类，创建若干水果对象存放在一个水果类型的数组中，输出数组中所有水果的类型、重量。提示：利用对象的 getClass().getName()方法可获取对象所属类的名称。

（4）定义接口 StartStop，含有 start()和 stop()两个方法，分别创建会议和汽车两个类实现 StartStop 接口，利用接口 StartStop 定义一个数组，分别创建一个会议和一个汽车对象赋值给数组，通过数组元素访问对象的 start()方法和 stop()方法。

第 3 篇

Java 语言的高级特性与应用

　　本篇内容围绕 Java 语言的一些高级特性展开，包括异常处理、Java 绘图、图形用户界面编程基础、流式输入/输出与文件处理、Java 泛型与收集 API、Lambda 表达式与 Stream、多线程、高级图形界面编程、JDBC 技术与数据库应用、Java 的网络编程等，展示了 Java 的应用特性。其中，第 9 章介绍的异常处理体现了 Java 的防错编程问题；第 10 章介绍了 Java 实现图形绘制的方法；第 11 章介绍了图形用户界面的编程基础；第 12 章介绍了数据文件的各种读写访问处理方法；第 13 章介绍的 Java 收集 API 提供了系列数据结构支持工具以实现对数据集的存储和访问处理；第 14 章讨论了函数式编程的应用，介绍了 Java 8 新增的 Lambda 表达式和 Stream；第 15 章介绍的多线程体现了 Java 对多任务的支持能力；第 16 章展示了以 Swing 包的 API 为主的更多图形部件的使用；第 17 章介绍了 Java 对数据库的操作访问方法；第 18 章介绍了 Java 网络通信编程 API 的使用。

　　本篇内容充分体现了 Java 语言的强大功能支持，为提高读者的编程能力提供了一个可扩展的空间。综合应用相关知识可编写出功能强大的 Java 应用。

第 9 章 异 常 处 理

本章知识目标：
- ❑ 了解异常继承层次及常见系统异常。
- ❑ 了解用户定义异常的要求。
- ❑ 掌握异常处理语句 try...catch...finally 的使用。
- ❑ 掌握 throw 语句和方法头的 throws 子句的概念差异。

防错程序设计一直是软件设计的重要组成部分，一个好的软件应能够处理各种错误，而不是在用户使用的过程中产生各种错误。Java 的异常处理机制为提高 Java 软件的健壮性提供了良好的支持。

9.1 异常的概念

软件设计要充分考虑用户使用过程中可能出现的各种问题，尤其要注意边界条件。优秀的软件往往要经过充分的测试。假如软件在用户使用时暴露出各种问题，就没有人愿意用。Java 语言通过编写异常处理代码来实现软件防错，这有助于培养编程者严谨细致的科学态度。

9.1.1 什么是异常

异常是指程序运行时出现的非正常情况。可能导致程序发生异常的原因很多，如数组下标越界、算术运算被 0 除、空指针访问、试图访问不存在的文件等。

【例 9-1】 测试异常。

程序代码如下：

```
#01    public class testException {
#02        public static void main(String args[ ]) {
#03            int x = Integer.parseInt(args[0]);
#04            int y = Integer.parseInt(args[1]);
#05            System.out.println(x + "+" + y + "=" + (x + y));
#06        }
#07    }
```

该程序在编译时无错误，在运行时可能由于使用不当产生各种问题。

（1）正常运行示例。

输入运行命令：java testException   23   45

输出结果：23+45=68

（2）错误运行现象 1——忘记输入命令行参数。例如：

```
java testException
```

控制台将显示数组访问越界的错误信息：

Exception in thread "main" java.lang.ArrayIndexOutOfBoundsException: 0

at testException.main(testException.java:3)

（3）错误运行现象 2——输入的命令行参数不是整数。例如：

```
java testException   3   3.4
```

控制台将显示数字格式错误的异常信息：

Exception in thread "main" java.lang.NumberFormatException: For input string: "3.4" at java.lang.NumberFormatException.forInputString(NumberFormat Exception.java:48) at java.lang. Integer.parseInt(Integer.java:435)at java.lang.Integer.parseInt(Integer.java:476)

可以看出，如果程序运行时出现异常，Java 系统通常将自动显示有关异常的信息，指明异常种类和出错的位置。显然，这样的错误信息交给软件的使用者是不合适的，使用者无疑会质疑软件质量。一个好的程序应能够将错误消化在程序的代码中，也就是在程序中处理各种错误，假如异常未在程序中消化，Java 虚拟机将最终接收到这个异常，并在控制台显示异常信息。为了防止第一种错误现象，有两个处理方法。

处理方法 1：用传统的防错处理办法检测命令行参数是否达到两个，未达到时给出提示。

```java
public class testException {
    public static void main(String args[ ]) {
        if (args.length < 2) {
            System.out.println("usage: java testException int int");
        } else {
            int x = Integer.parseInt(args[0]);
            int y = Integer.parseInt(args[1]);
            System.out.println(x + "+" + y + "=" + (x + y));
        }
    }
}
```

运行时，当命令行参数少于两个时，则输出"usage: java testException int int"。

处理方法 2：利用异常机制，以下为具体代码。

```java
public class testException {
    public static void main(String args[ ]) {
        try {
            int x = Integer.parseInt(args[0]);
            int y = Integer.parseInt(args[1]);
            System.out.println(x + "+" + y + "=" + (x + y));
        } catch (ArrayIndexOutOfBoundsException e) {
            System.out.println("usage: java testException int int");
```

```
            }
        }
}
```

异常处理的特点是对可能出现异常的程序段用 try 进行尝试，如果出现异常，则相应的 catch 语句将捕获该异常，对该异常进行消化处理。

以上两种处理方法的执行效果是一样的，但执行机制不同。传统防错处理办法中众多的 if 语句会让程序变得复杂，常常导致程序员进入"防不胜防"的境地。异常处理是让错误出现，然后针对出现的错误寻求补救处理措施。针对各种错误情形，异常处理的一个 try 后面可以跟多个 catch 来进行相应的异常捕获处理。

9.1.2　异常的类层次

Java 的异常类是处理运行时错误的特殊类，每一种异常类对应一种特定的运行错误。所有的 Java 异常类都是系统类库中的 Exception 类的子类，其继承结构如图 9-1 所示。

图 9-1　Java 异常类继承层次示意图

Throwable 类为该处理层次中的最高层，其中定义了一个异常描述串，以及可获取该描述的 getMessage()方法。Error 类代表 JVM 系统内部错误，程序中不能对其编程处理。Exception 类是指程序代码中要处理的异常，这类异常的发生可能与程序运行时的数据有关（如算术例外、空指针访问），也可能与外界条件有关（如找不到文件）。对于 IOException 异常，Java 编译器在编译代码时强制要求程序中必须有相应的异常处理代码。

9.1.3　系统定义的异常

Exception 类有若干子类，每一个子类代表一种特定的运行时错误，这些子类有的是系统事先定义好并包含在 Java 类库中的，称为系统定义的异常，如表 9-1 所示。

表 9-1　常见系统异常及说明

系统定义的异常	异常的说明
ClassNotFoundException	未找到要装载的类
ArrayIndexOutOfBoundsException	数组访问越界
FileNotFoundException	找不到文件
IOException	输入、输出错误
NullPointerException	空指针访问
ArithmeticException	算术运算错误，如除数为 0
NumberFormatException	数字格式错误
InterruptedException	中断异常，线程在进行暂停处理（如睡眠）时被调度打断将引发该异常

9.2　异常的处理结构

进行异常处理必须使用 try 程序块，将可能产生异常的代码放在 try 块中，当 JVM 执行过程中发现异常时，会立即停止执行后续代码，然后开始查找异常处理器，对 try 后面的 catch 块按次序进行匹配检查，一旦找到一个匹配者，则执行 catch 块中的代码，不再检查后面的 catch 块。如果 try 块中没有异常发生，则程序执行过程中将忽略后面的 catch 块。

以下为异常处理语句格式：

```
try {
    语句块;
}
catch ( 异常类名 参变量名 ) { 语句块;}
finally { 语句块;}
```

【说明】

（1）try 语句块用来启动 Java 的异常处理机制，一个 try 块可以引导多个 catch 块。

（2）异常发生后，try 块中的剩余语句将不再执行。

（3）异常对象是依靠以 catch 语句为标志的异常处理语句块来捕捉和处理的。catch 部分语句块中代码执行的条件是，首先在 try 块中发生了异常，其次异常的类型与 catch 要捕捉的一致，在此情况下，运行系统会将异常对象传递给 catch 中的参变量，在 catch 块中可以通过该对象获取异常的具体信息。

（4）在该结构中，可以无 finally 部分，但如果 finally 部分存在，则无论异常是否发生，finally 部分的语句均要执行。即便是 try 或 catch 块中含有退出方法的语句 return，也不能阻止 finally 代码块的执行，在进行方法返回前要先执行 finally 块，除非执行中遇到

System.exit(0)停止程序运行。

多异常处理是通过在一个 try 块后面定义若干个 catch 块来实现的，每个 catch 块用来接收和处理一种特定的异常对象。每个 catch 块有一个异常类名作为参数。一个异常对象能否被一个 catch 语句块所接收，主要看该异常对象与 catch 块的异常参数的匹配情况。

【例 9-2】　　根据命令行输入的元素位置值查找数组元素的值。

程序代码如下：

```
#01    public class Ex9_2 {
#02        public static void main(String args[ ]) {
#03            int arr[ ] = { 100, 200, 300, 400, 500, 600 };
#04            try {
#05                int index1 = Integer.parseInt(args[0]);
#06                System.out.println("元素值为：" + arr[index1]);
#07            } catch (ArrayIndexOutOfBoundsException a) {
#08                System.out.println("数组下标出界");
#09            } catch (NumberFormatException n) {
#10                System.out.println("请输入一个整数");
#11            } finally {
#12                System.out.println("运行结束");
#13            }
#14        }
#15    }
```

程序运行时，要从命令行输入一个参数，这时根据用户的输入存在各种情况。

（1）如果输入的数值是 0～5 的整数，将输出显示相应数组元素的值。

（2）如果输入的数据不是整数，则在执行 Integer.parseInt(args[0])时产生 NumberFormat Exception 异常，程序中捕获到该异常后，提示用户"请输入一个整数"。

（3）如果用户未输入命令行参数，或者用户输入的序号超出数组范围，将出现 ArrayIndexOutOfBoundsException 异常。程序中捕获到该类异常后，显示"数组下标出界"。

（4）无论异常是否发生，程序最后都要执行第 12 行 finally 块的内容。

同一个 try 对应多个 catch 块，还要注意 catch 的排列次序，以下排列将不能通过编译，原因在于 Exception 是 ArithmeticException 的父类，父类包含子类范畴，如果发生算术异常，第一个 catch 块已经可以捕获，所以第二个 catch 将无意义。

```
try {
    int x=4/0;
    System.out.println("come here? "); //该行在程序运行时不可达
} catch (Exception e) {
    System.out.println("异常！"+e.toString( ));
} catch (ArithmeticException e) {
    System.out.println("算术运算异常！"+e.toString( ));
}
```

如果将两个 catch 块颠倒，则编译就可以通过，但运行发生 ArithmeticException 异常时，遇到一个成功匹配的 catch 块，以后的 catch 块将不再进行匹配检查。

9.3 自定义异常

在某些应用中，编程人员也可以根据程序的特殊逻辑在用户程序里创建自定义的异常类和异常对象，主要用来处理用户程序中特定的逻辑运行错误。

9.3.1 自定义异常类设计

创建用户自定义异常一般是通过继承 Exception 类来实现的，在自定义异常类中一般包括异常标识、构造方法和 toString()方法。

【例 9-3】 一个简单的自定义异常类。

程序代码如下：

```
#01    class MyException extends Exception {
#02        String id; //异常标识
#03
#04        public MyException(String str) {
#05            id = str;
#06        }
#07
#08        public String toString() {
#09            return ("异常:" + id);
#10        }
#11    }
```

【说明】构造方法的作用是给异常标识赋值，toString()方法在需要输出异常的描述时使用。在已定义异常类的基础上也可以通过继承编写新异常类。

9.3.2 抛出异常

前面看到的异常例子均是系统定义的异常，所有系统定义的运行异常都可以由系统在运行程序过程中自动抛出。而用户设计的异常，则要在程序中通过 throw 语句抛出。异常本质上是对象，因此 throw 关键词后面跟的是 new 运算符来创建一个异常对象。

```
public class TestException {
    public static void main(String args[ ]) {
        try {
            throw new MyException("一个测试异常");
        } catch (MyException e) {
            System.out.println(e);
        }
    }
}
```

【说明】在 try 语句块中通过 throw 语句抛出创建的异常对象，在 catch 块中将捕获的异常输出。

9.3.3　方法的异常声明

如果某一方法中有异常抛出，有两种选择：一是在方法中对异常进行捕获处理；二是不在方法中处理异常，将异常处理交给外部调用程序，通常在方法头使用 throws 子句列出该方法可能产生哪些异常。例如，以下 main()将获取一个输入字符并显示。

```
public static void main(String a[ ]) {
    try {
        char c = (char) System.in.read( );
        System.out.println("你输入的字符是：" + c);
    } catch (java.io.IOException e) {        }
}
```

如果在该方法中省去 IO 异常处理，则编译时将检测到未处理 IO 异常而提示错误，但如果在 main()方法头加上 throws 子句则是允许的，例如：

```
public static void main(String a[ ]) throws java.io.IOException {
    char c = (char) System.in.read( );
    System.out.println("你输入的字符是：" + c);
}
```

初学者要注意 throw 语句和 throws 子句的差异，一个是抛出异常，另一个是声明方法将产生某个异常。在一个实际方法中，它们的位置如下：

```
修饰符　返回类型　方法名(参数列表)  throws 异常类名列表 {
    ...
    throw 异常类名;
    ...
}
```

【例 9-4】　设计一个方法计算一元二次方程的根，并测试方法。
程序代码如下：

```
#01   class Find_root {
#02       static double[ ] root(double a, double b, double c)
#03               throws IllegalArgumentException {
#04           double x[ ] = new double[2];
#05           if (a == 0) {
#06               throw new IllegalArgumentException("a 不能为零.");
#07           } else {
#08               double disc = b * b - 4 * a * c;
#09               if (disc < 0)
#10                   throw new IllegalArgumentException("b*b-4ac ≤ 0");
#11               x[0] = (-b + Math.sqrt(disc)) / (2 * a);
```

```
#12                   x[1] = (-b - Math.sqrt(disc)) / (2 * a);
#13                   return x;
#14             }
#15       }
#16
#17       public static void main(String args[ ]) {
#18             try {
#19                   double x[ ] = root(2.0, 5, 3);
#20                   System.out.println("方程根为：" + x[0] + "，" + x[1]);
#21             } catch (Exception e) {
#22                   System.out.println(e);
#23             }
#24       }
#25   }
```

【运行结果】

方程根为：-1.0，-1.5

【说明】本例抛出异常利用了系统的一个异常类 IllegalArgumentException。方法声明了异常并不代表该方法肯定产生异常，也就是说，异常的发生是有条件的。不妨修改程序，将 root 调用的第一个参数改为 0，再编译运行程序，则结果为：

java.lang.IllegalArgumentException: a 不能为零.

【注意】在编写类继承代码时，子类在覆盖父类带 throws 子句的方法时，子类方法声明的 throws 子句抛出的异常不能超出父类方法的异常范围。换句话说，子类方法抛出的异常可以是父类方法中抛出异常的子类，子类方法也可以不抛出异常。如果父类方法没有异常声明，则子类的覆盖方法也不能出现异常声明。

习　　题

1. 选择题

（1）设有下面代码：

```
class E1 extends Exception {   }
class E2 extends E1   {   }
class TestParent {
   public void fun(boolean f) throws E1   {   }
}
public class Test extends TestParent {
   //Here
}
```

可以放在//Here 位置，而且编译通过的是（　　　）。

　　　A. public void fun(boolean f) throws E1 { }

　　　B. public void fun(boolean f) { }

    C．public void fun(boolean f) throws E2 { }

    D．public void fun(boolean f) throws E1,E2 { }

    E．public void fun(boolean f) throws Exception { }

（2）以下程序段执行时输入"java test"，则输出结果为（　　　）。

```
class test {
    public static void main(String args[ ]) {
        System.out.println(args[0]);
    }
}
```

    A．无任何输出　　　　　　　B．产生数组访问越界异常

    C．输出 0　　　　　　　　　　D．输出 test

（3）读下面程序：

```
public class TestException {
    public static void main(String args[ ]{
        int a=68;
        int b=0;
        System.out.println(" "+a/b);
    }
}
```

程序运行后产生的异常是（　　　）。

    A．算术异常　　　　　　　　B．数组越界异常

    C．非法参数异常　　　　　　D．类型强制转换异常

（4）设有如下代码：

```
try {
    tryThis( );
    return;
} catch (IOException x1) {
    System.out.println("exception 1");
    return;
} catch (Exception x2) {
    System.out.println("exception 2");
    return;
} finally {
    System.out.println("finally");
}
```

如果 tryThis()抛出 NumberFormatException 异常，则输出结果是（　　　）。

    A．无输出

    B．"exception 1"，后跟 "finally"

    C．"exception 2"，后跟 "finally"

D. "exception 1"

E. "exception 2"

（5）设有如下代码段：

```
#01   String s = null;
#02   if ( s != null & s.length() > 0)
#03       System.out.println("s != null & s.length() > 0");
#04   if ( s != null && s.length() > 0)
#05       System.out.println("s != null & s.length() > 0");
#06   if ( s != null || s.length() > 0)
#07       System.out.println("s != null & s.length() > 0");
#08   if ( s != null | s.length() > 0)
#09       System.out.println("s != null | s.length() > 0");
```

将抛出空指针异常的行是（　　　）。

A. 2、4　　　　B. 6、8　　　C. 2、4、6、8　　　D. 2、6、8

（6）检查下面的代码：

```
class E1 extends Exception{ }
class E2 extends E1{ }
public class Example{
    public static void f(boolean flag) throws E1,E2{
        if(flag)   {
            throw new E1();
        }  else  {
            throw new E2();
        }
    }
    public static void main(String[ ] args)   {
        try{
            f(true);
        } catch(E2 e2)  {
            System.out.println("Caught E2");
        }catch(E1 e1)  {
            System.out.println("Caught E1");
        }
    }
}
```

对上面的程序进行编译、运行，下面的叙述正确的是（　　　）。

A. 由于 main()方法中没有声明抛出异常 E1、E2，所以编译会失败

B. 由于针对 E2 的 catch 程序块是无法执行到的，所以编译会失败

C. 编译成功，输出为：

Caught E1

Caught E2

D．编译成功，输出为：

Caught E1

2．思考题

（1）语句 throw 和方法头的 throws 子句在概念上有何差异？

（2）什么样的异常编译要求一定要捕获？

（3）在异常处理代码中，一个 try 块可以跟若干 catch 块，每个 catch 块能处理几种异常？多异常的捕捉在次序上有要求吗？

3．写出以下程序的运行结果

程序 1：

```java
public class Ex2{
    public static void main(String args[ ]){
        String str = null;
        try {
            if (str.length() == 0) {
                System.out.print("The");
            }
            System.out.print(" Cow");
        } catch (Exception e) {
            System.out.print(" and");
            System.exit(0);
        } finally {
            System.out.print(" Chicken");
        }
        System.out.println(" show");
    }
}
```

程序 2：

```java
public class A {
  static int some() {
    try {
        System.out.println("try");
        return 1;
    }
    finally {
        System.out.println("finally");
    }
  }
  public static void main(String args[ ]) {
      System.out.println(some());
  }
}
```

程序 3：

```
public class Unchecked {
    public static void main(String[ ] args) {
        try {
            method();
        } catch (Exception e) { System.out.println("x");}
    }
    static void method(){
        try {
            wrench();
            System.out.println("a");
        } catch (ArithmeticException e) {
            System.out.println("b");
        } finally {
            System.out.println("c");
        }
        System.out.println("d");
    }
    static void wrench() {
        throw new NullPointerException();
    }
}
```

4. 编程题

（1）从键盘输入一个十六进制数，将其转化为十进制数输出。如果输入的不是一个有效的十六进制数，则抛出异常。

（2）编写一个程序计算两复数之和，输入表达式为（2，3i）+（4，5i），则结果为（6，8i）。如果输入错误，则通过异常处理提示错误。注意，两个复数之间的分隔符是"+"，可编写一个方法将带括号形式的复数字符串转化为实际的复数对象。用取子串的办法提取数据，一个复数内 x、y 部分的分隔符是逗号。

（3）编写一个方法计算两个正整数的最大公约数，如果方法参数为负整数值，则方法将产生 IllegalArgumentException 异常，编程验证方法的设计。

（4）编写一个彩票中奖程序，随机产生一个中奖整数，用户可以循环输入猜测的数字串，如果输入的数字不是中奖整数，则显示"没有中奖"。在 3 种情形下将结束循环，第 1 种情形是用户输入"quit"结束循环；第 2 种情形是用户输入"give me hint!"这个后门查看显示中奖号码，也会结束循环；第 3 种情形是用户猜中了中奖整数，则输出"你中奖了!"，同样结束循环。其他输入视为非法，提示用户输入一个整数。

第 10 章 Java 绘图

本章知识目标：
- ❑ 掌握图形绘制的常用方法。
- ❑ 掌握 Java 图形部件的字体和颜色的设置方法。
- ❑ 了解 Java 2D 图形绘制的方法。
- ❑ 了解 Java 如何实现图像的绘制。

在 Java 产生的初期，图形绘制主要是针对 Java Applet，现在 Applet 已经退出历史舞台，但是在 Java 应用程序中也可用图形绘制来满足桌面应用的绘图要求，尤其是 Java 2D 绘制可实现更为美观的图形绘制效果。

10.1 Java 的图形绘制

10.1.1 Java 图形坐标与图形绘图

Java 可以在任何图形部件上绘制图形。Java 的图形坐标是以像素为单位的，是相对图形部件而言的，图形部件的左上角为坐标原点，向右和向下延伸坐标值递增，横方向为 x 坐标，纵方向为 y 坐标。图 10-1 中矩形的左上角和右下角坐标分别为（20,20）和（50,40）。

图 10-1　Java 的图形坐标系

在图形部件上进行图形绘制时，可以通过以下 3 种方法进行编程。

1．paint()方法

顾名思义，paint()方法可实现绘画功能，它带有一个 Graphics 类型的参数，利用该参数提供的方法可在部件上实现各类图形的绘制。实际上，图形部件在展现自己时会自动调用该方法。

2．update()方法

update 意为"更新"，画面要更新重绘时将执行该方法。该方法也带有一个 Graphics 类型的参数。默认的 update()方法是先清除画面，然后调用 paint()方法。如果希望重绘时不清除画面，可以重写该方法，让其直接执行 paint()方法。

3．repaint()方法

repaint()方法通常用无参调用形式，它将对整个部件进行重画，对于轻量级部件会直接调用 paint()方法，而对于重量级部件则会调用 update()方法，后者调用 paint()方法。AWT 部件一般为重量级部件，而 Swing 部件则为轻量级部件。例如：

repaint(int x, int y, int width, int height)

其中，x、y 用来指定需要重绘区域的左上角坐标，而后面的两个参数用来指定重绘区域的宽度和高度。

编写绘制内容一般在 paint()方法中实现，要进行重绘则执行 repaint()方法。事实上，当窗体发生变化（如移动、缩放）时，系统会自动调用图形部件的 repaint()方法对部件进行重绘。

10.1.2　各类图形的绘制方法

前面已介绍过，图形绘图可通过重写 paint()方法来实现，方法参数为 Graphics 类型，Graphics 是描述图形绘制的抽象类。在创建一个图形部件时，会有一个相应的 Graphics 属性，不妨将其想象为"画笔"，在"画笔"对象中封装了与图形绘制相关的状态信息（如字体、颜色等属性），并提供了相关属性的获取和设置方法，以及各类图形元素的绘制方法。

以下为常用图形元素的绘制方法。

❑ drawLine(int x1, int y1, int x2, int y2)：绘制直线，4 个参数分别是直线的起点和终点的 x、y 坐标。

❑ drawRect(int x, int y, int width, int height)：绘制矩形，x、y 为矩形的左上角坐标，后两个参数分别给出矩形的宽度和高度。

❑ drawOval(int x, int y, int width, int height)：绘制椭圆，绘制的椭圆刚好放入一个矩形区域内，前两个参数给出区域的左上角坐标，后两个参数为其宽度和高度。圆是椭圆的一种特殊情况，Java 没有专门提供画圆的方法。

❑ drawArc(int x, int y, int width, int height, int startAngle, int arcAngle)：绘制圆弧，弧为椭圆的一部分，后面两个参数分别指定弧的起始点的角度和弧度。

❑ drawPolygon(int[] xPoints, int[] yPoints, int nPoints)：绘制多边形，前面两个参数数组分别给出多边形按顺序排列的各顶点的 x、y 坐标，最后一个参数给出坐标点数量。

❑ drawRoundRect(int x, int y, int width, int height, int arcWidth, int arcHeight)：绘制圆角矩形，后两个参数反映圆角的宽度和高度。

❑　drawString(String str,int x,int y)：在（x,y）位置绘制字符串 str。

❑　fillOval(int x, int y, int width, int height)：绘制填充椭圆。

❑　fillRect(int x, int y, int width, int height)：绘制填充矩形。

❑　fillRoundRect(int x, int y, int width, int height, int arcWidth, int arcHeight)：绘制填充圆角矩形。

❑　fillArc(int x, int y, int width, int height, int startAngle, int arcAngle)：绘制填充扇形。

❑　clearRect((int x, int y, int width, int height)：以背景色填充矩形区域，可以达到清除该矩形区域的效果。

【例 10-1】　绘制一个微笑的人脸。

程序代码如下：

```
#01    import java.awt.*;
#02    public class SmileFace extends Canvas {
#03        public void paint(Graphics g) {
#04            g.drawString("永远微笑 !!", 50, 30);
#05            g.drawOval(60, 60, 200, 200);
#06            g.fillOval(90, 120, 50, 20);
#07            g.fillOval(190, 120, 50, 20);
#08            g.drawLine(165, 125, 165, 175);
#09            g.drawLine(165, 175, 150, 160);
#10            g.drawArc(110, 130, 95, 95, 0, -180);
#11        }
#12    public static void main(String args[ ]){
#13        Frame x = new Frame();
#14        x.add(new SmileFace()); //画布加入窗体中
#15        x.setSize(300,310);
#16        x.setVisible(true);
#17    }
#18    }
```

【说明】该程序利用一个画布对象（Canvas）来绘制图形，然后将画布加入窗体中。程序的运行结果如图 10-2 所示。

图 10-2　微笑人脸

10.1.3　颜色控制

现实世界是色彩斑斓的，软件设计同样期望界面美观。借助 Java 的 Color 类可设置画笔和应用部件的颜色。

1．Color 类的构造方法

绘制图形时，画笔的颜色可以通过 Color 类的对象来实现，可直接使用 Color 类定义好的颜色常量，也可以通过调配红、绿、蓝三色的比例创建自己的 Color 对象。Color 类提供了 3 种构造方法。

（1）public Color(int Red, int Green, int Blue)：每个参数的取值范围为 0～255。

（2）public Color(float Red, float Green, float Blue)：每个参数的取值范围为 0.0～1.0。

（3）public Color(int RGB)：类似 HTML 网页中用数值设置颜色，数值中包含 3 种颜色的成分大小信息，如果将数值转化为二进制表示，前 8 位代表红色，中间 8 位代表绿色，最后 8 位代表蓝色。每种颜色的最大取值是 0 xff（即十进制的 255）。通常，使用十六进制数比较直观。

2．颜色常量

Java 在 Color 类中定义了一些颜色常量，其相应的 RGB 值如表 10-1 所示。

表 10-1　Color 类中定义的颜色常量

常　量　名	RGB 值	常　量　名	RGB 值
black	0,0,0	cyan	0,255,255
blue	0,0,255	darkGray	64,64,64
gray	128,128,128	green	0,255,0
lightGray	192,192,192	magenta	255,0,255
orange	255,200,0	pink	255,175,175
red	255,0,0	white	255,255,255
yellow	255,255,0		

要设置画笔颜色，可使用 setColor(Color c) 方法。例如：

```
setColor(Color.blue);      //将画笔定为蓝色
```

要获取画笔的当前绘图颜色，可调用 getColor()方法。

在所有图形部件的祖先类 Component 中定义了 setBackground()和 setForeground()方法，分别用来设置组件的背景色和前景色，同时定义了 getBackground()和 getForeground()方法，分别用来获取 GUI 对象的背景色和前景色。

【例 10-2】　用随机定义的颜色填充小方块。

程序代码如下：

```
#01   import java.awt.*;
```

```
#02    public class Colors extends Canvas {
#03        public void paint(Graphics g) {
#04            int red, green, blue;
#05            for (int pos = 10; pos < 200; pos += 40) {
#06                red = (int) (Math.random() * 256);
#07                green = (int) (Math.random() * 256);
#08                blue = (int) (Math.random() * 256);
#09                g.setColor(new Color(red, green, blue));
#10                g.fillRect(pos, 20, 30, 30);
#11            }
#12        }
#13
#14        public static void main(String args[ ]){
#15            Frame x = new Frame();
#16            x.add(new Colors());
#17            x.setSize(250,100);
#18            x.setVisible(true);
#19        }
#20    }
```

程序运行结果如图 10-3 所示。

【**注意**】这里利用随机函数得到颜色值，因为每种颜色成分的取值范围是 0～255，所以乘的系数是 256。

图 10-3　随机选择颜色绘图

3. 关于 Java 绘图模式

Java 提供了如下两种绘图模式。

（1）覆盖模式：用绘制的图形像素覆盖屏幕上该位置已有的像素信息。默认的绘图模式为覆盖模式。

（2）异或模式：将绘制的图形像素与屏幕上该位置的像素信息进行异或运算，以运算结果作为显示结果。

异或模式由 Graphics 类的 setXORMode()方法来设置，格式如下：

setXORMode(Color c);

其中，参数 c 用于指定 XOR 颜色。进行异或绘图时，如果区域内无颜色，应按画笔颜色绘出图形；如果区域内已存在画笔颜色或指定的 XOR 颜色，则异或操作结果是在这两个颜色间进行互相更替；如果区域内为其他颜色，则按该颜色和画笔颜色进行异或操作后得到的颜色绘图。

在异或模式下，重复绘制相同图形将具有擦除图形的效果。

【**例 10-3**】　利用异或模式绘制一个随机跳动的蓝色小方框。

程序代码如下：

```
#01    import java.awt.*;
#02    public class BeatRect extends Frame {
#03        int x = 35, y = 35, size = 30;              //方框的位置和大小
```

```
#04
#05          public void init() {
#06              Graphics g = getGraphics();
#07              g.setXORMode(getBackground());              //异或绘图方式
#08              g.setColor(Color.blue);
#09              for (;;) {
#10                  g.fillRect(x, y, size, size);           //擦除旧位置方框
#11                  x = 40 + (int) (Math.random() * 100);
#12                  y = 40 + (int) (Math.random() * 60);
#13                  g.fillRect(x, y, size, size);           //绘制新位置方框
#14                  try {
#15                      Thread.sleep(1000);                 //延时 1 秒
#16                  } catch (InterruptedException e) { }
#17              }
#18          }
#19
#20          public void paint(Graphics g) {
#21              g.setColor(Color.blue);
#22              g.fillRect(x, y, size, size);               //绘制最初位置的方框
#23          }
#24
#25          public static void main(String args[ ]) {
#26              BeatRect f = new BeatRect();
#27              f.setSize(300, 200);
#28              f.setVisible(true);
#29              f.init();
#30          }
#31      }
```

【说明】窗体绘制过程中会自动调用第 20 行的 paint()方法绘制最初的蓝色小方框，第 29 行执行 init()方法。第 6 行开始通过 getGraphics()方法得到窗体部件的画笔，然后设置异或绘图模式及画笔颜色。第 9～17 行的循环让小方框每隔 1 秒跳动 1 次，第 10 行擦除先前绘制的小方框，第 13 行在新的位置绘制小方框，第 14～16 行利用 Thread 类的 sleep()方法实现延时。

10.1.4　显示文字

在例 10-1 中使用默认的字体绘制字符串，要使用其他字体，可借助 Java 提供的 Font类，该类可以定义字体的大小和样式。字体使用有如下要点。

（1）创建 Font 类的对象。例如，以下代码定义字体为宋体，粗体，大小为 12 号。

```
Font myFont = new Font("宋体", Font.BOLD, 12);
```

其中，第 1 个参数为字体名，最后一个参数为字体的大小。第 2 个参数为代表字体风格的常量，Font 类中定义了 3 个常量：Font.PLAIN、Font.ITALIC 和 Font.BOLD，分别表示普通、斜体和粗体。如果要同时兼有几种风格，可以通过"+"号连接。例如：

```
new Font("TimesRoman", Font.BOLD+ Font.ITALIC, 28);
```

（2）为图形对象或 GUI 部件设置字体。

① 利用 Graphics 类的 setFont()方法确定使用的字体。格式如下：

```
g.setFont(myFont);
```

为画笔设置新字体后，后续语句中执行 g.drawString()方法将按新的字体绘制文字。

【练习】例 10-1 程序中"永远微笑"几个字太小，读者可以尝试修改程序，用一个较大的字体绘制。

② 为某个 GUI 部件设定字体可以使用该部件的 setFont()方法。例如：

```
Button btn = new Button("确定");
btn.setFont(myFont);     //设置按钮的字体
```

（3）使用 getFont()方法返回当前的 Graphics 对象或 GUI 部件使用的字体。

（4）用 FontMetrics 类获得关于字体的更多信息。

为使图形界面美观，常常需要确定文本在图形界面中占用的空间信息，如文本的宽度、高度等，使用 FontMetrics 类可获得所用字体的这方面信息。

FontMetrics 类定义的几个常用方法如下。

❑　int stringWidth(String str)：返回给定字符串所占的宽度。

❑　int getHeight()：获得字体的高度。

❑　int charWidth(char c)：返回字符的宽度。

使用时，先用图形部件的 getFontMetrics(Font)方法得到一个 FontMetrics 对象引用，然后调用 FontMetrics 对象的方法得到绘制内容所占的宽度和高度信息。

【例 10-4】　在窗体的中央显示"绿水青山就是金山银山"。

程序代码如下：

```
#01    import java.awt.*;
#02    public class FontDemo extends Canvas{
#03        public void paint(Graphics g) {
#04            String str = "绿水青山就是金山银山";
#05            Font f = new Font("宋体" , Font.BOLD, 18);
#06            g.setFont(f);
#07            FontMetrics fm = getFontMetrics(f);
#08            int x = (getWidth()-fm.stringWidth(str))/2;
#09            int y = getHeight()/2;
#10            g.setColor(Color.red);
#11            g.drawString(str,x,y);
#12        }
#13
#14        public static void main(String args[]){
#15            Frame x = new Frame();
#16            x.add(new FontDemo());       //画布加入窗体中
```

```
#17          x.setSize(300,150);
#18          x.setVisible(true);
#19      }
#20  }
```

程序的运行结果如图 10-4 所示。

绿水青山就是金山银山

图 10-4　在窗体中央显示文字

【说明】在窗体中加入画布，将填满整个窗体。要让文字显示在画布的中央，首先要知道画布的宽度和高度，所有图形部件有如下方法。

❑　getHeight()：返回部件的高度。

❑　getWidth()：返回部件的宽度。

另外，图形部件还有一个方法 getSize()，返回一个 Dimension 类型的对象，利用该对象的 height 和 width 属性，也可以得到部件的高度和宽度。

10.2　Java 2D 图形绘制

在图形绘制上，Java 还提供了 Graphics2D 类。Graphics2D 是 Graphics 的子类，在 Graphics 类功能的基础上做了新的扩展，为二维图形的几何形状控制、坐标变换、颜色管理以及文本布置等提供了丰富的功能。Graphics2D 提供了多种属性，用于指定颜色、线宽、填充图案、透明度等特性。

1. Graphics2D 的图形对象

所有 Graphics2D 图形在 java.awt.geom 包中定义。以下为常用图形对象，其中有不少采用静态内嵌类的设计形式。

（1）线段。用 Line2D.Float 或 Line2D.Double 创建，接收 4 个参数，为两个端点的坐标。例如：

```
Line2D.Float line = new Line2D.Float(60,12,80,40);
```

（2）矩形。用 Rectangle2D.Float 或 Rectangle2D.Double 创建，4 个参数分别代表左上角的 x 和 y 坐标、宽度和高度。

（3）椭圆。用 Ellipse2D.Float 或 Ellipse2D.Double 创建。例如，以下创建一个椭圆，外切矩形左上角坐标为（113,20），宽度为 30，高度为 40。

```
Ellipse2D.Float ty = new Ellipse2D.Float(113,20,30,40);
```

（4）弧。用 Arc2D.Float 或 Arc2D.Double 创建，有 7 个参数，前面 4 个参数对应圆弧所属椭圆的信息，后面 3 个参数分别是弧的起始角度、弧环绕的角度、闭合方式。弧的闭合方式取值在 3 个常量中选择，即 Arc2D.OPEN（不闭合）、Arc2D.CHORD（使用线段连接弧的两端点）、Arc2D.PIE（将弧的端点与椭圆中心连接起来，就像扇形）。

（5）多边形。多边形是通过从一个顶点移动到另一个顶点来创建的，可以由直线、二次曲线和贝塞尔曲线构成。

创建多边形的运动轨迹被定义为 GeneralPath 对象，如下所示：

```
GeneralPath polly = new GeneralPath();
```

GeneralPath 提供了很多方法定义多边形的轨迹，以下为常用的几个方法。

❑　void moveTo(double x,double y)：将指定点加入路径。

❑　void lineTo(double x,double y)：将指定点加入路径，当前点到指定点用直线连接。

❑　void closePath()：将多边形的终点与起始点闭合。

【例 10-5】　绘制一个封闭的多边形。

程序代码如下：

```
#01    import java.awt.*;
#02    import java.awt.geom.*;
#03    public class  G2dTest extends Canvas {
#04      public void paint(Graphics g) {
#05        Graphics2D  g2d = (Graphics2D)g;
#06        int   xPoints[] = {20,20,40,110,100};       //多边形经历的点的 x、y 坐标
#07        int   yPoints[] = {20,70,90,100,40};
#08        GeneralPath  polygon = new GeneralPath();
#09        polygon.moveTo(xPoints[0], yPoints[0]);      //多边形的起点
#10        for (int k = 1; k < xPoints.length; k++)
#11          polygon.lineTo(xPoints[k], yPoints[k]);     //直线连接后续点
#12        polygon.closePath();                //最后闭合
#13        g2d.draw(polygon);                 //绘制多边形
#14      }
#15
#16      public static void main(String args[ ]){
#17        Frame x = new Frame();
#18        x.add(new G2dTest());
#19        x.setSize(200,150);
#20        x.setVisible(true);
#21      }
#22    }
```

程序运行效果如图 10-5 所示。

图 10-5　绘制封闭的多边形

2．指定填充图案

用 setPaint(Paint)方法指定填充方式，可以使用单色、渐变、纹理或自己设计的图案来填充对象区域。以下几个类均实现了 Paint 接口。

❑ Color：单色填充。

❑ GradientPaint：渐变填充。

❑ TexturePaint：纹理填充。

以渐变填充为例，常用的构造方法如下。

（1）GradientPaint(x1, y1, color1, x2, y2, color2)：从坐标点（x1,y1）到（x2,y2）渐变填充，开始点颜色为 color1，终点颜色为 color2。

（2）GradientPaint(x1, y1, color1, x2, y2, color2, boolean cyclic)：最后一个参数如果为 true，则支持周期渐变。周期渐变的前后两个点通常设置得比较近，在填充范围重复应用渐变可以形成花纹效果。

3．设置画笔线条风格

在 Java 2D 中，通过 setStroke()方法并用 BasicStroke 对象作为参数，可设置绘制图形线条的宽度和连接形状。BasicStroke 有以下几种典型构造方法。

❑ BasicStroke(float width)。

❑ BasicStroke(float width, int cap, int join)。

❑ BasicStroke(float width, int cap, int join, float miterlimit, float[] dash, float dash_phase)。

以上参数中，width 表示线宽；cap 决定线条端点的修饰样式，取值在 3 个常量中选择，即 CAP_BUTT（无端点）、CAP_ROUND（圆形端点）、CAP_SQUARE（方形端点），其效果如图 10-6 所示；join 代表线条的连接点的样式，取值在 3 个常量中选择，即 JOIN_MITER（尖角）、JOIN_ROUND（圆角）、JOIN_BEVEL（扁平角），其效果如图 10-7 所示。最后一个构造方法可设定虚线方式。

图 10-6　cap 参数影响端点效果　　　　　图 10-7　join 参数影响连接点的效果

4．绘制图形

无论绘制什么图形对象，都使用相同的 Graphics2D 方法。

❑ void fill(Shape s)：绘制一个填充的图形。

❑ void draw(Shape s)：绘制图形的边框。

【**例 10-6**】　利用 Graphics2D 绘制填充矩形。

程序代码如下：

```
#01    import java.awt.*;
#02    import java.awt.geom.*;
#03    public class    FillRect extends Canvas {
#04      public void paint(Graphics g) {
#05        Graphics2D g2d = (Graphics2D) g;
#06        Rectangle2D r = new Rectangle2D.Double(25, 20, 150, 50);
#07        GradientPaint p = new GradientPaint(25, 20, Color.yellow,
#08            300, 90,Color.green);
#09        g2d.setPaint(p);                       //设置渐变填充
#10        g2d.fill(r);                           //绘制填充图形
#11        g2d.setPaint(Color.blue);              //设置蓝色填充
#12        g2d.setStroke(new BasicStroke(5, BasicStroke.CAP_BUTT,
#13            BasicStroke.JOIN_ROUND));          //设置边宽、线条连接方式
#14        g2d.draw(r);                           //绘制图形边框
#15      }
#16      public static void main(String args[ ]){
#17        Frame x = new Frame();
#18        x.add(new FillRect());
#19        x.setSize(220,140);
#20        x.setVisible(true);
#21      }
#22    }
```

绘制效果如图 10-8（a）所示。

【**说明**】矩形的填充使用了渐变填充方式，边框的绘制采用了线宽为 5 的蓝色线条，拐角处用圆角连接。如果第 7 行创建渐变填充对象时使用如下周期渐变的构造方法：

```
GradientPaint(25,20,Color.yellow,30,25,Color.green,true);
```

则绘制效果如图 10-8（b）所示。

（a）非周期渐变填充　　　　　　　　　　　（b）周期渐变填充

图 10-8　绘制填充矩形

【**例 10-7**】　绘制数学函数 y=sin(x)的曲线（其中，x 的取值范围为 0～360）。

程序代码如下：

```
#01    import java.awt.*;
```

```
#02    import java.awt.geom.*;
#03    public class    SinCurve extends Canvas {
#04        public void paint(Graphics g) {
#05            Graphics2D g2d = (Graphics2D) g;
#06            int offx = 40;                          //坐标轴原点的 X
#07            int offy = 80;                          //坐标轴原点的 Y
#08            /* 以下绘制 X，Y 坐标轴 */
#09            g2d.setPaint(Color.blue);
#10            g2d.setStroke(new BasicStroke(2));      //设置 2 像素的线条宽度
#11            g2d.draw(new Line2D.Float(offx, offy - 60, offx, offy + 60));
#12            g2d.draw(new Line2D.Float(offx - 5, offy - 57, offx, offy - 60));
#13            g2d.draw(new Line2D.Float(offx + 5, offy - 57, offx, offy - 60));
#14            g2d.draw(new Line2D.Float(offx, offy, offx + 380, offy));
#15            g2d.draw(new Line2D.Float(offx + 376, offy - 5, offx + 380, offy));
#16            g2d.draw(new Line2D.Float(offx + 376, offy + 5, offx + 380, offy));
#17            g2d.drawString("x", offx + 385, offy);
#18            g2d.drawString("y", offx, offy - 66);
#19            /* 以下利用多边形绘制方法描绘曲线 */
#20            GeneralPath polly = new GeneralPath();
#21            polly.moveTo(offx, offy);
#22            for (int jd = 0; jd <= 360; jd++) {
#23                float x = jd;
#24                float y = (float) (50 * Math.sin(jd * Math.PI / 180.));
#25                polly.lineTo(offx + x, offy - y);
#26            }
#27            g2d.setPaint(Color.red);
#28            g2d.draw(polly);                        //绘制 sin 曲线
#29        }
#30        public static void main(String args[ ]){
#31            Frame x = new Frame();
#32            x.add(new SinCurve());
#33            x.setSize(500,220);
#34            x.setVisible(true);
#35        }
#36    }
```

　　【说明】 由于绘图坐标与数学上的坐标走向不一致，数学上的坐标允许负值，且 Y 轴是向上增值，因此程序中在计算坐标值时做了一些处理。首先，用（offx,offy）作为坐标原点位置，计算 Y 坐标值时是利用原点的 offy 减去函数的 y 值；其次，sin(x)的函数值最大为 1，所以要在图形坐标上表示函数曲线，必须将函数值放大，这里以 50 作为放大倍数。本例将函数曲线的路径表示为多边形所经历的点，通过绘制多边形来绘制曲线。第 8～18 行完成坐标轴的绘制与标注。第 20～28 行完成函数曲线的绘制。

　　程序绘制效果如图 10-9 所示。

图 10-9　绘制函数曲线

5.　图形绘制的坐标变换

利用 AffineTransform 类可实现图形绘制的各类坐标变换，包括平移、缩放、旋转等。具体步骤如下。

（1）创建 AffineTransform 对象。

```
AffineTransform    trans = new AffineTransform();
```

（2）设置变换形式。

AffineTransform 提供了如下方法实现 3 种最常用的图形变换操作。

❑　translate(double a,double b)：将图形坐标偏移到 a、b 处；绘制图形时，按新原点确定坐标位置。

❑　scale(double a,double b)：将图形在 X 轴方向缩放 a 倍，Y 轴方向缩放 b 倍。

❑　rotate(double angle,double x,double y)：将图形以（x,y）为中心旋转 angle 个弧度。

（3）将 Graphics2D 画笔对象设置为采用该变换，例如：

```
g2d.setTransform(trans);    //g2d 为 Graphics2D 对象
```

（4）在新的变换坐标系绘制图形。

【例 10-8】　利用坐标变换绘制图案。

程序代码如下：

```
#01    import java.awt.*;
#02    import java.awt.geom.*;
#03    public class TransformDemo extends Canvas {
#04      public void paint(Graphics g) {
#05        g.setColor(Color.green);
#06        Graphics2D g2d = (Graphics2D)g;
#07        Ellipse2D.Double   t = new   Ellipse2D.Double(40,40,30,70);
#08        AffineTransform   trans= new AffineTransform();
#09        for (int k=0; k<36; k=k+1) {
#10          trans.rotate(Math.PI/18,110,110);
#11          g2d.setTransform(trans);
#12          g2d.draw(t);
#13        }
```

```
#14      }
#15      public static void main(String args[]){
#16          Frame x = new Frame();
#17          x.add(new TransformDemo());
#18          x.setSize(180,200);
#19          x.setVisible(true);
#20      }
#21  }
```

图 10-10（a）所示为本程序的绘制效果。更换椭圆位置或坐标旋转中心点位置将得到新的图案，如果将绘制的椭圆的左上角参数改成（110,110），也就是第 7 行代码改为如下：

```
Ellipse2D.Double   t = new   Ellipse2D.Double(110,110,30,70);
```

则绘制的图案变为如图 10-10（b）所示。

（a）本例的图案　　　　　　　　　（b）更换椭圆位置的图案

图 10-10　利用坐标变换绘制图案

10.3　绘　制　图　像

利用 Java 图形部件还可以绘制图像。图像包括来自图片文件的图像，可以是本地的图片（给出图片路径），也可以是来自网络的图片（给出 URL 地址），还可以是在内存创建的可绘制图片的双缓冲区中通过图形绘制产生的图片。

1．图像的获取

利用图形部件的 getToolKit()方法可得到 Toolkit 对象，Toolkit 类提供了如下实例方法，得到图片文件对应的 Image 对象。

public Image getImage(String filepath)
参数 filepath 为文件路径标识。

2．图像的绘制

Java 中可以利用 Graphics 类的 drawImage()方法绘制图像。

❑　void drawImage(Image img,int x,int y, ImageObserver observer)：在指定的坐标位置

绘制图像，坐标规定图像的左上角位置，最后一个参数 imageObserver 表示观察者。为什么图像绘制要有观察者？原因在于图像装载有一个过程，观察者将接收图像构造过程中取得的图像信息（如图像的尺寸缩放、转换等信息）。一般用图形部件自身作为观察者，所以经常用 this 作为该位置的参数。

❑ void drawImage(Image img,int x, int y,int width,int height, ImageObserver observer)：参数 width 和 height 为图像绘制的宽度和高度，可以实现图像显示的放大或缩小。

【例 10-9】 图片自动播放程序。

程序代码如下：

```
#01    import java.awt.*;
#02    public class ShowAnimator extends Frame {
#03        Image[] imgs;                                      //保存图片序列的 Image 数组
#04        int totalImages = 5;                               //图片序列中的图片总数为 5
#05        int currentImage = 0;                              //当前时刻应该显示图片序号
#06
#07        public ShowAnimator() {
#08            imgs = new Image[totalImages];
#09            Toolkit toolkit = getToolkit();
#10            for (int i=0; i<totalImages; i++)              //获取所有图像文件
#11                imgs[i] = toolkit.getImage("image\\img" + i + ".gif");
#12        }
#13
#14        public void paint(Graphics g) {
#15            g.drawImage(imgs[currentImage], 20, 40, this);  //绘制当前序号图片
#16            currentImage = ++currentImage % totalImages;    //计算下一个图片序号
#17            try {
#18                Thread.sleep(500);                          //延时半秒
#19            } catch (InterruptedException e) { }
#20            repaint();
#21        }
#22
#23        public static void main(String args[ ]) {
#24            Frame f = new ShowAnimator();
#25            f.setSize(300,250);
#26            f.setVisible(true);
#27        }
#28    }
```

程序运行效果如图 10-11 所示。

【说明】 为了控制图像的循环显示，本程序中利用数组存放图像对象，从第 11 行可以看出图片文件应放在工程的 image 文件夹下，名称按 img0.gif,img1.gif,……的规律安排。第 15 行绘制当前序号的图片。第 16 行算出下一个要显示的图片序号，程序中利用了求余处理，让最后一张图片的下一张图片是第 1 张。第 17～19 行利用多线程

图 10-11　循环播放图片

实现延时处理，从而实现每隔半秒更换一张图片。第 20 行通过调用 repaint()方法实现重绘，它将清除画面后调用 paint()方法绘制新图片。

3. 利用双缓冲区绘图

对于来自网络上的图片，使用 drawImage()方法绘制图像时是边下载边绘制，所以画面有爬行现象。为了提高显示效果，可以开辟一个内存缓冲区，先将图像绘制在该区域，然后将缓冲区的图像绘制到实际窗体画面中。具体步骤如下。

（1）使用 createImage()方法建立图形缓冲区，结果是一个 Image 对象。

public Image createImage(int width, int height)

（2）使用 Image 类的 getGraphics()方法得到画笔对象，然后使用画笔在该图形区域绘图，包括绘制来自网络的图片。

（3）利用画布对象的画笔的 drawImage()方法将 Image 对象绘制到画布上。

双缓冲技术在图形绘制中非常有用，利用该技术可改进图形绘制的显示效果。

【例 10-10】　绘制随机产生的若干火柴。

程序代码如下：

```
#01    import java.awt.*;
#02    public class DrawMatch extends Canvas {
#03        Image img;                                        //火柴图像
#04        int sx = 10, sy = 10;                             //第 1 根火柴的左上角位置
#05        int w = 4;                                        //火柴宽度
#06
#07        public void init() {
#08            img = createImage(6, 30);                     //创建图形缓冲区
#09            Graphics g = img.getGraphics();               //得到其对应画笔
#10            g.setColor(Color.orange);
#11            g.fillRect(0, 0, 6, 25);                      //绘制火柴杆
#12            g.setColor(Color.red);
#13            g.fillRect(0, 25, 6, 5);                      //绘制火柴头
#14        }
#15
#16        public void paint(Graphics g) {
#17            int x = 5 + (int) (Math.random() * 15);       //随机决定火柴数量
#18            for (int k = 0; k < x; k++)
#19                g.drawImage(img, sx + k * 2 * w, sy, this); //绘制火柴
#20        }
#21
#22        public static void main(String args[ ]){
#23            Frame x = new Frame();
#24            DrawMatch mycanvas = new DrawMatch();
#25            x.add(mycanvas);
#26            x.setSize(200,80);
#27            x.setVisible(true);
#28            mycanvas.init();                              //窗体确定后再调用画布的 init()方法
#29            mycanvas.repaint();
```

```
#30        }
#31    }
```

程序运行效果中火柴数量随机变化，如图 10-12 所示。

图 10-12　绘制若干火柴

【说明】在 init()方法中，第 8 行用 createImage(6, 30)方法在内存创建一个宽为 6 像素、高为 30 像素的图形区域作为 Image 对象；第 9 行通过该 Image 对象的 getGraphics()方法取得其 Graphics 对象，利用该 Graphics 对象在图形区域绘制两个分别为橘色和红色的填充矩形，模拟 1 根火柴。在 paint()方法中，随机产生火柴数量，利用循环逐个绘制所有火柴。第 19 行利用 Graphics 对象的 drawImage()方法将火柴图像绘制在画布的相应位置。

【注意】调用 init()方法前要设置好窗体大小和可见性，如果提前调用，则执行 createImage()方法时会出现异常，因为在前面位置画布的真实图形场景还没有确定。

【例 10-11】 绘制饼图。

饼图是数据统计分析中常见的分析图。例如，分析一个班的成绩，统计优秀、良好、中等、及格和不及格成绩档的人数分布，可以通过绘制饼图来表示。

以下程序根据随机产生的 5 个数据值来绘制饼图，绘制效果如图 10-13 所示。

程序代码如下：

图 10-13 绘制饼图及颜色标注

```
#01    import java.awt.*;
#02    import java.awt.geom.*;
#03    public class PieChart extends Canvas {
#04        public void paint(Graphics g) {
#05            Graphics2D g2d = (Graphics2D)g;
#06            double startAngle = 0;
#07            Color color[ ] = {Color.red,Color.green,Color.blue, Color.pink,Color.orange};
#08            int data[ ] = new int[5];          //假设 5 个数据代表相应分数档的人数
#09            String des[ ] = {"优秀","良好","中等","及格","不及格"};
#10            double total = 0.0;                //为了避免整除，这里将 total 定义为 double 型
#11            for (int i = 0; i < data.length; i++) {
#12                data[i] = 5 + （int)( Math.random() * 10);   //随机产生数据
#13                total += data[i];
#14            }
#15            for (int i = 0; i < data.length; i++) {
#16                double arcAngle = data[i]/total * 360;
```

```
#17              g2d.setColor(color[i]);
#18              Arc2D.Double arc = new Arc2D.Double(50,50, 250,
#19                  250,startAngle+arcAngle, -arcAngle, Arc2D.PIE);
#20              g2d.fill(arc);                       //绘制填充扇区
#21              g.fillRect(320,100 + i * 30, 20,10);  //绘制标注颜色的小矩形
#22              g.setColor(Color.black);
#23              g.drawString(des[i],360,110 + i * 30);  //绘制描述文字
#24              startAngle += arcAngle;
#25          }
#26      }
#27
#28      public static void main(String args[ ]){
#29          Frame x = new Frame();
#30          x.add(new PieChart());
#31          x.setSize(420,400);
#32          x.setVisible(true);
#33      }
#34  }
```

【说明】饼图就是将数据集根据其各个数据项所占比重在 360°范围进行角度的划分。第 16 行是饼图绘制的要点，根据数据值计算其角度值。第 15～26 行的循环完成各个数据项对应的扇区和标注颜色的小矩形以及描述文字的绘制。从第 7～10 行可以看出本例固定为 5 个数据项，如果数据项是变化的，则颜色也可以利用随机函数来产生。读者可以进一步思考将绘制饼图的程序编写成一个方法，利用方法调用来绘制饼图。

习　　题

1. 选择题

（1）实现图形绘制的 paint()方法的参数用（　　　）类型。

    A. Graphics　　　　　　B. Graphics2D　　　　　　C. Color　　　　　　　D. String

（2）部件重绘的次序是（　　　）。

    A. 直接调用 paint()方法

    B. 调用 update()方法，它再调用 paint()方法

    C. 调用 repaint()方法，它再调用 update()方法，update()方法再调用 paint()方法

    D. 调用 repaint()方法，它直接调用 paint()方法

（3）关于以下代码所绘制图形的说明，正确的是（　　　）。

    g.setColor(Color.black);

    g.drawLine(10,10,10,50);

    g.setColor(Color.red);

    g.drawRect(100,100,150,150);

    A. 一条 40 像素长的垂直红线，一个边长为 150 像素的红色四方形

  B. 一条 40 像素长的垂直黑线，一个边长为 150 像素的红色四方形

  C. 一条 50 像素长的垂直黑线，一个边长为 150 像素的红色四方形

  D. 一条 50 像素长的垂直红线，一个边长为 150 像素的红色四方形

2. 编程题

（1）利用随机函数产生 10 个 1 位整数给数组赋值，根据数组中各元素值绘制条形图。

（2）在一块画布中绘制大小可变的杨辉三角形。

$$
\begin{array}{cccc}
1 & & & \\
1 & 1 & & \\
1 & 2 & 1 & \\
1 & 3 & 3 & 1
\end{array}
$$

注：行数由命令行参数提供，是取值范围为 3～8 的一个值。

（3）绘制一个长为 70、高为 50 的矩形，在不清除原有图形的情况下，利用 Java 2D 图形的坐标旋转变换得到新矩形，每次旋转的步长为 10°，最后旋转到 360° 为止。假设矩形左上角坐标为（150,170），旋转变换的坐标中心点为（150,150）。

（4）国际象棋棋盘由 64 个黑白相间的方格组成，在画布中绘制一个国际象棋棋盘。

第 11 章　图形用户界面编程基础

本章知识目标：

❑ 理解委托事件处理机制、相关角色及相互关系。

❑ 理解事件接口与相应适配器类的关系和使用差异。

❑ 掌握 Frame、Panel 等容器的使用。

❑ 掌握 Java 常用的布局策略。

❑ 掌握按钮和两种文本部件的使用和事件处理。

❑ 了解鼠标和键盘的事件处理。

现代软件操作界面大多设计为图形用户界面（graphics user interface，GUI）形式，Java API 提供了大量支持图形用户界面的类，这些类定义在 java.awt 包和 javax.swing 包以及它们的子包中。Swing 包是 Java 2 以后版本新增的，在浏览器中使用 Swing 需要安装插件。设计和实现图形用户界面的工作主要有两个：一是应用的外观设计，即创建组成图形界面的各部件，指定它们的属性和位置关系；二是与用户的交互处理，包括定义图形用户界面的事件以及事件的响应处理。

11.1　图形用户界面核心概念

11.1.1　引例

【例 11-1】　统计按钮单击次数。

该应用将显示一个窗体，内部包括两个 GUI 部件：一个按钮和一个标签。其中标签显示按钮的单击次数。每次单击按钮，标签显示值增加 1。图 11-1 为程序运行结果。

图 11-1　统计按钮单击次数

程序代码如下：

```
#01   import java.awt.*;
#02   import java.awt.event.*;
#03   public class CountFrame extends Frame implements ActionListener{
#04       Label r;                            //显示结果的标签
#05       int value=0;                        //计数值
#06       public CountFrame(){
#07           super("统计按钮单击次数");        //调用父类的构造方法定义窗体的标题
#08           r = new Label(" 按钮单击 0 次 ");
```

```
#09          Button btn = new Button("按钮");
#10          setLayout(new FlowLayout());          //指定按流式布局排列部件
#11          add(btn);
#12          add(r);
#13          btn.addActionListener(this);          //注册动作事件监听者
#14       }
#15
#16       public void actionPerformed(ActionEvent e)      {
#17          value++;                              //统计单击次数
#18          r.setText("按钮单击 "+value+" 次"); //将结果显示在标签处
#19       }
#20
#21       public static void main(String args[ ])   {
#22          Frame x = new CountFrame();
#23          x.setSize(400,100);                   //设置窗体的大小为长 400 像素、宽 100 像素
#24          x.setVisible(true);                   //让窗体可见
#25       }
#26    }
```

【说明】第 3 行声明该类继承 Frame 类并实现 ActionListener 接口。第 8、9 行分别创建了标签和按钮对象，并通过第 11、12 行的 add()方法将它们加入窗体中，从而实现界面的布局。第 13 行注册按钮的动作事件监听者。第 16～19 行的 actionPerformed()方法将在按钮单击动作事件发生时自动调用执行，为了能在该方法内访问标签，在第 4 行将标签定义为属性变量。第 18 行将结果转换为字符串并用标签对象的 setText()方法写入标签处。

从此例可以看出图形用户界面编程的大致构成，首先是外观设计，本例的外观由一个窗体容器和两个 GUI 部件构成，这里的核心内容包括如何创建窗体、如何通过容器的 add()方法将部件加入容器中，以及如何通过布局管理来确定部件在容器内的排列方式。其次，为了实现与用户的交互，必须进行事件处理设计，本例对按钮单击事件感兴趣，所以通过按钮对象的 addActionListener()方法为其注册一个事件监听者，事件监听者的职责是在事件发生时进行相关的处理，具体就是执行 actionPerformed()方法。换句话说，发生事件时需做的事情安排在该方法中。

11.1.2　图形界面的外观设计

1．窗体容器

图形用户界面中经常用到窗体，在 Java Application 程序中窗体是图形界面设计所必需的容器；在 Java Applet 程序中也可以创建窗体，但它将弹出成为一个独立的容器。窗体不能包含在其他容器中。

Frame 的常用构造方法为 Frame(String title)，其中参数 title 指定窗体标题。新创建的 Frame 是不可见的，用 setVisible(true)方法或 show()方法可让窗体可见。另外，可以用 setSize(width, height)方法为窗体设置大小，也可以用 pack()方法让布局管理器根据部件的大

小来调整确定窗体的尺寸，还可以用 setResizable(false)方法固定窗体的大小。

2．加入交互部件

例 11-1 中用到了标签、按钮等 GUI 部件。请注意程序中变量的定义与创建对象给变量赋值的实际含义。第 4 行定义了一个代表标签类型的变量 r，该变量在赋值前不能代表一个具体的标签。第 8 行表示用 r 来引用新创建的标签对象。第 11 和 12 行的 add()方法将指定的 GUI 部件加入容器中，GUI 部件在容器中如何排列取决于布局选择。

11.1.3　事件处理

例 11-1 中，用户单击按钮的动作将触发 ActionEvent 事件，事件的处理就是统计按钮的单击次数，并用标签显示结果。从总体上看，事件处理包括以下 3 个部分。

❑　事件源：发生事件的 GUI 部件。
❑　事件：用户对事件源进行操作触发事件。
❑　事件监听者：负责对事件的处理。

1．事件处理流程

图 11-2 给出了动作事件处理的各方关系，不妨结合例 11-1 代码进行介绍。

图 11-2　Java 的事件处理机制

（1）给事件源对象注册监听者。

Java 的事件处理机制称为委托事件处理，给事件源对象注册监听者就是发生事件时委托监听者处理事件。事件监听者是在事件发生时要对事件进行处理的对象。AWT 定义了各种类型的事件，每一种事件有相应的事件监听者接口，在接口中描述了处理相应事件应实现的基本行为。若事件类名为 XxxEvent，则事件监听接口的命名为 XxxListener，给部件注册监听者的方法为 addXxxListener(XxxListener a)。例如，按钮动作事件 ActionEvent 的监听者接口为 ActionListener，给按钮注册监听者的方法为 addActionListener(ActionListener a)。

原则上，任何实现了 ActionListener 接口的对象均可以作为按钮的动作事件的监听者，但要注意，选择监听者应当考虑在事件处理方法中能方便地访问相关对象。例 11-1 将事件处理时要访问的标签和计数值定义为 CountFrame 类的成员变量，如果事件处理方法为类的成员方法就可方便地访问这些成员变量。由于内嵌类也可方便地访问外部类的成员，因此也常以内嵌类或匿名内嵌类的对象作为监听者。

以下代码将例 11-1 中的事件监听者改用内嵌类对象实现。

```
public class CountFrame extends Frame {
    ...//实例变量定义
    public CountFrame(){
        ...//控件创建与布局处理
        btn.addActionListener( new Process());          //以内嵌类对象作为监听者
    }
    class Process implements ActionListener {           //实现 ActionListener 接口的内嵌类
        public void actionPerformed(ActionEvent e) {
            ...//方法体内容同例 11-1
        }
    }
    ...//main()方法
}
```

【思考】若以匿名内嵌类的对象作为监听者，则程序应做哪些改动？

（2）给监听者编写事件处理代码。

事件监听者的职责是实现事件的处理，监听者实现 ActionListener 接口必须实现接口中定义的所有方法，在 ActionListener 接口中只定义了一个方法，那就是用来完成事件处理的 actionPerformed()方法。该方法有一个 ActionEvent 类型的参数，在方法体中可通过该参数得到事件源对象，然后在方法体中编写具体的事件处理代码。

（3）发生事件时调用监听者的方法进行相关处理。

事件源通过注册监听者的动作实现了委托登记，发生事件时就能根据登记调用监听者的相应方法。以按钮事件源为例，在发生事件时，调用监听者对象的 actionPerformed()方法，从而完成事件的处理。不难看出，接口在 Java 的事件处理中起到了关键的约束作用，它决定了事件的监听者在事件发生时必定有相应的事件处理方法可供调用。

2. 事件监听者接口及其方法

图形界面中可能产生事件的部件称为事件源，不同事件源上发生的事件种类不同，与之相关的事件处理接口也不同。Java 的所有事件类都定义在 java.awt.event 包中，该包中还定义了 11 个监听者接口，每个接口内部包含若干处理相关事件的抽象方法，如表 11-1 所示。

表 11-1　AWT 事件接口及处理方法

描 述 信 息	接 口 名 称	方法（事件）
单击按钮、菜单项、文本框及按 Enter 键等动作	ActionListener	actionPerformed(ActionEvent)
选择了可选项的项目	ItemListener	itemStateChanged(ItemEvent)
文本部件内容改变	TextListener	textValueChanged(TextEvent)
移动了滚动条等部件	AdjustmentListener	adjustmentVlaueChanged(AdjustmentEvent)
鼠标移动	MouseMotionListener	mouseDragged(MouseEvent) mouseMoved(MouseEvent)
鼠标单击等	MouseListener	mousePressed(MouseEvent) mouseReleased(MouseEvent) mouseEntered(MouseEvent) mouseExited(MouseEvent) mouseClicked(MouseEvent)
键盘输入	KeyListener	keyPressed(KeyEvent) keyReleased(KeyEvent) keyTyped(KeyEvent)
部件收到或失去焦点	FocusListener	focusGained(FocusEvent) focusLost(FocusEvent)
部件移动、缩放、显示/隐藏等	ComponentListener	componentMoved(ComponentEvent) componentHidden(ComponentEvent) componentResized(ComponentEvent) componentShown(ComponentEvent)
窗口事件	WindowListener	windowClosing(WindowEvent) windowOpened(WindowEvent) windowIconified(WindowEvent) windowDeiconified (WindowEvent) windowClosed(WindowEvent) windowActivated(WindowEvent) windowDeactivated(WindowEvent)
容器增加/删除部件	ContainerListener	componentAdded(ContainerEvent) componentRemoved(ContainerEvent)

3．在事件处理代码中区分事件源

一个事件源可以注册多个监听者，一个监听者也可以监视多个事件源。在事件处理代码中如何区分事件源呢？不同类型的事件提供了不同的方法来区分事件源对象。例如，ActionEvent 类提供了如下两个方法。

❑　getSource()方法：用来获取事件源的对象引用。该方法从父类 EventObject 继承而来，其余各类事件对象也可用 getSource()方法得到事件源的对象引用。

❑　getActionCommand()方法：用来获取按钮事件对象的命令名，按钮对象的命令名默认为按钮的标签名，但两者也可以设置为不同名称。

按钮对象提供了如下方法，分别用来设置和获取按钮的标签与命令名。

❑　String getLabel()：返回按钮的标签内容。

❑　void setLabel(String label)：设置按钮的标签。

❑　void setActionCommand(String command)：设置按钮的命令名。

❑　String getActionCommand()：返回按钮的命令名。

【例 11-2】　用两个按钮分别控制图案和背景的颜色变化。

以下程序中有两个按钮，单击按钮 b1 改变画布的背景色，单击按钮 b2 改变画布中绘制的圆的颜色。为了演示 Java 对象间的关联访问，本例设计了 MyCanvas 类，将画布个性化，其中包括一个属性 color，用来表示画布上绘制的圆的颜色。将 MyCanvas 对象作为窗体的属性，以方便在窗体的其他方法中访问画布。

程序代码如下：

```
#01    import java.awt.*;
#02    import java.awt.event.*;
#03    public class ChangeColor extends Frame implements ActionListener {
#04        MyCanvas cv = new MyCanvas();
#05
#06        public ChangeColor(String str) {
#07            super(str);
#08            this.add("Center", cv);        //画布安排在中央位置
#09            Button b1 = new Button("改背景色");
#10            add("South", b1);              //该按钮安排在南边
#11            Button b2 = new Button("改圆的颜色");
#12            add("North", b2);             //该按钮安排在北边
#13            b1.addActionListener(this);
#14            b2.addActionListener(this);
#15            setSize(300, 300);
#16            setVisible(true);
#17        }
#18
#19        public void actionPerformed(ActionEvent e) {
#20            if (e.getActionCommand().equals("改背景色")) {
#21                cv.setBackground(new Color((int)(Math.random() * 0xffffff)));
#22            } else {
#23                cv.color = new Color((int)(Math.random() * 0xffffff));
#24                cv.repaint();
#25            }
#26        }
#27
#28        public static void main(String args[]) {
#29            new ChangeColor("变色");
#30        }
#31    }
#32
#33    class MyCanvas extends Canvas {
```

```
#34        Color color;
#35
#36        public void paint(Graphics g) {
#37              g.setColor(color);
#38              g.fillOval(80, 80, 100, 100);
#39        }
#40    }
```

程序运行效果如图 11-3 所示。

图 11-3　用两个按钮分别控制背景和圆的颜色变化

【说明】该应用在界面部署上采用了后面将介绍的方位布局：画布在中央，在南北两个方位添加两个按钮。本例中使用了 getActionCommand()方法获取事件源对象的命令名，通过字符串比较来识别事件源。在画布中通过编写 paint()方法实现填充圆的绘制，改变圆的颜色后，要调用画布的 repaint()方法实现重绘。

【思考】为了更深刻地理解 static 修饰的含义，读者可以将第 4 行代表画布的属性 cv 加上 static 修饰，然后在 main()方法中创建两个 ChangeColor 类型的窗体对象，观察运行情况，可发现只能在其中一个窗体中看到画布，两个窗体操作同一个画布对象。显然，给属性 cv 添加 static 修饰是不合适的。

4．使用事件适配器类

从表 11-1 可以看出，不少事件的监听者接口中定义了多个方法，而程序员往往只关心其中的一两个方法，为了符合接口的实现要求，必须将其他方法写出来并为其提供空的方法体。为此，Java 中为具有多个方法的监听者接口提供了事件适配器类，通常命名为 XxxAdapter，在该类中以空方法体实现了相应接口的所有方法，因此，可通过继承适配器类来编写监听者类，好处是在类中只需给出关心的方法。例如，窗体的监听者接口中有 7 个方法，每个方法对应 WindowEvent 类中的一个具体事件，分别是 WINDOW_ ACTIVATED、WINDOW_DEACTIVATED、WINDOW_OPENED、WINDOW_CLOSED、WINDOW_CLOSING、WINDOW_ICONIFIED、WINDOW_DEICONIFIED。类似于动作事件中的 getSource()方法，在 WindowEvent 类中也有如下方法用于获取引发 WindowEvent

事件的具体窗口对象。

　　public Window getWindow();

　　例 11-3 以处理窗体的关闭为例介绍窗体事件适配器类的使用。

【例 11-3】　处理窗体的关闭。

　　关闭窗体通常可考虑如下几种操作方式。

　　（1）在窗体中安排一个"关闭"按钮，单击按钮关闭窗体。

　　（2）响应 WINDOW_CLOSING 事件，单击窗体的"关闭"图标将引发该事件。

　　（3）使用菜单命令实现关闭，响应菜单的动作事件。

　　无论采用哪种方式，均要调用窗体对象的 dispose()方法来实现窗体的关闭。

　　程序代码如下：

```
#01    import java.awt.*;
#02    import java.awt.event.*;
#03    public class MyFrame extends Frame implements ActionListener {
#04        Button btn;
#05
#06        public MyFrame() {
#07            super("测试窗体关闭");
#08            btn = new Button("关闭");
#09            setLayout(new FlowLayout());
#10            add(btn);
#11            btn.addActionListener(this);
#12            addWindowListener(new closeWin());
#13            setSize(300, 200);
#14            setVisible(true);
#15        }
#16
#17        public void actionPerformed(ActionEvent e) {
#18            if (e.getActionCommand().equals("关闭")) {
#19                dispose();
#20            }
#21        }
#22
#23        public static void main(String args[ ]) {
#24            new MyFrame();
#25        }
#26    }
#27
#28    class closeWin extends WindowAdapter {
#29        public void windowClosing(WindowEvent e) {
#30            Window w = e.getWindow();
#31            w.dispose();
#32        }
#33    }
```

【说明】

（1）第 18 行判断动作事件的事件源需要将按钮的命令名与"关闭"字符串进行相等比较，采用 String 类的 equals()方法实现。

（2）本程序对监听者的编程用到了两种方式，处理"关闭"按钮事件的监听者是通过实现接口的方式，而处理窗体的"关闭"事件的监听者则采用继承 WindowAdapter 的方式。

（3）在 closeWin 类的 windowClosing()方法中，第 30 行通过 WindowEvent 对象的 getWindow()方法得到要处理的窗体对象，也可以采用 getSource()方法得到事件源对象，但必须用如下形式的强制转换将其转换为 Frame 或 Window 对象。

```
Frame frm = (Frame)(e.getSource());
```

（4）closeWin 类没有设计为内嵌类，如果将其改为 MyFrame 的内嵌类，则可省略第 30 行获取窗体对象的代码，第 31 行就可像第 19 行那样直接写 dispose()方法。

11.2　容器与布局管理

由于 Java 图形界面要考虑平台的适应性，因此，容器内元素的排列通常不采用通过坐标点确定部件位置的方式，而是采用特定的布局方式来安排部件。容器的布局设计是通过设置布局管理器来实现的，java.awt 包中共定义了 5 种布局管理器，与之对应的有 5 种布局策略。通过 setLayout()方法可设置容器的布局方式，具体格式如下：

public void setLayout(LayoutManager mgr);

如不进行设定，则各种容器采用默认的布局管理器，窗体容器默认采用 BorderLayout 布局，而面板容器默认采用 FlowLayout 布局。

11.2.1　FlowLayout（流式布局）

流式布局方式将部件按照加入的先后顺序从左到右排放，放不下再换至下一行，同时按照参数要求安排部件间的纵横间隔和对齐方式。其有以下构造方法。

❑ public FlowLayout()：居中对齐方式，部件纵横间隔为 5 像素。

❑ public FlowLayout(int align, int hgap, int vgap)：3 个参数分别指定对齐方式、纵间距、横间距。

❑ public FlowLayout(int align)：参数规定每行部件的对齐方式，部件纵横间距默认为 5 像素。其中 FlowLayout 提供了如下代表对齐方式的常量：FlowLayout.LEFT（居左）、FlowLayout.CENTER（居中）、FlowLayout.RIGHT（居右）。

在创建了布局方式后，可通过方法 add(部件名)将部件加入容器中。

【例 11-4】 将大小不断递增的 9 个按钮放入窗体中。

程序代码如下：

```
#01    import java.awt.*;
#02    public class FlowLayoutExample extends Frame {
#03        public FlowLayoutExample() {
#04            this.setLayout(new FlowLayout(FlowLayout.LEFT, 10, 10));
#05            String spaces = ""; //用来使按钮的大小变化
#06            for (int i = 1; i <= 9; i++) {
#07                this.add(new Button("B #" + i + spaces));
#08                spaces += " ";
#09            }
#10        }
#11
#12        public static void main(String args[ ]) {
#13            FlowLayoutExample x = new FlowLayoutExample();
#14            x.setSize(200, 100);
#15            x.setVisible(true);
#16        }
#17    }
```

运行该程序，可得到如图 11-4 所示的结果。

随着窗体大小的变化，窗体内部件的位置关系会发生变动，但每个控件的大小不变。若窗体宽度变小，在一行内排列不了的控件会自动移到下一行，如图 11-5 所示。

图 11-4　演示 FlowLayout 布局　　　　　图 11-5　改变窗体大小，部件重新排列

【注意】使用 FlowLayout 布局的一个重要特点是布局管理器不会改变控件的大小。

11.2.2　BorderLayout（边缘或方位布局）

方位布局方式将容器内部空间分为东（East）、南（South）、西（West）、北（North）、中（Center）5 个区域，如图 11-6 所示。5 个区域的尺寸充满容器的整个空间，运行时，每个区域的实际尺寸由区域的内容确定。方位布局有如下构造方法。

❑　public BorderLayout()：各部件之间的纵横间距为 0。
❑　public BorderLayout(int hgap, int vgap)：两个参数分别指定纵、横间距。
加入部件的 add()方法有以下两种形态。
❑　add(方位，部件)。
❑　add(部件，方位)。
其中，"方位"可以是方位字符串和方位常量，用于指明部件安排在哪个区域。方位常量有 BorderLayout.CENTER、BorderLayout.NORTH 等，而方位字符串必须是首字母大写、

其他字母小写的单词形式（如 Center）。如果某个区域没有分配部件，则其他部件将按图中区域扩展的方向占据该区域。可以看出，南北方向部件只能水平扩展，东西方向部件只能垂直扩展，而中央部件则可向水平、垂直两方向扩展。当容器在水平方向上变宽或变窄时，东和西两处的部件不会变化。当容器在垂直方向伸展变化时，南和北两处的部件不会变化。

当容器中仅有一个部件时，如果将部件安排在北方，则该部件仅占用北区，其他地方为空白，但如果将部件安排在中央，则该部件将占满整个容器。

用以下代码替换例 11-4 构造方法中的内容，将标识为 North、East、South、West、Center 的按钮安排到同名的方位。

```
String[ ] borders = {"North", "East", "South", "West", "Center"};
this.setLayout(new BorderLayout(10, 10));
for (int i = 0; i < 5; i++) {
    this.add(borders[i], new Button(borders[i]));
}
```

程序的运行结果如图 11-7 所示。

图 11-6　边缘布局管理策略　　　　图 11-7　演示 BorderLayout 布局

BorderLayout 布局的特点是部件的尺寸被布局管理器强行控制，即与其所在区域的尺寸相同。如果某个区域无部件，则其他区域将按缩放规则自动占用其位置。

11.2.3　GridLayout（网格布局）

GridLayout 布局方式把容器的空间分为若干行和若干列的网格区域，部件按从左向右、从上到下的次序被加到各单元格中，部件的大小将调整为与单元格大小相同。其有以下构造方法。

❑　public GridLayout()：所有部件在一行中。

❑　public GridLayout(int rows,int cols)：通过参数指定布局的行和列数。

❑　public GridLayout(int rows,int cols,int hgaps,int vgaps)：通过参数指定划分的行、列数以及部件间的水平和垂直间距。

设定布局后，可通过方法 add(部件名)将部件加入容器中。

用以下代码替换例 11-4 构造方法中的内容。

```
this.setLayout(new GridLayout(3, 3, 10, 10));
for(int i = 1; i <= 9; i++)
```

```
      this.add(new Button("Button #" + i));
```

程序的运行结果如图 11-8 所示。

图 11-8　　3 行 3 列的布局，行列间距均为 10

GridLayout 布局的特点是部件排列整齐，行列位置关系固定。如果调整容器的大小，部件的大小也将发生变化。

【例 11-5】　九宫格人机对弈。

在九宫格里面轮流画圈或叉，先在水平、垂直或对角线上有 3 个子的一方胜出，应用界面如图 11-9 所示。本例将二维的九宫格（3 行 3 列）映射到一维的按钮数组来进行处理，用 StringBuffer() 来登记棋盘上已下过的棋子信息，从而可以借助字符串的处理方法来实现棋盘信息的登记和判定检查。构造方法中完成界面设置以及随机决定谁先下子的处理。

图 11-9　　九宫格人机对弈

程序代码如下：

```
#01    import java.awt.*;
#02    import java.awt.event.*;
#03    import javax.swing.*;
#04    public class ChessDemo extends Panel implements ActionListener {
#05        char whoTurn = 'O';                                    //用户方——O,计算机方——X
#06        Button b[ ] = new Button[9];                           //9 个按钮
#07        StringBuffer s = new StringBuffer("SSSSSSSSS");        //S 字符表示空位置
#08
#09        public ChessDemo() {
#10            setLayout(new GridLayout(3, 3, 5, 5));
#11            for (int i = 0; i < 9; i++) {
#12                b[i] = new Button("");
#13                add(b[i]);
#14                b[i].setActionCommand(String.valueOf(i));
#15                b[i].addActionListener(this);
#16            }
#17            if ((int)(Math.random()* 2) == 1) {                //随机决定先下者
#18                whoTurn = 'X';
#19                int x[ ] = genRand(0, 2, 6, 8, 4);             //先下四角或中央
#20                int p = x[0];                                  //将数组第一个元素作为选择下子位置
#21                s.setCharAt(p, whoTurn);                       //在字符串中记录下棋信息
#22                b[p].setLabel(String.valueOf(whoTurn));        //在按钮上显示下棋信息
#23                whoTurn = 'O';
```

```
#24                }
#25        }
#26        public static voSid main(tring args[ ]) {
#27                Frame f = new Frame();
#28                f.add(new ChessDemo());
#29                f.setSize(300, 300);
#30                f.setVisible(true);
#31        }
#32        ...    //类中其他方法见后面介绍
#33   }
```

【说明】第 5 行定义的实例变量 whoTurn 用来标识当前轮到谁为下子方，用户方和计算机方分别用 O 和 X 代表。第 14 行设定对应九宫格位置的按钮上的命令名和字符串索引位置对应一致，这样方便查找。第 19 行通过调用后面将介绍的 genRand()方法实现对系列数据的乱序处理，从 4 个角和中央共 5 个位置中选择一个位置作为首先下棋的位置，第 20 行将乱序后得到的结果数组的第一个元素作为第一手的下棋位置，如此将智能性和随机性融合，以提高游戏的趣味性，这在整个游戏过程中较多采用。

ChessDemo 类中的其他方法介绍如下。

1. 处理按钮单击事件（用户下子的处理）

通过处理按钮单击事件，完成用户下子处理过程，具体动作如下。

（1）根据按钮的命令名获取按钮的位置信息。

（2）对用户的下子进行登记处理。

（3）检查游戏是否结束。

（4）通过调用 computerTurn()方法切换到由计算机下子。

程序代码如下：

```
#01        public void actionPerformed(ActionEvent e) {
#02                Button me = (Button) (e.getSource());
#03                if (!me.getLabel().equals(""))                        //不能在已有棋子位置下棋
#04                    return;
#05                me.setLabel("" + whoTurn);                            //按钮上显示下棋
#06                int row=Integer.parseInt(me.getActionCommand());      //求按钮位置
#07                s.setCharAt(row, whoTurn);                            //记录用户下棋信息
#08                gameOver();                                           //处理游戏是否结束
#09                whoTurn = (whoTurn == 'O') ? 'X' : 'O';               //轮换玩家
#10                computerTurn();                                       //轮到计算机下子
#11        }
```

2. 轮到计算机下子的处理

计算机每步下子主要包括如下动作过程。

（1）寻找下子位置，这时要调用 findplace()方法选择理想的位置。

（2）完成下子的登记处理。

（3）检查游戏是否结束。

程序代码如下：

```
#01    public void computerTurn() {
#02        int x = findplace();                              //根据策略找下子位置
#03        s.setCharAt(x, whoTurn);                          //记录下棋信息
#04        b[x].setLabel(String.valueOf(whoTurn));           //在按钮上显示下棋信息
#05        gameOver();                                       //处理游戏是否结束
#06        whoTurn = (whoTurn == 'O') ? 'X' : 'O';
#07    }
```

3．计算机决定下棋位置的策略

计算机如何选择下子的策略是人机对弈应用的难点。该应用按如下步骤选择下子位置。

（1）检查是否存在计算机能赢的位置，若存在则占据此位置。

（2）检查是否存在对方立即能赢的位置，若存在则占据该位置，也就是封堵对方。

（3）优先考虑双二的情形。

（4）其他情形根据经验进行处理，尽量占据中央位置。

（5）本方已经占据中央的情况下，尽量不要将棋子下在 4 个角上；而本方没有占据中央时，则最好选择将棋子下在 4 个角上。

（6）考虑在棋盘空白处随机选择某位置下子。

程序代码如下：

```
#01    public int findplace() {
#02        int pos;
#03        //策略 1：找能直接赢棋的地方下子
#04        if ((pos = canWinPlace(whoTurn)) != -1)
#05            return pos;                                   //返回本方能赢位置
#06        //策略 2：将对方能直接赢的地方堵上
#07        char whoTurn2 = (whoTurn == 'O') ? 'X' : 'O';
#08        if ((pos = canWinPlace(whoTurn2)) != -1)
#09            return pos;                                   //返回对方能赢位置
#10        //策略 3：寻找有没有双二的地方
#11        for (int v=0; v<9; v++) {
#12            if (value(whoTurn,v)>=4)                      //价值 4 以上的优先选择
#13                return v;
#14        }
#15        //策略 4：中央空的话就占据中央
#16        if (s.charAt(4) == 'S') {
#17            return 4;                                     //优先占据中央位置
#18        }
#19        //策略 5：根据中央占据情况决定下棋位置
#20        if (s.charAt(4) == whoTurn) {                     //中央为自己方，不下角部
#21            int x[] = genRand(3, 5, 1, 7);               //在 4 个边部位置选择
#22            for (int k : x)
#23                if (value(whoTurn,k)>=2)                  //在边部找价值 2 以上的
#24                    return k;
#25        } else {                                          //中央被对方占据，要考虑下角部
```

```
#26            int x[] = genRand(0, 2, 6, 8);          //在 4 个角部位置选择
#27            for (int k : x)
#28                if (value(whoTurn,k)>=2)          //在角部找价值 2 以上的
#29                    return k;
#30        }
#31    //策略 6：以上没合适位置就随机选个空位置
#32    for (;;) {
#33            int rand = (int)(Math.random()* 9);
#34            if (s.charAt(rand) == 'S')
#35                return rand;
#36    }
#37  }
#38
#39  private static int[ ] genRand(int... x) {          //对一个数据序列进行乱序
#40    for (int k = 0; k <6; k++) {
#41            int pos = (int) (Math.random() * x.length);
#42            int t = x[0];                          //随机选个元素与 x[0]交换
#43            x[0] = x[pos];
#44            x[pos] = t;
#45    }
#46    return x;
#47  }
```

【说明】第 4~5 行是优先考虑本方能直接取胜的位置。第 7~9 行是堵上对方能直接取胜的位置。第 11~14 行是选择双二位置下棋，通过调用 value()方法进行价值判断。第 15~18 行是尽量选择中央位置。第 20~25 行是控制中央有本方子的话，不要选择下子在角部位置，以免对方封堵后形成双二局面。如图 11-10 所示，对方先手占据两角，如 X 方下在 $X_{(1)}$，对方下在 $O_{(2)}$ 位置后形成双二局面，对方必胜。第 26~30 行是控制中央有对方子的话，要选择下子在角部位置，以免对方后面形成双二局面。如图 11-11 所示，对方先手占据中央，如果下子在 $X_{(1)}$，对方下子在 $O_{(2)}$，则 X 方必须下子在 $X_{(3)}$，对方 $O_{(4)}$形成双二局面，对方必胜。第 32~36 行实现随机选择某空白位置下子。第 39~47 行定义的方法用于序列数据的乱序操作，从而让每次下棋过程中计算机选择下子的位置不是固定的，而是动态随机变化的，有利于增强游戏的趣味性。

O		$X_{(1)}$
?	X	
$O_{(2)}$	?	O

$O_{(2)}$	$X_{(1)}$	?
?	O	
$O_{(4)}$		$X_{(3)}$

图 11-10　此局面下子在 $X_{(1)}$处会输　　　　图 11-11　此局面下子在 $X_{(1)}$处会输

4. 寻找棋盘上能一步取胜的位置

逐个对空白位置进行检查，看是否存在可以一步取胜的位置，找到则返回该位置，否则返回-1。

程序代码如下：

```
#01    public int canWinPlace(char who) {          //返回找到的可胜位置，或者返回-1
#02        for (int r = 0; r < 9; r++)
#03            if (s.charAt(r) == 'S') {            //找个空位置
#04                s.setCharAt(r, who);             //先填上棋子
#05                if (isWin(who)) {                //看本方下此位置后是否能赢
#06                    s.setCharAt(r, 'S');         //恢复原状
#07                    return r;
#08                } else
#09                    s.setCharAt(r, 'S');         //恢复原状
#10            }
#11        return -1;
#12    }
```

【说明】寻找能取胜位置是针对每个空位置进行检查，第 4 行不妨把棋子填在该位置，然后在第 5 行判定是否能赢，如果能赢则返回得到的位置，第 6 行和第 9 行均是将空白位置恢复原貌。如果循环结束没有找到能赢的位置，则返回-1。

5. 处理游戏是否结束

两种情况下游戏结束，一种是当前下子方取得了胜利，另一种是棋盘下满了。
程序代码如下：

```
#01    public void gameOver() {
#02        if (isWin(whoTurn)) {          //判断是否取胜
#03            JOptionPane.showMessageDialog(null, whoTurn + " win!");
#04            System.exit(0);
#05        } else if (isFull()) {          //判断是否下满所有格子
#06            JOptionPane.showMessageDialog(null, "game is over!");
#07            System.exit(0);
#08        }
#09    }
```

6. 判断某方是否取胜

判断某方是否取胜，实际上就是判断棋盘上是否存在同方三子连线情形。要检查 3 条横线、3 条竖线以及两条对角线，只要有一处存在三子连线情况即可判胜。
程序代码如下：

```
#01    public boolean isWin(char who) {
#02        String three = "" + who + who + who;
#03        String sum;                     //用来拼接一个方向的棋子标识
#04        for (int k = 0; k < 3; k++) {   //3 根横线的处理
#05            sum = "" +s.charAt(k*3)+ s.charAt(k*3+1)+s.charAt(k*3+2);
#06            if (sum.equals(three))
#07                return true;
#08        }
#09        for (int k = 0; k < 3; k++) {   //3 根竖线的处理
#10            sum = "" +s.charAt(k)+ s.charAt(3+k)+s.charAt(6+k);
#11            if (sum.equals(three))
```

```
#12                return true;
#13        }
#14        sum = "" + s.charAt(0) + s.charAt(4) + s.charAt(8);    //正对角线
#15        if (sum.equals(three))
#16             return true;
#17        sum = "" + s.charAt(2) + s.charAt(4) + s.charAt(6);    //反对角线
#18        if (sum.equals(three))
#19             return true;
#20        return false;
#21    }
```

7. 判断棋盘是否下满

判断棋盘是否下满很简单，只要利用字符串的查找，看记录下棋信息的 StringBuffer
字符串中是否有代表空位置的 S 字符即可。

程序代码如下：

```
#01    public boolean isFull() {     //判断棋盘是否下满
#02        return s.indexOf("S") == -1;
#03    }
```

8. 计算某方在指定位置的落子价值

在下子过程中应尽可能选择有价值的位置。三子一线是价值最大的，已通过 isWin()方
法进行了处理。该方法用于发现其他价值较大的位置（例如，双二位置）。某个位置的价
值是考虑其各个方向的价值总和来计算的，某方向的价值是由该方向上同方棋子数量来决
定的，但如果某个方向存在对方棋子，则该方向的价值为 0。特别地，对于双二位置，其
价值应大于等于 4。显然，计算价值是要寻找棋盘上的空位置，非空位置价值为 0。

程序代码如下：

```
#01    public int value(char who, int pos) {
#02        if (s.charAt(pos) != 'S')                          //已有棋子位置价值为 0
#03             return 0;
#04        char other = (who == 'O') ? 'X' : 'O';             //获取对方的标识
#05        String sum;                                        //用来拼接一个方向的棋子标识
#06        int row = pos / 3;
#07        int col = pos % 3;
#08        int res = 0;
#09        s.setCharAt(pos, who);                             //假设占据该位置，再来考虑其价值
#10        sum=""+s.charAt(row*3)+s.charAt(row*3+1)+s.charAt(row*3+2);
#11        if (sum.indexOf(other) == -1)
#12             res += sum.replaceAll("S", "").length();      //水平方向本方棋子数量
#13        else
#14             res += 0;                                      //有对方棋子，则该方向价值自动为 0
#15        sum = "" + s.charAt(col) + s.charAt(col+3)+s.charAt(col+6);
#16        if (sum.indexOf(other) == -1)
#17             res += sum.replaceAll("S", "").length();      //垂直方向本方棋子数量
#18        else
```

```
#19              res += 0;
#20         if (pos == 0 || pos == 4 || pos == 8) {
#21              sum = ""+s.charAt(0)+s.charAt(4)+s.charAt(8);
#22              if (sum.indexOf(other) == -1)
#23                  res+=sum.replaceAll("S","").length(); //正对角线本方棋子数量
#24              else
#25                  res += 0;
#26         }
#27         if (pos == 2 || pos == 4 || pos == 6) {
#28              sum = ""+s.charAt(2)+s.charAt(4)+s.charAt(6);
#29              if (sum.indexOf(other) == -1)
#30                  res+=sum.replaceAll("S","").length();        //反对角线本方棋子数量
#31              else
#32                  res += 0;
#33         }
#34         s.setCharAt(pos, 'S');                              //价值计算完毕，恢复该位置为空
#35         return res;
#36    }
```

11.2.4　CardLayout（卡片式布局）

CardLayout 布局方式将部件叠成卡片的形式，每个加入部件占用一块卡片，最初显示第一块卡片，以后通过卡片的翻动显示其他卡片。其有以下构造方法。

❑ public CardLayout()：显示部件将占满整个容器，不留边界。

❑ public CardLayout(int hgap,int vgap)：容器边界分别留出水平和垂直间隔，部件占中央。

加入容器用 add(字符串，部件名)方法，其中，"字符串"用来标识卡片名称，要显示指定名称的卡片可通过调用卡片布局对象的 show(容器，字符串)方法选择；也可以根据部件加入容器的顺序，按如下方法翻动卡片。

❑ first(容器)：显示第一块卡片。

❑ last(容器)：显示最后一块卡片。

❑ next(容器)：显示下一块卡片。

11.2.5　GridBagLayout（网格块布局）

GridBagLayout 是最复杂、功能最强的一种布局方式，它是在 GridLayout 的基础上发展而来的，该布局方式也是将整个容器分成若干行、列组成的单元格，但各行可以有不同的高度，每栏也可以有不同的宽度，一个部件可以占用一个或多个单元格。

可以看出，GridBagLayout 在布置部件时需要许多信息来描述一个部件要放的位置、大小、伸缩性等。为此，将部件加入该布局中时，要指定一个约束对象（GridBagConstraints），其中封装了与位置、大小等有关的约束数据。具体命令格式如下：

add(部件，约束对象)

约束对象有以下常用属性。

gridx，gridy：规定部件占用单元格的位置，左上角为 0，0；也可以用方向位置参数控制部件的位置，类似于 BorderLayout 布局，这里的方向位置参数包括 CENTER、EAST、NORTH、NORTHEAST、SOUTH、SOUTHWEST 及 WEST。

❑ gridheight，gridwidth：规定部件占用单元格的个数。在规定部件的位置和高、宽时，也可以用两个常量，如果 gridwidth 值为 RELATIVE，表示该部件相对前一个部件占下一个位置；如果 gridwidth 值为 REMAINDER，则表示部件占用本栏所有剩余的单元格，这里的"剩余"是指该行所有部件部署完后多余的单元格数量。还要注意，如果一行的最后一个单元格的 gridwidth 值为 REMAINDER，则下一行要将 gridwidth 值改为 1，否则下一行的第一个部件将占满整行。

❑ rowHeights，columnWidth：指定行高、栏宽，默认情况下行高和栏宽的大小分别由最高和最宽的部件决定。

❑ weightx，weighty：控制单元格的行和宽的伸展，在一行和一列中最多只能有一个部件指定伸展参数，伸展可保证窗体大小变化时部件的大小也做相应的调整。

❑ fill：规定部件填充网格的方式，常量有 BOTH、HORIZONTAL、VERTICAL、NONE。其中，BOTH 代表水平和垂直两个方向伸展，也就是占满两个方向剩余的所有单元格；而 NONE 代表部件不伸展，保持原来大小。

【例 11-6】 简单电子邮件发送界面的实现。

构建图 11-12 所示界面。标签的大小保持不变（占 1 个单元格）；文本框（初始占 2 栏单元格）在横向位置根据窗体的大小伸展变化；输入邮件内容的文本域（占 3 栏单元格）在横、竖两个方向伸展变化，填满整个容器。

图 11-12 GridBagLayout 布局

程序代码如下：

```
#01    import java.awt.*;
#02    public class test extends Frame {
#03        public static void main(String a[ ]) {
#04            new test();
#05        }
#06
#07        public test() {
#08            Label receiveLabel = new Label("收件人：");
#09            Label ccLabel = new Label("抄送：");
#10            Label subjectLabel = new Label("主题：");
#11            TextField receiveField = new TextField();          //收件人
#12            TextField ccField = new TextField();               //抄送
#13            TextField subjectField = new TextField();          //主题
#14            TextArea mailArea = new TextArea(8, 40);           //输入邮件文字区域
#15            setLayout(new GridBagLayout());
```

```
#16          GridBagConstraints gridBag = new GridBagConstraints();
#17          gridBag.fill = GridBagConstraints.HORIZONTAL;        //用水平填充方式
#18          gridBag.weightx = 0;                                 //行长不变
#19          gridBag.weighty = 0;                                 //列高不变
#20          addToBag(receiveLabel, gridBag, 0, 0, 1, 1);         //收信人标签位置
#21          addToBag(ccLabel, gridBag, 0, 1, 1, 1);              //抄送人标签位置
#22          addToBag(subjectLabel, gridBag, 0, 2, 1, 1);         //主题标签位置
#23          gridBag.weightx = 100;                               //行自适应缩放
#24          gridBag.weighty = 0;                                 //列高不变
#25          addToBag(receiveField, gridBag, 1, 0, 2, 1);
#26          addToBag(ccField, gridBag, 1, 1, 2, 1);
#27          addToBag(subjectField, gridBag, 1, 2, 2, 1);
#28          gridBag.fill = GridBagConstraints.BOTH;              //采用全填充方式布局
#29          gridBag.weightx = 100;                               //行自适应缩放
#30          gridBag.weighty = 100;                               //列自适应缩放
#31          addToBag(mailArea, gridBag, 0, 4, 3, 1);             //占 3 栏 1 行
#32          setSize(300, 300);
#33          setVisible(true);
#34      }
#35
#36      /* 将一个部件按指定大小加入 GridBagLayout 布局的指定位置 */
#37      void addToBag(Component c, GridBagConstraints gbc, int x, int y, int w,
#38              int h) {
#39          gbc.gridx = x;
#40          gbc.gridy = y;
#41          gbc.gridheight = h;
#42          gbc.gridwidth = w;
#43          add(c, gbc);                                         //按指定约束加入部件
#44      }
#45  }
```

11.3　常用 GUI 部件

11.3.1　GUI 部件概述

　　AWT 包中各部件的层次关系如图 11-13 所示。Component 类处于 GUI 部件类层次的顶层，其直接子类有 Container（容器）和其他 7 个基本部件。Container 的子类中又分为有边框的 Window 子类和无边框的 Panel 子类，Frame 和 Applet 分别是 Window 和 Panel 的子类。

　　Component 类为一个抽象类，其中定义了所有 GUI 部件普遍适用的方法，以下为若干常用方法。

- ❑　void add(PopupMenu popup)：给部件加入弹出菜单。
- ❑　Color getBackground()：获取部件的背景色。
- ❑　Font getFont()：获取部件的显示字体。

- ❑ Graphics getGraphics()：获取部件的画笔（Graphics 对象）。
- ❑ void repaint(int x,int y,int width,int height)：在部件的指定区域重新绘图。
- ❑ void setBackground(Color c)：设置部件的背景。
- ❑ void setEnabled(boolean b)：是否让部件功能有效，在无效情况下部件将变为灰色。
- ❑ void setFont(Font f)：设置部件的显示字体。
- ❑ void setSize(int width,int height)：设置部件的大小。
- ❑ void setVisible(boolean b)：设置部件是否可见。
- ❑ void setForeground(Color c)：设置部件的前景色。
- ❑ void requestFocus()：让部件得到焦点。
- ❑ Toolkit getToolkit()：取得部件的工具集（Toolkit），利用 Toolkit 的 beep()方法可让计算机发出鸣叫声。
- ❑ FontMetrics getFontMetrics(Font font)：取得某字体对应的 FontMetrics 对象。

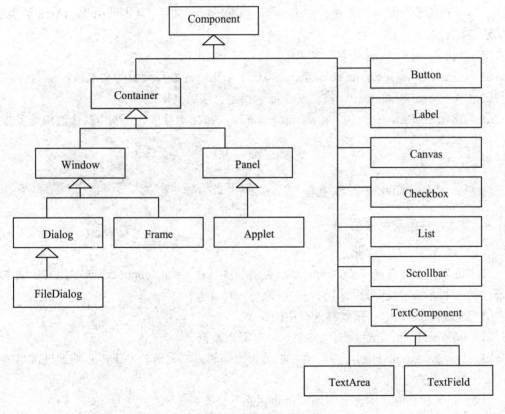

图 11-13　AWT 包中各种部件的类继承层次

11.3.2　文本框与文本域

1．文本框

文本框只能编辑一行数据，由 TextField 类实现，其构造方法有如下 4 种。

❑ TextField()：构造一个单行文本框。

❑ TextField(int columns)：构造一个指定长度的单行文本框。

❑ TextField(String text)：构造一个指定初始内容的单行文本框。

❑ TextField(String text, int columns)：构造一个指定长度、指定初始内容的单行文本框。

在某种情况下，用户可能希望自己的输入不被别人看到，这时可以用 TextField 类中的 setEchoChar()方法设置回显字符，将用户的输入全部以某个特殊字符显示在屏幕上。例如，以下代码设置密码输入框的回显字符为"*"。

```
TextField pass = new TextField(8);
pass.setEchoChar('*');
```

2. 文本域

文本域也称多行文本输入框，其特点是可以编辑多行文字。文本域由 TextArea 类实现，其构造方法有如下 4 种。

❑ TextArea()：构造一个文本域。

❑ TextArea(int rows, int columns)：构造一个指定行数和列数的文本域。

❑ TextArea(String text)：构造一个显示指定文字的文本域。

❑ TextArea(String text, int rows, int columns)：按指定行数、列数和默认值构造多行文本域。

例如：

```
TextArea t1 = new TextArea(10, 45);
```

3. 文本部件的常用方法

（1）数据的写入与读取。

文本框与文本域均是 TextComponent 类的子类，在 TextComponent 类中定义了文本输入部件的公共方法。其中最常用的是数据的写入与读取。

❑ String getText()：获取输入框中的数据。

❑ void setText(String text)：向输入框中写入数据。

❑ boolean isEditable()：判断输入框是否可编辑。非编辑状态下，不能通过键盘操作输入数据。

（2）指定和获取文本区域中的"选定状态"文本。

输入部件中的文本可以进行选定操作，以下方法用于指定和获取文本区域中的"选定状态"文本。

❑ void select(int start,int end)：选定由开始和结束位置指定的文本。

❑ void selectAll()：选定所有文本。

❑ void setSelectionStart(int start)：设置选定开始位置。

❑ void setSelectionEnd(int end)：设置选定结束位置。

- ❑　int getSelectionStart()：获取选定开始位置。
- ❑　int getSelectionEnd()：获取选定结束位置。
- ❑　String getSelectedText()：获取选定的文本数据。

（3）屏蔽回显。

屏蔽回显只适用于文本框，以下为相关方法。

- ❑　void setEchoChar(char c)：设置回显字符。
- ❑　boolean echoCharIsSet()：确认当前文本框是否处于不回显状态。
- ❑　char getEchoChar()：获取回显屏蔽字符。

（4）添加数据。

以下方法只限于文本域，可以在已有内容的基础上添加新数据，具体方法如下。

- ❑　void append(String s)：将字符串添加到文本域的末尾。
- ❑　void insert(String s,int pos)：将字符串插入文本域的指定位置。

4．文本部件的事件响应

（1）在文本框中按 Enter 键时，将引发动作事件，事件的注册与处理程序的编写方法与按钮的动作事件相同。

（2）当用户对文本输入部件进行任何数据更改操作（如添加、修改和删除）时将引发 TextEvent 事件，为了响应该事件，可以通过 addTextListener()方法注册监听者，在 TextListener 接口中定义了如下方法来处理事件。

```
public void textValueChanged(TextEvent e)
```

【例 11-7】　在图形界面中，安排一个文本框和一个文本域。将在文本框中输入的字符同时显示在文本域中，即同步显示。在文本框中按 Enter 键将文本框中内容清空。

程序代码如下：

```
#01    import java.awt.*;
#02    import java.awt.event.*;
#03    public class TextIn extends Frame implements TextListener,ActionListener{
#04        TextField tf;
#05        TextArea ta;
#06        String pre = "";                      //记录文本域的先前内容
#07
#08        public TextIn() {
#09            tf = new TextField(20);
#10            ta = new TextArea(8, 20);
#11            add("South",tf);
#12            add("Center",ta);
#13            tf.addTextListener(this);          //文本框有内容变化触发文本改变事件
#14            tf.addActionListener(this);        //在文本框按 Enter 键后将触发动作事件
#15        }
#16
#17        public void textValueChanged(TextEvent e) {
#18            String s = tf.getText();
```

```
#19            ta.setText(pre + s);              //更新文本域内容
#20        }
#21
#22        public void actionPerformed(ActionEvent e) {
#23            tf.setText("");                   //清空文本框
#24            ta.append("\n");                  //添加一个换行符
#25            pre = ta.getText();               //更新 pre 变量，记下文本域前面各行内容
#26        }
#27
#28        public static void main(String args[ ]) {
#29            Frame m = new TextIn();
#30            m.setSize(300, 300);
#31            m.setVisible(true);
#32        }
#33    }
```

【**说明**】引入变量 pre 记录文本域中前面输入的内容，在文本框中输入字符时，通过文本事件执行 textValueChanged()方法，第 18～19 行将 pre 记录的内容与文本框的内容拼接写入文本域。在文本框中按 Enter 键时，通过动作事件执行 actionPerformed()方法，第 23～25 行将清空文本框，也给文本域写入一个换行符，并将文本域的当前内容记录到 pre 变量中。

11.4　鼠标和键盘事件

11.4.1　鼠标事件

1．鼠标事件概述

鼠标事件共有 7 种情形，用 MouseEvent 类的静态整型常量表示，分别是 MOUSE_DRAGGED、MOUSE_ENTERED、MOUSE_EXITED、MOUSE_MOVED、MOUSE_PRESSED、MOUSE_RELEASED、MOUSE_CLICKED。鼠标事件的处理通过 MouseListener 和 MouseMotionListener 两个接口来描述，MouseListener 负责接收和处理鼠标的 press（按下）、release（释放）、click（单击）、enter（移入）和 exit（移出）动作触发的事件；MouseMotionListener 负责接收和处理鼠标的 move（移动）和 drag（拖动）动作触发的事件。具体事件处理方法如表 11-1 所示。具体应用中关心哪种鼠标事件，就在相应的事件处理方法中编写代码。以下为 MouseEvent 类的主要方法。

❑ public int getX()：返回发生鼠标事件的 X 坐标。
❑ public int getY()：返回发生鼠标事件的 Y 坐标。
❑ public Point getPoint()：返回 Point 对象，即鼠标事件发生的坐标点。
❑ public int getClickCount()：返回鼠标单击事件的连击次数。
之前介绍过，在按钮上单击将触发动作事件（ActionEvent）；而按照现在所学，在按

钮上单击也会触发鼠标事件（MouseEvent）。

2．高级语义事件和低级语义事件

在图形界面上进行各类鼠标操作均会导致鼠标事件，它具有更广泛的发生性，我们将这类事件称为低级语义事件，如单击、移动、拖动鼠标均会触发鼠标事件。按钮上的动作事件，则局限于在按钮上单击才会发生，称为高级语义事件。程序中要关注处理相应事件，必须注册监听者。如果程序对同一操作引发的两类事件均关注，则低级语义事件将先于高级语义事件进行处理。

常见的低级语义事件如下。

- ❑　组件事件（ComponentEvent）：组件尺寸的变化、移动。
- ❑　容器事件（ContainerEvent）：容器中组件的增加、删除。
- ❑　窗口事件（WindowEvent）：关闭窗口、图标化。
- ❑　焦点事件（FocusEvent）：焦点的获得和丢失。
- ❑　键盘事件（KeyEvent）：键按下、释放。
- ❑　鼠标事件（MouseEvent）：鼠标单击、移动等。

高级语义事件依赖于触发相应事件的图形部件，如在文本框中按 Enter 键会触发 ActionEvent 事件；单击按钮会触发 ActionEvent 事件；滑动滚动条会触发 AdjustmentEvent 事件；选中项目列表的某一项会触发 ItemEvent 事件等。

【例 11-8】　围棋对弈界面设计。

【分析】在窗体中要同时安排棋盘和下棋过程中的若干操作按钮，棋盘用一个 Canvas 部件绘制，下棋过程控制按钮则部署在一个面板上。棋盘上的棋子信息通过一个二维数组记录，数组元素为 1 表示黑棋，2 表示白棋，0 表示无棋子。为了方便下棋定位操作，在棋盘上绘制一个红色小方框，作为代表位置的小游标，鼠标移动时，小游标也跟随移动。小游标移动时要擦除先前的绘制，所以小游标采用异或方式绘制，只要按相同颜色重绘一次即可实现擦除。我们可以利用鼠标移动事件处理小游标的移动，利用鼠标单击事件处理新下棋子的绘制。另外，棋盘及棋子信息利用 paint()方法绘制。程序中引入 cx 和 cy 两个变量，代表游标位置。引入变量 player，表示当前轮到谁下子。为了实现棋盘位置和大小调整方便，引入实例变量 sx、sy 记录棋盘左上角的位置信息，并引入实例变量 w 代表棋盘格子宽度。请读者自己体会程序中小方框和棋子绘制的参数计算处理，注意绘制的棋子宽度比格子宽度略小。

程序代码如下：

```
#01    import java.awt.*;
#02    import java.awt.event.*;
#03    public class chessGame extends Frame {
#04        chessBoard b = new chessBoard();
#05
#06        public chessGame() {
#07            setBackground(new Color(175,198,198));
#08            setLayout(new BorderLayout());
```

```
#09            add("Center", b);
#10            Panel p = new Panel();
#11            Button color = new Button("改背景");
#12            Button fail = new Button("认输");
#13            p.setLayout(new GridLayout(8, 1, 10, 10));
#14            p.add(new Label());    //为界面美观插入一个空标签
#15            p.add(color);
#16            p.add(fail);
#17            add("East", p);
#18            setSize(500, 450);
#19            setVisible(true);
#20        }
#21
#22     public static void main(String[ ] args) {
#23            new chessGame();
#24        }
#25    }
#26
#27 class chessBoard extends Canvas {
#28     int chess[][] = new int[19][19];          //存放棋盘子的状态
#29     int sx = 20, sy = 20;                     //棋盘左上角坐标位置
#30     int w = 20;                               //棋盘每个格子宽度
#31     int cx = 5;                               //下棋位置游标的初值，对应棋盘格子位置
#32     int cy = 5;
#33     int player = 1;                           //1 表示轮黑下子，0 表示轮白下子
#34
#35     public chessBoard() {
#36         this.addMouseMotionListener(new MouseMotionAdapter() {
#37             public void mouseMoved(MouseEvent e) { //小游标移动
#38                 Graphics g = getGraphics();
#39                 g.setXORMode(chessBoard.this.getBackground());
#40                 g.setColor(Color.red);
#41                 g.fillRect(sx+cx*w - w / 4, sy+cy*w - w / 4, w / 2, w / 2);
#42                 cx = (int) (e.getX()-sx+w/2)/ w;
#43                 cy = (int) (e.getY()-sy+w/2)/ w;
#44                 g.fillRect(sx+cx*w - w / 4, sy+cy*w - w / 4, w / 2, w / 2);
#45             }
#46         });
#47         this.addMouseListener(new MouseAdapter() {
#48             public void mouseClicked(MouseEvent e) { //单击下棋
#49                 Graphics g = getGraphics();
#50                 if (chess[cx][cy] == 0) {             //是否已有棋子
#51                     if (player == 1) {
#52                         g.setColor(Color.black);     //黑棋
#53                         chess[cx][cy] = 1;
#54                     } else {
#55                         g.setColor(Color.white);     //白棋
#56                         chess[cx][cy] = 2;
#57                     }
```

```
#58                              g.fillOval(sx+cx*w-w/2+1, sy+cy*w-w/2 +1, w-2, w-2);
#59                              player = (player + 1) % 2;          //黑白方轮流下子
#60                              g.setXORMode(chessBoard.this.getBackground());
#61                              g.setColor(Color.red);              //用异或方式绘制小游标
#62                              g.fillRect(sx+cx*w-w/4, sy+cy*w-w/4, w/2, w/2);
#63                          }
#64                      }
#65              });
#66          }
#67
#68          public void paint(Graphics g) {
#69              for (int k = 0; k < 19; k++)                        //绘制棋盘
#70                  g.drawLine(sx, sy + k * w, sx + w * 18, sy + k * w);
#71              for (int k = 0; k < 19; k++)
#72                  g.drawLine(sx + k * w, sy, sx + k * w, sy + w * 18);
#73              for (int i = 0; i < chess.length; i++)              //绘制棋盘上所有棋子
#74                  for (int j = 0; j < chess[0].length; j++) {
#75                      if (chess[i][j] == 1) {
#76                          g.setColor(Color.black);
#77                          g.fillOval(sx + i * w - w/2 + 1, sx + j * w - w/2 + 1,
#78                              w - 2, w - 2);
#79                      } else if (chess[i][j] == 2) {
#80                          g.setColor(Color.white);
#81                          g.fillOval(sx + i * w - w/2 + 1, sx + j * w - w/2 + 1,
#82                              w - 2, w - 2);
#83                      }
#84                  }
#85              g.setXORMode(this.getBackground());        //用异或方式绘制小游标
#86              g.setColor(Color.red);
#87              g.fillRect(sx+cx*w - w / 4, sy+cy*w - w / 4, w / 2, w / 2);
#88          }
#89      }
```

程序的运行结果如图 11-14 所示。

图 11-14　围棋对弈布局设计

　　【说明】程序第 36～46 行处理鼠标移动事件，解决鼠标位置跟踪问题；第 47～66 行处理鼠标单击事件，解决在当前游标位置下一颗棋子的显示和记录问题。在这两段程序中均是通过 getGraphics()方法获取画笔进行图形绘制，而不是调用 repaint()方法实现绘制，其好处是避免画面闪烁。

11.4.2　键盘事件

　　键盘事件包含 3 个，分别对应 KeyEvent 类的几个同名的静态整型常量 KEY_PRESSED、KEY_RELEASED、KEY_TYPED。相应地，与 KeyEvent 事件相对应的监听者接口是 KeyListener，其中包括 3 个键盘事件对应的抽象方法。

- □　public void keyPressed(KeyEvent e)：某键被按下时执行。
- □　public void keyReleased(KeyEvent e)：某键被释放时执行。
- □　public void keyTyped(KeyEvent e)：keyTyped 包含 keyPressed 和 keyReleased 两个动作，指按键被敲击。

　　【例 11-9】　实现可变色小方框的移动及变色。通过键盘的方向键可控制小方框的移动，通过字母键 B、G 等可更改小方框的颜色。

　　程序代码如下：

```
#01    import java.awt.*;
#02    import java.awt.event.*;
#03    public class KeyboardDemo extends Frame implements KeyListener{
#04        static final int SQUARE_SIZE = 20;        //小方框的边长
#05        Color squareColor;                         //小方框的颜色
#06        int squareTop, squareLeft;                 //小方框的左上角坐标
#07
#08        public KeyboardDemo() {
#09            squareTop = 100;                       //初始小方框位置
#10            squareLeft = 100;
#11            squareColor = Color.red;               //初始颜色设置为红色
#12            addKeyListener(this);                  //注册键盘事件监听
#13            repaint();
#14        }
#15
#16        public void paint(Graphics g) {
#17            g.setColor(squareColor);
#18            g.fillRect(squareLeft, squareTop, SQUARE_SIZE, SQUARE_SIZE);
#19        }
#20
#21        /* 用键盘控制小方框颜色的改变 */
#22        public void keyTyped(KeyEvent evt) {
#23            char ch = evt.getKeyChar();            //获取输入字符
#24            if (ch == 'B' || ch == 'b') {
#25                squareColor = Color.blue;
#26                repaint();
#27            } else if (ch == 'G' || ch == 'g') {
```

```
#28                    squareColor = Color.green;
#29                    repaint();
#30                } else if (ch == 'R' || ch == 'r') {
#31                    squareColor = Color.red;
#32                    repaint();
#33                }
#34        }
#35
#36        /*  用键盘控制小方框的移动  */
#37        public void keyPressed(KeyEvent evt) {
#38            int key = evt.getKeyCode();              //获取按键编码
#39            if (key == KeyEvent.VK_LEFT) {           //按键为左箭头
#40                squareLeft -= 8;
#41                if (squareLeft < 3)
#42                    squareLeft = 3;
#43                repaint();
#44            } else if (key == KeyEvent.VK_RIGHT) {   //按键为右箭头
#45                squareLeft += 8;
#46                if (squareLeft > getWidth() - 3 - SQUARE_SIZE)
#47                    squareLeft = getWidth() - 3 - SQUARE_SIZE;
#48                repaint();
#49            } else if (key == KeyEvent.VK_UP) {      //按键为向上箭头
#50                squareTop -= 8;
#51                if (squareTop < 23)
#52                    squareTop = 23;
#53            repaint();
#54            } else if (key == KeyEvent.VK_DOWN) {    //按键为向下箭头
#55                squareTop += 8;
#56                if (squareTop > getHeight() - 3 - SQUARE_SIZE)
#57                    squareTop = getHeight() - 3 - SQUARE_SIZE;
#58                repaint();
#59            }
#60        }
#61
#62        public void keyReleased(KeyEvent evt) {  }
#63
#64        public static void main(String args[ ]) {
#65            Frame x = new KeyboardDemo();
#66            x.setSize(300, 250);
#67            x.setVisible(true);
#68        }
#69    }
```

图 11-15 所示为程序运行状况。

【说明】为了处理键盘事件，需要给窗体注册
keyListener，在监听者中根据需要对 3 个事件处理
方法进行编程。这里，将按输入字符更改小方框颜
色的处理放在第 22～34 行定义的 keyTyped()方法
中，通过 KeyEvent 事件对象的 getKeyChar()方法获
取输入字符；而将方向键的处理代码安排在第 37～

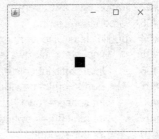

图 11-15　用键盘控制小方框移动和变色

60 行定义的 keyPressed()方法中，以保证按下方向键即可移动小方框，通过 getKeyCode()方法获取按键编码，KeyEvent 中定义了特殊按键对应的常量，用于按键的判定。

【注意】可以将本程序的 keyTyped 代码放到 keyPressed()方法中，程序运行结果一样，但不能将 keyPressed 代码放到 keyTyped()中，这是因为各种控制键按下时，不产生 keyTyped 事件，所以对控制键的编程用 keyPressed()或 keyReleased()方法；而字符键按下时则 3 个方法均会执行，可选择一个方法进行处理。

【例 11-10】 扫雷游戏设计。

扫雷游戏是 Windows 应用中常见的一个游戏。扫雷游戏中的每个方格都可用一个按钮来表示，若干方格布置有地雷，扫雷过程就是不断发现含有地雷的方格。当单击的按钮周围有地雷时，则按钮上标识出地雷的数量；当单击的按钮周边没有地雷时，则认为这是一个空白位置。按照游戏规则，在单击到空白位置时，要把与该空白位置毗连的所有空白区域显示出来，在这个过程中，还要在周边有地雷的那些按钮上标注出其周边地雷数量。这样，游戏玩家可以不断根据显示的信息来判定地雷的位置。

应用设计分若干部分进行考虑，首先考虑应用界面的实现，可用按横竖排列的若干按钮来对应游戏中的方格；然后考虑如何表达游戏过程中的进展状态信息，引入一些数组来记录每个扫雷方格所对应的相关信息。

1. 窗体界面设计与数据表示

应用中将棋盘的大小定义为常量，实例变量 mineCount 记录地雷总数。首先，操作按钮可以通过一个 Button 类型的二维数组来记录。其次，为表达棋盘上布雷的状况，需要引入一个二维整型数组 mine，登记某位置是否有地雷，有地雷位置对应的数组元素值为 1，无地雷位置对应的数组元素值为 0。再次，引入一个二维字符数组 show，用来存放当前棋局探测过程中得到的相关信息，并根据其记录的信息在棋盘按钮上进行显示。假定未探明区域的对应值为"*"，有地雷位置设置为"$"，已探明的非雷区域分别用"数字字符"（代表周边地雷数量）和"S"（代表该位置为空白）来表示。为了简化边界上的判定处理，将数组的边界定得大一些，mine 和 show 两个数组在棋盘内容的基础上行和列均增加了 2。存放操作按钮的 b 数组则在棋盘大小基础上增加 1，该数组下标为 0 的元素实际上空置未用。

程序代码如下：

```
#01    import java.awt.*;
#02    import java.awt.event.*;
#03    import javax.swing.*;
#04    public class Discovery extends Frame implements ActionListener {
#05        final static int rows = 10;                              //不妨将空间定为 10 行 10 列
#06        final static int cols = 10;
#07        Button b[][] = new Button[rows + 1][cols + 1];           //操作按钮数组
#08        int space = rows * cols;                                 //格子数量
#09        int mine[][] = new int[rows + 2][cols + 2];              //记录地雷部署的数组
#10        int mineCount;                                           //地雷总数
```

```
#11              char show[][] = new char[rows + 2][cols + 2];              //记录棋盘探测状况的数组
#12
#13         public Discovery() {
#14              setLayout(new GridLayout(rows, cols));                     //采用网格布局
#15              for (int i = 0; i < rows + 2; i++)                         //数组初始化
#16                   for (int j = 0; j < cols + 2; j++) {
#17                        mine[i][j] = 0;
#18                        show[i][j] = '*';
#19                   }
#20              for (int i = 1; i <= rows; i++)
#21                   for (int j = 1; j <= cols; j++) {
#22                        b[i][j] = new Button("");                        //按钮上标签置为空
#23                        add(b[i][j]);
#24                        b[i][j].setActionCommand(i + "," + j);            //设置按钮的命令名
#25                        b[i][j].addActionListener(this); //注册事件监听
#26                   }
#27              setSize(400, 400);
#28              setVisible(true);
#29              setMines(5 + (int) (Math.random() * 6));                  //布置 5~10 个地雷
#30         }
#31
#32         public static void main(String args[ ]) {
#33              new Discovery();
#34         }
#35         ......  //其他方法设计见后面介绍
#36    }
```

【说明】该段代码中包括属性设置，在窗体的构造方法中完成应用的初始布局设置。第 15~19 行的二重循环完成 mine 和 show 两个数组的初始化。第 20~26 行的二重循环完成界面中所有按钮的创建和事件注册，其中，第 24 行将按钮的命令名称设置融入了行列位置值，这点很重要，后面处理事件要依据这个信息来判定按钮的位置。第 29 行调用接下来要介绍的 setMines()方法进行随机布雷。事件处理过程中要调用的其他方法设计将在后面介绍。

2. 设置地雷的方法 setMines()

利用随机数确定布雷位置，已布雷位置要对 mine 和 show 两个数组进行赋值，循环处理，直到布好指定数量的地雷。注意随机数的范围，代表行的 x 的取值范围是 1~rows，代表列的 y 的取值范围是 1~cols。

程序代码如下：

```
#01    void setMines(int mineNumber) {      //布雷
#02         while (mineNumber > 0) {
#03              int x = (int)(Math.random() * 100) % rows + 1;
#04              int y = (int)(Math.random() * 100) % cols + 1;
#05              if (mine[x][y] == 0) {        //无雷位置均可布雷
#06                   mine[x][y] = 1;
#07                   show[x][y] = '$';
```

```
#08                    mineNumber--;
#09            }
#10        }
#11    }
```

3．判定是否赢得游戏的方法 isWin()

算法思想是检查整个 show 数组，用循环来统计是否所有未探明位置均为地雷。如果 show 数组中剩余的"*"号数量等于地雷个数，则说明剩下的全部是地雷，玩家赢。

程序代码如下：

```
#01    boolean isWin() {
#02        int count = 0;
#03        for (int i = 1; i <= rows; i++)
#04            for (int j = 1; j <= cols; j++)
#05                if (show[i][j] == '*')
#06                    count++;
#07        return mineCount == count;
#08    }
```

4．结局时显示地雷情况的方法 displayMines()

算法思想是检查整个 mine 数组，如果某个位置为 1，则对应位置按钮的标签显示字符 Q。为了区分是触雷还是扫雷胜利情形，方法传入了对应被单击按钮的位置参数，如果是触雷情形则对应按钮的背景设置为红色，而其他有雷位置的按钮背景设置为绿色。

程序代码如下：

```
#01    void displayMines(int x, int y) {
#02        for (int i = 1; i <= rows; i++)
#03            for (int j = 1; j <= cols; j++)
#04                if (mine[i][j] == 1) {              //是否有地雷位置
#05                    b[i][j].setLabel("Q");
#06                    if (i == x && j == y)           //说明触雷
#07                        b[i][j].setBackground(Color.red);
#08                    else
#09                        b[i][j].setBackground(Color.green);
#10                }
#11    }
```

5．获取指定位置周边地雷数量的方法 getRoundMine()

每个按钮周边共有 8 个位置，由于在设计数组时将数组的大小设置得比实际棋盘大，因此即便是棋盘边界外一圈也有元素。mine 数组用数字 1 和 0 来标记相应位置是否为地雷，所以将 mine[x][y]处的周边元素值进行累加，便可得到周边地雷数量。

程序代码如下：

```
#01    int getRoundMine( int x, int y);  //获取 x，y 处周围地雷的个数
#02    {
#03        return   mine[x - 1][y - 1] + mine[x - 1][y] + mine[x - 1][y + 1]
```

```
#04                    + mine[x][y - 1]    +    mine[x][y + 1]
#05                    + mine[x + 1][y + 1] + mine[x + 1][y] + mine[x + 1][y - 1] ;
#06    }
```

6. 空白毗连区域的展开显示处理方法 openShow()

这是扫雷软件设计中最难的点，算法目标是要将所有空白毗连区域找出来。不妨将查找空白毗连区域的过程称为展开处理过程，关键是要设置好已展开处理过位置的 show 数组元素值。当展开处理考虑某个位置时，如果其周边地雷数量大于 0，则说明该位置是展开区域的边界，只需要在此位置标注周边地雷数量；否则，说明该位置属于空白展开区域，要进行空白标记，同时要对其周边位置的元素逐个递归套用展开处理方法进行处理。有了递归，空白毗连区域的展开操作就变得简单了，该算法可称为递归处理的经典之作。

程序代码如下：

```
#01    void openShow(int x, int y)              //展开处理方法
#02    {
#03        if (x >= 1 && x <= rows && y >= 1 && y <= cols && mine[x][y] != 1
#04            && show[x][y] == '*') {
#05            if (getRoundMine(x, y) > 0) {
#06                show[x][y] = (char)(getRoundMine(x, y) + '0');
#07                                            //周边地雷数量标注
#08                b[x][y].setLabel("" + show[x][y]);
#09            } else {
#10                show[x][y] = 'k';            //该位置为空白区
#11                b[x][y].setBackground(Color.pink);
#12                openShow(x - 1, y - 1);      //递归处理周边位置
#13                openShow(x - 1, y);
#14                openShow(x - 1, y + 1);
#15                openShow(x, y + 1);
#16                openShow(x, y - 1);
#17                openShow(x + 1, y - 1);
#18                openShow(x + 1, y);
#19                openShow(x + 1, y + 1);
#20            }
#21        }
#22    }
```

【说明】第 3 行的条件限制了递归处理的边界，这个边界条件有些复杂，实际上，编写递归程序时要特别注意边界条件的处理，避免导致无限递归。这里的条件可限制二维数组中仅对有按钮的范围进行处理，并要求相应位置没有布雷以及先前没有处理过。第 6~8 行给按钮标注周边地雷数量。第 10~19 行找出空白毗连区域，将相应区域的按钮显示为粉红色。

7. 按钮单击的事件处理

本应用与用户的交互是由按钮单击的事件处理完成的。事件处理的关键是要清楚单击格子对应的位置信息，所以前面构造的方法中给按钮安排的命令名是以格子的坐标位置来取名的。

程序代码如下：

```
#01    public void actionPerformed(ActionEvent e) {
#02        String s[] = e.getActionCommand().split(",");
#03        int x = Integer.parseInt(s[0]);                  //获取按钮位置信息
#04        int y = Integer.parseInt(s[1]);
#05        if (mine[x][y] == 0)                             //如果没有触雷
#06        {
#07            if (show[x][y] != '*')
#08                return;                                  //已处理过的按钮不再处理
#09            int num = getRoundMine(x, y);                //获取周边地雷数
#10            if (num != 0) {
#11                show[x][y] = (char)('0'+ num) ;          //记录周边雷数信息
#12                b[x][y].setLabel("" + show[x][y]);       //显示周边雷数
#13            } else {
#14                openShow(x, y);                          //调用展开处理函数
#15            }
#16            if (isWin()) {
#17                displayMines(x, y);
#18                JOptionPane.showMessageDialog(null, "you win");
#19                System.exit(0);
#20            }
#21        } else                                           //触雷了
#22        {
#23            displayMines(x, y);
#24            JOptionPane.showMessageDialog(null, "you lost");
#25            System.exit(0);
#26        }
#27    }
```

　　【说明】第 2～4 行将单击按钮的位置信息分离出来，第 5 行判断是否触雷，如果触雷则在第 23 行调用 displayMines()方法显示所有地雷分布；如果没触雷，则首先在第 9 行调用 getRoundMine()方法探测单击按钮的周边地雷数量，若周边有地雷，则通过第 11～12 行进行数字标注，否则，说明是空白区域，调用 openShow()方法进行展开处理，如图 11-16 所示。第 16 行调用 isWin()方法判断是否胜利，取胜也会调用 displayMines()方法显示所有地雷分布。图 11-17 给出了扫雷过程中触雷情形的屏幕显示。

图 11-16　单击按钮显示毗连空白区域和地雷数量标注

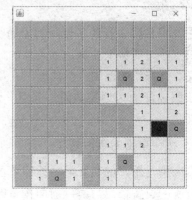

图 11-17　触雷时显示地雷分布

习　　题

1. 选择题

（1）以下叙述正确的有（　　　）。

    A. 如果一个部件注册多个监听者，事件只会被最后一个监听者处理

    B. 如果一个部件注册多个监听者，事件将被所有监听者处理

    C. 一个部件注册多个监听者将导致编译出错

    D. 可以将一个部件已注册的监听者移去

（2）Frame 默认的布局管理器是（　　　）。

    A. FlowLayout　　　　B. BorderLayout　　　　C. GridLayout　　　　D. CardLayout

（3）下列（　　　）方法可以改变按钮的颜色。

    A. setColor()　　　　　　　　　　　　B. setBackground()

    C. getBackground()　　　　　　　　　　D. setForeground()

（4）新创建的 Frame 是不可见的，使用（　　　）方法可使其可见。

    A. setSize(300,200)　　　　　　　　　B. setVisible(true)

    C. dispose()　　　　　　　　　　　　D. repaint()

（5）填入程序中横线处的正确代码是（　　　）。

```java
import java.awt.*;
import java.awt.event.*;
public class Test _____ {
  public static void main(String a[ ]) {
    Frame x=new Frame();
    x.addWindowListener(new Test());
    x.setSize(100,100);
    x.setVisible(true);
  }
  public void windowClosing(WindowEvent e) {
    System.exit(1);
  }
}
```

    A. extends WindowListener　　　　　　B. extends WindowAdapter

    C. implements WindowListener　　　　　D. implements WindowAdapter

2. 编程题

（1）编写窗体应用程序，实现人民币与欧元的换算。在两个文本框中分别输入人民币值和汇率，单击"转换"按钮，在结果标签中显示欧元值，单击窗体的关闭图标可实现窗体的关闭。

（2）编写窗体应用程序，统计一个文本域输入文本的行数、单词数和字符数。可在图形界面中安排一个按钮、一个文本域和一个标签，单击按钮开始统计，在标签中显示结果。

（3）设有一批英文单词存放在一个数组中，编制一个图形界面程序浏览单词。在界面中安排一个标签显示单词，另有"上一个"和"下一个"两个按钮实现单词的前后翻动。

（4）编写数字的英文单词显示程序，窗体中安排一个文本框、一个按钮和一个标签，在文本框中输入一个数字（0～9），单击按钮将其对应的英文单词（如 zero、one、two 等）显示在标签中。若进一步扩展数据的范围（如 0～100），如何修改程序实现翻译？

（5）利用鼠标事件实现一个用拉橡皮筋方式绘制直线的程序。按下鼠标左键的位置为始点，拖动鼠标至终点，在始点和终点之间绘制直线。在拖动鼠标的过程中，总在始点和鼠标位置绘制直线，但只有最后释放鼠标时所得直线为最终需要的直线。

（6）利用随机函数产生 20～50 根火柴，由人与计算机轮流拿，假设每次拿的数量不超过 3 根，拿到最后一根为胜。编写一个图形界面应用程序实现游戏的交互。

（7）在一块画布上绘制 19 行 19 列的围棋棋盘，利用鼠标事件处理实现一个五子棋人机对弈程序。每次运行随机决定谁先落子。

第 12 章　流式输入/输出与文件处理

本章知识目标：
- ❑ 熟悉输入流与输出流、字节流与字符流、过滤流的概念。
- ❑ 了解字节输入/输出流的继承层次，重点掌握 InputStream、FileInputStream、DataInputStream 类及其对应的字节输出流的使用。
- ❑ 了解面向字符的输入流和输出流的继承层次，重点掌握 FileReader 和 FileWriter 类的使用。
- ❑ 了解转换流（InputStreamReader、OutputStreamWriter）的使用。
- ❑ 理解对象串行化与 Serializable 接口的关系，掌握用对象输入流（ObjectInputStream）和对象输出流（ObjectOutputStream）实现串行化编程处理的方法。
- ❑ 了解用 File 类获取文件属性、管理文件和目录的方法。
- ❑ 掌握随机访问文件的使用。

输入/输出是程序与用户之间沟通的桥梁，输入功能可以使程序从外界获取数据，输出功能则可以将程序的运算结果等信息传递给外界。Java 的输入/输出是以流的方式来处理的。文件是常用的数据持久存储形式，本章的重点是对文件的读写访问处理。

12.1　输入/输出基本概念

1. 输入/输出设备与文件

外部设备分为两类：存储设备与输入/输出设备。存储设备包括硬盘、软盘、光盘等，在这类设备中，数据以文件的形式进行组织。输入/输出设备分为输入设备和输出设备，输入设备有键盘、鼠标、扫描仪等，输出设备有显示器、打印机、绘图仪等。在操作系统中，可将输入/输出设备看作一类特殊文件，从数据操作的角度讲，文件内容可以被看作字节的序列。根据数据的组织方式，文件可以分为文本文件和二进制文件，文本文件存放的是 ASCII 码（或其他编码）表示的字符，而二进制文件则是具有特定结构的字节数据。

2. 流的概念

Java 的输入/输出是以流的方式来处理的，流是输入/输出操作中流动的数据系列；流系列中的数据有未经加工的原始二进制数据，也有经过特定包装过滤处理的格式数据。流式输入、输出的特点是数据的获取和发送均沿数据序列顺序进行，如图 12-1 所示。

图 12-1　流的顺序访问特性

从图 12-1 可以看出，输出流是向存储介质或数据通道中写入数据，而输入流是从存储介质或数据通道中读取数据。流具有以下特性。

（1）先进先出：最先用输出流写入存储介质的数据最先被输入流读取。

（2）顺序存取：写入和读出数据均按顺序逐个字节进行，不能随机访问中间的数据。

（3）只读或只写：每个流只能是输入流或输出流的一种，不能同时具备两个功能，在一个数据传输通道中，如果既要写入数据，又要读数据，则要分别提供两个流。

在 Java 的输入/输出类库中，提供有各种不同的流类以满足不同性质的输入/输出需要。Java API 提供了两套流来处理输入/输出，一套是面向字节的流，数据的处理以字节为基本单位；另一套是面向字符的流，用于字符数据的处理。这里特别注意，为满足字符的国际化表示要求，Java 的字符编码采用的是用 16 位表示一个字符的 Unicode 码，而普通的文本文件中采用的是 8 位的 ASCII 码。

Java 提供了专门实现输入/输出功能的包 java.io，其中包括 5 个非常重要的类，即 InputStream、OutputStream、Reader、Writer 和 File。其他与输入/输出有关的类均是这 5 个类的扩展。

针对一些频繁的设备交互，Java 系统预先定义了如下 3 个可以直接使用的流对象。

❑ 标准输入（System.in）：InputStream 类型，通常代表键盘输入。

❑ 标准输出（System.out）：PrintStream 类型，通常写往显示器。

❑ 标准错误输出（System.err）：PrintStream 类型，通常写往显示器。

标准输入/输出在实际运行时的具体目标对象也可能发生变化，System 类中提供了如下方法重新设置标准流对象。

❑ static void setIn(InputStream in)：重新设置标准输入流。

❑ static void setErr(PrintStream err)：重新设置标准错误输出流。

❑ static void setOut(PrintStream out)：重新设置标准输出流。

在 Java 中使用字节流和字符流的步骤基本相同，以输入流为例，首先创建一个与数据源相关的流对象，然后利用流对象的方法从流输入数据，最后执行 close()方法关闭流。

12.2　文件与目录操作

输入/输出中最常见的是对磁盘文件的访问，Java 提供了 File 类，通过该类的方法可获得文件的信息以及进行文件的复制、删除、重命名等操作，目录管理也由 File 对象实现。

1. 创建 File 对象

File 类的构造方法有多种形态。

（1）File(String path)：path 用于指定文件的路径标识，包括文件路径及文件名。文件路径可以是绝对路径，也可以是相对路径。绝对路径的格式为"盘符:\目录路径\文件名"。在 DOS 环境下调试程序，文件的相对路径是相对于 DOS 的当前目录。在 Eclipse 工程中，文件的相对路径是相对于工程根目录的一个路径。

例如：

```
File myFile = new File("c:\\java\\Test.java");
```

（2）File(String path,String name)：两个参数分别提供路径和文件名。

例如：

```
myFile = new File("/java","MyFrame.java");
```

（3）File(File dir,String name)：利用已存在的 File 对象的路径定义新文件的路径，第 2 个参数为文件名。

值得一提的是，不同平台下路径的分隔符可能不一样，如果应用程序要考虑跨平台的情形，可以使用 System.dirSep 这个静态属性来给出分隔符。

2. 获取文件或目录属性

借助 File 对象，可以获取文件和相关目录的属性信息。以下为常用的方法。

❑ String getName()：返回文件名。

❑ String getPath()：返回文件或目录路径。

❑ String getAbsolutePath()：返回绝对路径。

❑ String getParent()：获取文件所在目录的父目录。

❑ boolean exists()：文件是否存在。

❑ boolean canWrite()：文件是否可写。

❑ boolean canRead()：文件是否可读。

❑ boolean isFile()：是否为一个正确定义的文件。

❑ boolean isDirectory()：是否为目录。

❑ long lastModified()：求文件的最后修改日期。

❑ long length()：求文件长度。

3. 文件或目录操作

借助 File 对象，可实现对文件和目录的增、删、改、查。以下为常用的方法。

❑ boolean mkdir()：创建当前目录的子目录。

❑ String[] list()：列出目录中的文件。

❑ File[] listFiles()：得到目录下的文件列表。

❑ boolean renameTo(File newFile)：重命名文件。

❑ boolean delete()：删除文件。

❑ boolean equals(File f)：比较两个文件或目录是否相等。

【例 12-1】　显示某目录下所有子目录和文件信息。

程序代码如下：

```
#01    import java.io.File;
#02    import java.util.Scanner;
#03    public class DirList {
#04        public static void main(String args[ ]) {
#05            Scanner scan = new Scanner(System.in);
#06            System.out.print("请输入目录路径?");
#07            String filepath = scan.nextLine();
#08            File f = new File(filepath);
#09            if (f.exists()) {
#10                File files[ ] = f.listFiles();
#11                for (var file : files) {
#12                    System.out.printf("%-16s%8s\n",file.getName(),
#13                        (file.isDirectory() ? "目录" : "文件"));
#14                }
#15            } else {
#16                System.out.println("目录不存在！");
#17            }
#18        }
#19    }
```

【说明】第 8 行根据输入的目录信息构建 File 对象。第 9 行判断目录是否存在。第 10 行获取目录下所有文件项。第 11～14 行通过循环将目录下所有 File 对象的信息显示出来，包括 File 对象对应的文件名称以及 File 对象是目录还是文件的信息。

12.3　面向字节的输入/输出流

12.3.1　面向字节的输入流

1. InputStream 类介绍

面向字节的输入流类都是 InputStream 类的子类，如图 12-2 所示。InputStream 类是一个抽象类，定义了如下方法。

❑ public int read()：读一个字节，返回读到字节的 int 表示方式，读到流的末尾时返回-1。

❑ public int read(byte b[ ])：读多个字节到字节数组，返回结果为读到的实际字节个数，当输入流中无数据可读时返回-1。

❑ public int read(byte[ ] b, int off, int len)：从输入流读指定长度的数据到字节数组，数据从字节数组的 off 处开始存放，当输入流中无数据可读时返回-1。

❑ public long skip(long n)：指针跳过 n 个字节，定位输入位置指针的方法。

❑ public void mark()：在当前位置指针处做标记。

❑ public void reset()：将位置指针返回标记处。
❑ public void close()：关闭流。

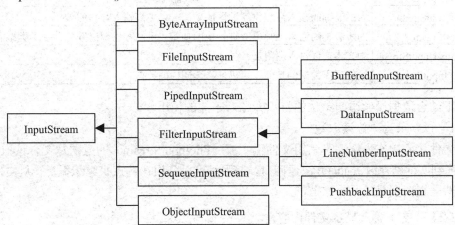

图 12-2　面向字节的输入流类的继承层次

　　数据的读取通常按照顺序逐个字节进行访问，在某些特殊情况下要重复处理某个字节，可通过 mark()加标记，以后用 reset()返回该标记处再处理。

　　后面介绍的案例主要针对文件的操作，也就是要用到 FileInputStream。

FileInputStream 的构造方法有如下两种。

❑ public FileInputStream(String file) throws FileNotFoundException。
❑ public FileInputStream(File file) throws FileNotFoundException。

第一种构造方法是以字符串标识文件，第 2 种构造方法是以 File 对象标识文件。

2．InputStream 类的子类使用

　　InputStream 类的主要子类及说明如表 12-1 所示，其中过滤输入流类 FilterInputStream 是一个抽象类，没有提供实质的过滤功能，其子类中定义了具体的过滤功能，如表 12-2 所示。

表 12-1　InputStream 类的主要子类及说明

类　　名	构造方法的主要参数	功　能　描　述
ByteArrayInputStream	字节数组	以程序中的一个字节数组作为输入源，通常用于对字节数组中的数据进行转换
FileInputStream	类 File 的对象或字符串表示的文件名	以文件作为数据源，用于实现对磁盘文件中数据的读取
PipedInputStream	PipedOutputStream 的对象	与另一输出管道相连，读取写入输出管道中的数据，用于程序中的线程间通信
FilterInputStream	InputStream 的对象	用于装饰另一输入流，以提供对输入数据的附加处理功能，其子类如表 12-2 所示
SequeueInputStream	一系列 InputStream 的对象	将两个其他流首尾相接，合并为一个完整的输入流
ObjectInputStream	InputStream 的对象	用于从输入流读取串行化对象，可实现轻量级对象持久性

表 12-2　FilterInputStream 类的常见子类及说明

类　　名	功 能 描 述
BufferedInputStream	为所装饰的输入流提供缓冲区的功能，以提高输入数据的效率
DataInputStream	为所装饰的输入流提供数据转换的功能，可从数据源读取各种基本类型的数据
LineNumberInputStream	为文本文件输入流附加行号
PushbackInputStream	提供回压数据的功能，可以多次读同样的数据

以下结合数据操作访问单位的特点介绍若干流的使用。

（1）以字节为单位读取数据。

以文件访问操作为例，可利用文件输入流（FileInputStream）的方法从文件读取数据。
注意，读到文件结尾时 read()方法返回-1，编程时可以利用该特点来组织循环，从文件的第
一个字节一直读到最后一个字节。

【例 12-2】　在屏幕上显示文件内容。

程序代码如下：

```
#01    import java.io.*;
#02    public class DisplayFile {
#03       public static void main(String args[ ]) {
#04         try {
#05             FileInputStream infile = new FileInputStream(args[0]);
#06             int byteRead = infile.read( );
#07             while (byteRead!=-1) {                    //判断是否读到文件的末尾
#08                System.out.print((char)byteRead);       //将字节转换为字符显示
#09                byteRead = infile.read();
#10             }
#11         }
#12         catch(ArrayIndexOutOfBoundsException e) {
#13             System.out.println("要一个文件名作为命令行参数!"); }
#14         catch(FileNotFoundException e) {
#15             System.out.println("文件不存在!"); }
#16         catch(IOException e) { }
#17       }
#18    }
```

【说明】从命令行参数获取要显示的文件的名称，利用 FileInputStream 的构造方法建
立对文件进行操作的输入流，利用循环从文件逐个字节读取数据，将读到的数据转换为字
符显示在屏幕上。运行程序不难发现，本程序可查看文本文件的内容，但如果输入的文件
是二进制文件（如 Java 程序的 class 文件等），则看到的是乱码，因为二进制文件中的数
据不是字符，强制转换为字符是没有意义的。

也可以用第 2 章介绍的 Scanner 类来处理文件数据，将 FileInputStream 对象作为 Scanner
的扫描对象，以下程序显示文本文件的内容时不会出现汉字的乱码问题。

```
import java.io.FileInputStream;
import java.util.Scanner;
public class TypeFile {
```

```
public static void main(String args[ ]) {
    try {
        FileInputStream infile = new FileInputStream("TypeFile.java");
        Scanner scan = new Scanner(infile);
        String s;
        while ((s = scan.nextLine())!=null) {        //逐行读数据
            System.out.println(s);                    //输出一行内容
        }
    } catch (Exception e) { }
}
```

以上代码逐行从文件中读取数据进行显示，当遇到文件末尾无数据可读时将产生异常。在 Eclipse 环境中运行该程序时，一定要将要读的源文件复制到工程的根目录下。

（2）以数据类型为单位读取数据。

DataInputStream 类实现了 DataInput 接口，DataInput 接口规定了基本类型数据的读取方法，常用方法如下。

- ❑ byte readByte()：从输入流读取一个字节构成的 byte 类型值。
- ❑ booelan readBoolean()：从输入流读一个字节，如果该字节不为 0，返回 true，否则返回 false。
- ❑ short readShort()：从输入流读取 2 个字节构成的短整数值。
- ❑ char readChar()：从输入流读取 2 个字节构成的字符值。
- ❑ int readInt()：从输入流读取 4 个字节构成的整数值。
- ❑ long readLong()：从输入流读取 8 个字节构成的长整数值。
- ❑ float readFloat()：从输入流读取 4 个字节构成的 float 类型数据。
- ❑ double readDouble()：从输入流读取 8 个字节构成的 double 类型数据。
- ❑ String readUTF()：按 UTF-8 编码从输入流读取一个字符串。

12.3.2 面向字节的输出流

面向字节的输出流类都是 OutputStream 类的子类，如图 12-3 所示。OutputStream 类是一个抽象类，含一套所有输出流均需要的方法。

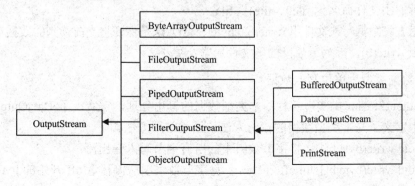

图 12-3　面向字节的输出流类的继承层次

- ❑ public void write(int b)：将参数 b 的低字节写入输出流。
- ❑ public void write(byte b[ ])：将字节数组全部写入输出流。
- ❑ public void flush()：强制将缓冲区数据写入输出流对应的外设。
- ❑ public void close()：关闭输出流。

其中，PrintStream 提供了常用的 print()、printIn()、printf()等方法。

1．以字节为单位写入数据

【例 12-3】　将一个大文件分拆为若干小文件。

程序代码如下：

```
#01   import java.io.*;
#02   public class BigToSmall {
#03      public static void main(String args[ ]) {
#04         FileInputStream infile;                      //大文件
#05         FileOutputStream outfile;                    //小文件
#06         int number=0;
#07         final int size=Integer.parseInt(args[1]);    //小文件大小
#08         byte[ ] b = new byte[size];                  //创建一个字节数组存放读取的数据
#09          try {
#10             infile = new FileInputStream(args[0]); //大文件
#11             while (true) {
#12             int byteRead=infile.read(b);          //从文件读数据给字节数组
#13             if (byteRead==-1)                     //在文件尾无数据可读
#14                break;                             //退出循环
#15             outfile = new FileOutputStream("file"+number); //创建小文件
#16             number++;
#17             outfile.write(b,0,byteRead);          //将读到的数据写入小文件
#18             outfile.close( );
#19          }
#20         }
#21         catch(IOException e) { }
#22      }
#23   }
```

【说明】运行程序需要输入两个参数，一个是要分拆的大文件名，另一个是小文件的大小。分拆的小文件命名为 file0、file1、file2……

【注意】将数据写入文件用 write(b,0,byteRead)方法是保证将当前读到的数据写入文件，不能直接用 write(b)，因为最后读的子文件通常会更小。

2．以数据类型为单位写入数据

DataOutputStream 类实现各种基本类型数据的输出处理，它实现了 DataOutput 接口，在该接口中定义了基本类型数据的输出方法。该类常用方法如下。

- ❑ void write(byte b[])：将字节数组中的所有字节写入输出流。
- ❑ void write(byte b[], int off, int len)：将字节数组中从偏移量 off 开始的 len 个字节写入输出流。

❑ void writeBoolean(boolean v)：将布尔数据写入输出流。

❑ void writeByte(int v)：将整数的最低一个字节数据写入输出流。

❑ void writeShort(int v)：将整数的两个低字节数据写入输出流。

❑ void writeChar(int v)：将字符的双字节数据写入输出流。

❑ void writeInt(int v)：将整数写入输出流。

❑ void writeLong(long v)：将长整数写入输出流。

❑ void writeFloat(float v)：将单精度浮点数据写入输出流。

❑ void writeDouble(double v)：将双精度值数据写入输出流。

❑ void writeBytes(String s)：将字符串中各字符的低字节数据写入输出流。

❑ void writeChars(String s)：将字符串中各字符的双字节数据写入输出流。

❑ void writeUTF(String s)：将字符串中各字符按 UTF-8 编码表示写入输出流。

以下结合一个文件写入的例子演示基本类型数据的读写访问处理。

【例 12-4】 找出 10～100 的所有姐妹素数，写入文件中。所谓姐妹素数，是指相邻两个奇数均为素数。

程序代码如下：

```
#01    import java.io.*;
#02    public class FindSisterPrime {
#03        /*  判断一个数是否为素数，是返回 true，否则返回 false */
#04        public static boolean isPrime(int n) {
#05            for (int k=2;k<=Math.sqrt(n);k++) {
#06                if (n%k==0)
#07                    return false;
#08            }
#09            return true;
#10        }
#11
#12        public static void main(String[ ] args) {
#13            try {
#14                FileOutputStream file = new    FileOutputStream("x.dat");
#15                DataOutputStream out=new    DataOutputStream(file);
#16                for (int n=11;n<100;n+=2) {
#17                    if (isPrime(n) && isPrime(n+2)) {      //两个相邻奇数是否为素数
#18                        out.writeInt(n);                   //将素数写入文件
#19                        out.writeInt(n+2);
#20                    }
#21                }
#22                out.close( );
#23            } catch (IOException e) { };
#24        }
#25    }
```

【说明】第 14 行创建了一个 FileOutputStream 文件输出流，如果对应名称的文件不存在，系统会自动新建文件。第 15 行对 FileOutputStream 进行包装，创建了一个 DataOutputStream

流，可以利用该流给文件写入各种基本类型的数据。第 18～19 行利用 DataOutputStream 的 writeInt()方法将找到的素数写入文件。

　　用记事本查看文件将显示乱码，原因在于该文件中的数据不是文本格式的数据，要读取其中的数据需要以输入流的方式访问文件，用 DataInputStream 的 readInt()方法读取对应数据。程序代码如下：

```java
import java.io.*;
public class OutSisterPrime {
  public static void main(String[ ] args) {
    try {
      FileInputStream file = new FileInputStream("x.dat");
      DataInputStream in=new    DataInputStream(file);
      while(true)   {
        int n1=in.readInt( );                    //从文件读取整数
        int n2=in.readInt( );
        System.out.println(n1+","+n2);           //输出相邻的两个素数
      }
    } catch (EOFException e) { }
     catch (IOException e) { }
  }
}
```

　　【注意】本程序在处理文件访问中利用了异常处理机制，在 try 块中用无限循环来读取访问文件，如果遇到文件结束将抛出 EOFException 异常。

　　从上面的例子可以看出，各种过滤流实际上是对数据进行特殊的包装处理，在读写字节的基础上提供更高级的功能，从而更方便地访问数据。

12.4　对象串行化

　　对象输入流 ObjectInputStream 和对象输出流 ObjectOutputStream 将 Java 流系统扩充到能输入/输出对象，它们提供的 writeObject()和 readObject()方法实现了对象的串行化（Serialized）和反串行化（Deserialized）。要将对象写入输出流实际上要建立对象和字节流之间的一种映射关系，这里利用文件保存对象信息或者利用网络实现对象的传递只是实现一种轻量级对象持久性。进一步，借助对象串行化技术可以建立对象和数据库之间的映射，从而将对象中需要持久保存的信息写入数据库。这是实现重量级对象持久性的常用方法。

　　值得注意的是，为了实现用户自定义对象的串行化，相应的类必须实现 Serializable 接口，否则不能以对象形式正确写入文件。Serializable 接口中没有定义任何方法。以下实例介绍的 Date 和 String 之所以能写入文件，实际上均实现了 Serializable 接口。

　　【例 12-5】　系统对象的串行化处理。

　　程序 1：将系统对象写入文件。

```
#01    import java.io.*;
#02    import java.time.LocalDate;
#03    public class WriteDate {
#04        public static void main(String args[ ]) {
#05            try {
#06                ObjectOutputStream out = new ObjectOutputStream(
#07                    new FileOutputStream("storedate.dat"));
#08                out.writeObject(LocalDate.now());       //写入日期对象
#09                out.writeObject("hello world");          //写入字符串对象
#10                System.out.println("写入完毕");
#11            } catch (IOException e) {   }
#12        }
#13    }
```

程序 2：读取文件中的对象并显示出来。

```
#01    import java.io.*;
#02    import java.time.LocalDate;
#03    public class ReadDate {
#04        public static void main(String args[ ]) {
#05            try {
#06                ObjectInputStream in = new ObjectInputStream(
#07                    new FileInputStream("storedate.dat"));
#08                LocalDate current = (LocalDate)in.readObject();
#09                System.out.println("日期：" + current);
#10                String str = (String) in.readObject();
#11                System.out.println("字符串:" + str);
#12            }
#13            catch(IOException e) {     }
#14            catch(ClassNotFoundException e) { }
#15        }
#16    }
```

【说明】程序 1 的第 8、9 行用对象输出流的 writeObject()方法分别将日期和字符串对象写入文件中。程序 2 的第 8、10 行调用对象输入流的 readObject()方法读文件中存储的对象，如果找不到相应的类，将产生 ClassNotFoundException 异常。

【例 12-6】　利用对象串行化将各种图形元素以对象形式存储，从而实现图形的保存。

为简单起见，这里以直线和圆为例，创建 Line 和 Circle 两个类，分别表示直线和圆。为了能方便地访问各种图形元素，定义一个抽象父类 Graph，其中提供了一个 draw()方法，用来绘制相应图形。

程序 1：图形对象的串行化设计。

```
#01    import java.awt.Graphics;
#02    abstract class Graph implements Serializable   {          //抽象类
#03        public abstract void draw(Graphics g);                 //定义 draw()方法
#04    }
#05
```

```
#06    class Line extends Graph {
#07        int x1,y1;
#08        int x2,y2;
#09
#10        public void draw(Graphics g){              //实现直线绘制的 draw()方法
#11            g.drawLine(x1,y1,x2,y2);
#12        }
#13
#14        public Line(int x1,int y1,int x2,int y2) {
#15            this.x1 = x1;
#16            this.y1 = y1;
#17            this.x2 = x2;
#18            this.y2 = y2;
#19        }
#20    }
#21
#22    class Circle extends Graph {
#23        int x,y;
#24        int r;
#25
#26        public void draw(Graphics g) {             //实现圆绘制的 draw()方法
#27            g.drawOval(x,y,r,r);
#28        }
#29
#30        public Circle(int x,int y,int r) {
#31            this.x = x;
#32            this.y = y;
#33            this.r = r;
#34        }
#35    }
```

程序 2：测试将图形对象串行化写入文件。

```
#01    import java.io.*;
#02    public class WriteGraph {
#03        public static void main(String a[ ]) {
#04            /*  以下程序分别创建一条直线和一个圆写入文件中  */
#05            Line line1 = new Line(60,90,130,90);
#06            Line line2 = new Line(100,60,100,120);
#07            Circle c1 = new Circle(60,50,80);
#08            try {
#09                FileOutputStream fout = new FileOutputStream("storedate.dat");
#10                ObjectOutputStream out = new ObjectOutputStream(fout);
#11                out.writeObject(line1);                   //写入直线
#12                out.writeObject(line2);                   //写入直线
#13                out.writeObject(c1 );                     //写入圆
#14            } catch (IOException e) { System.out.println(e); }
#15        }
#16    }
```

程序 3：从文件读取串行化对象并绘图。

```
#01   import java.awt.*;
#02   import java.io.*;
#03   public class DisplayGraph extends Frame{
#04       public static void main(String a[ ]) {
#05           new DisplayGraph();
#06       }
#07
#08       public DisplayGraph() {
#09           super("读对象文件显示图形");
#10           setSize(300,300);
#11           setVisible(true);
#12           Graphics g = getGraphics();              //得到窗体的 Graphics 对象
#13           try {
#14              FileInputStream fin = new FileInputStream("storedate.dat");
#15              ObjectInputStream in = new ObjectInputStream(fin);
#16              for (;;)  {
#17                 Graph me =(Graph)in.readObject();   //读取对象
#18                 me.draw(g);                         //调用相应对象的方法绘图
#19              }
#20           }
#21           catch (IOException e) {  }
#22           catch (ClassNotFoundException e) {    }
#23       }
#24   }
```

程序的运行结果如图 12-4 所示。

图 12-4　从文件读对象并绘图

【说明】程序 3 中第 16～19 行循环读出图形对象并调用其 draw()方法进行绘图。最后将因为无对象可读时产生 IOException 异常而结束应用。

12.5　面向字符的输入/输出流

12.5.1　面向字符的输入流

面向字符的输入流类都是 Reader 类的后代，如图 12-5 所示。

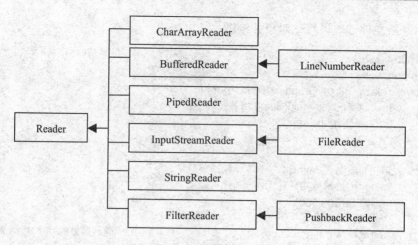

图 12-5　面向字符的输入流类的继承层次

Reader 类是一个抽象类，其提供的方法与 InputStream 类似，只是将基于 byte 的参数改为基于 char。下面列出了几个常用的方法。

❑　public int read()：从流中读一个字符，返回字符的整数编码，如果读至流的末尾，则返回-1。

❑　public int read(char[ ] b, int off, int len)：从输入流读指定长度的数据到字符数组，数据从字节数组的 off 处开始存放，如果输入流无数据可读，则返回-1。

❑　public int read(char b[ ])：等价于 read(buf,0,buf.length)形式。

❑　public long skip(long n)：指针跳过 n 个字符，定位输入位置指针的方法。

Reader 类的常见子类及说明如表 12-3 所示。

表 12-3　Reader 类的常见子类及说明

类　名	构造方法的参数	功 能 描 述
CharArrayReader	字符数组 char[]	用于对字符数组中的数据进行转换
BufferedReader	类 Reader 的对象	为输入提供缓冲的功能，提高效率
LineNumberReader	类 Reader 的对象	为输入数据附加行号
InputStreamReader	InputStream 的对象	将面向字节的输入流转换为字符输入流
FileReader	File 对象或字符串表示的文件名	文件作为输入源
PipedReader	PipedWriter 的对象	与另一输出管道相连，读取另一管道写入的字符
StringReader	字符串	以字符串作为输入源，用于对字符串中的数据进行转换

【例 12-7】　从一个文本文件中读取数据，加上行号后显示。

程序代码如下：

```
#01    import java.io.*;
#02    public class AddLineNo {
#03        public static void main(String[ ] args) {
#04            try {
#05                FileReader file= new FileReader("AddLineNo.java");
```

```
#06                LineNumberReader   in=new LineNumberReader(file);
#07                boolean eof = false;
#08                while (!eof) {
#09                   String   x= in.readLine();      //从输入流读一行文本
#10                   if (x == null)                  //是否读至文件尾
#11                        eof = true;
#12                   else
#13                        System.out.println(in.getLineNumber()+": "+x);
#14                }
#15                in.close();
#16           } catch (IOException e) { };
#17        }
#18     }
```

【说明】第 9 行利用 LineNumberReader 的 readLine()方法从文本文件中逐行读取数据，注意 readLine()方法在遇到文件末尾时将返回 null，因此第 10 行据此判别是否读至文件尾。第 13 行通过 getLineNumber()方法得到行号，与该行文本拼接后输出，显示结果是给每行加上了行号。

【思考】程序中引入了一个逻辑变量 eof 控制循环，如果不引入逻辑变量，用 break 结束循环应如何改写程序？

12.5.2　面向字符的输出流

面向字符的输出流类都是 Writer 类的后代，如图 12-6 所示。

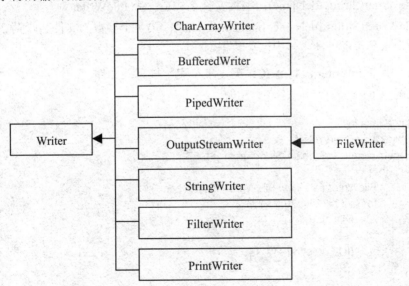

图 12-6　面向字符的输出流类的继承层次

Writer 类是一个抽象类，其提供的方法与 OutputStream 类似，只是将基于 byte 的参数改为基于 char。下面列出了常用的几个方法。

- ❑ public void write(int c)：往字符输出流写入一个字符，它是将整数的低 16 位对应的数据写入流中，高 16 位将被忽略。
- ❑ public void write(char[ ] cbuf)：将一个字符数组写入流中。
- ❑ public void write(String str)：将一个字符串写入流中。

Write 类的常见子类及说明如表 12-4 所示。

表 12-4　Writer 类的常见子类及说明

类　　名	构造方法的主要参数	功　能　描　述
CharArrayWriter	字符数组 char[]	用于对字符数组中的数据进行转换
BufferedWriter	Writer 类的对象	为输出提供缓冲的功能，提高效率
OutputStreamWriter	OutputStream 的对象	将面向字节的输出流转换为字符输出流
FileWriter	文件对象或字符串表示的文件名	文件作为输出源
PipedWriter	PipedReader 的对象	与另一输出管道相连，写入数据给另一管道，供其读取
StringWriter	字符串	以程序中的字符串作为输出源，用于对字符数组中的数据进行转换
FilterWriter	Writer 的对象	装饰另一输出流以提供附加的功能
PrinterWriter	Writer 的对象或 OutputStream 的对象	为所装饰的输出流提供打印输出，与 PrintStream 类只有细微差别

以下结合实例介绍 FileWriter 类的使用，该类的直接父类是 OutputStreamWriter，后者又继承 Writer 类。FileWriter 类的常用构造方法如下。

- ❑ FileWriter(String fileName)：根据文件名构造一个 FileWriter 对象。
- ❑ FileWriter(String fileName, boolean append)：第 1 个参数为文件名，第 2 个参数用于指示是否可以往文件中添加数据。

【例 12-8】　用 FileWriter 流将 ASCII 英文字符集字符写入文件。

程序代码如下：

```
#01    import java.io.*;
#02    public class CharWrite {
#03      public static void main(String args[ ]) {
#04        try {
#05          FileWriter fw = new FileWriter("charset.txt ");
#06          for ( int i=32;i<126;i++)
#07              fw.write(i);
#08          fw.close( );
#09        }catch (IOException e)    { }
#10      }
#11    }
```

运行程序后，使用 DOS 的 type charset.txt 命令查看，结果如下：

!"#$%&'()*+,-./0123456789:;<=>?@ABCDEFGHIJKLMNOPQRSTUVWXYZ[\]^_`abcd
efghijklmnopqrstuvwxyz{|}

【说明】FileWriter 类的构造方法、write()方法及 close()方法可能产生 IO 异常，必须进行异常捕获处理，执行 FileWriter 的构造方法时，如果文件不存在，将自动创建文件。

【注意】前面介绍的 Writer 类的 3 个方法均可实现汉字的写入。例如：

```
char x[ ]={'高','高','兴','兴'};
fw.write('行');
fw.write(x);
fw.write("\nhello 你好");
```

【例 12-9】　将一个文本文件中的内容简易加密后写入另一个文件中。

程序代码如下：

```
#01    import java.io.*;
#02    public class    Ex12_9 {
#03        public static void main(String[] args) {
#04            try {
#05                FileReader file1 = new FileReader("Ex12_9.java");
#06                FileWriter    file2 = new FileWriter("another.txt");
#07                boolean eof = false;
#08                while (!eof) {
#09                    int    x= file1.read();        //从文件读一个字符
#10                    if (x == -1 )                  //是否读至文件尾
#11                        eof = true;
#12                    else {
#13                        file2.write(x ^ 'A');      //字符加密后写入另一个文件
#14                    }
#15                }
#16                file2.close();
#17            } catch (IOException e) {e.printStackTrace(); }
#18        }
#19    }
```

程序运行后，用记事本打开 another.txt 文件会出现乱码。注意，这里采用的加密办法是对文本中的每个字符和字母 A 进行异或运算。如果将程序中第 5 行和第 6 行所操作的文件名进行修改，把刚产生的 another.txt 作为要读取的文件，把要写入的文件改成 another2.txt，重新编译运行程序后，another2.txt 文件内容和原始的 Ex12_9.java 文件内容完全一致。

【思考】不难发现该程序既可用于加密，又可用于解密。为了让程序适用于任意文件，可将原始文件的文件名以及加密后文件的文件名改为由两个命令行参数提供。用于加密的字符 A 也可改为运行程序时从键盘读取，这样可以提高保密性。请读者完成程序修改。

12.6　转　换　流

转换流 InputStreamReader 和 OutputStreamWriter 完成字符与字符编码字节的转换，在字节流和字符流间架起了一道桥梁。类 FileReader 和 FileWriter 分别是两个转换流的子类，用于实现对文本文件的读写访问。

1．转换输入流（InputStreamReader）

从前面介绍可发现，InputStreamReader 是 Reader 的子类。一个 InputStreamReader 对象接受一个字节输入流作为源，产生相应的 UTF-16 字符。InputStreamReader 类的常用构造方法如下。

- □ public InputStreamReader(InputStream in)：创建转换输入流，按默认字符集的编码从输入流读数据。
- □ public InputStreamReader(InputStream in,Charset c)：创建转换输入流，按指定字符集的编码从输入流读数据。
- □ public InputStreamReader(InputStream in,String enc)throws UnsupportedEncodingException：创建转换输入流，按名称所指字符集的编码从输入流读数据。

以下代码建立的转换输入流将按 UTF-8 字符集编码从文件读数据，并将字节数据转换为相应的 UTF-16 字符。

```
InputStreamReader isr = null;
try {
isr = new InputStreamReader(new FileInputStream("x.txt"),"utf-8");
    int ch;
    while ((ch = isr.read()) != -1) {
            System.out.print((char) ch);
    }
} catch (UnsupportedEncodingException e | FileNotFoundException e) { }
catch (IOException e1) { }
```

字符集编码规定了原始的 8 位字符与 16 位 Unicode 字符的等价对应关系。支持中文的编码字符集有 GB2312、GBK、UTF-8、UTF-16 等。其中 GBK 是 GB2312 的扩展，它们均是双字节编码，UTF-16 采用定长的双字节，而 UTF-8 采用变长字节表示不同字符。

在访问文件选择字符编码时，要注意读写文件所用编码保持一致，数据写入文件时用何种编码，在读文件数据时就用同样的编码，否则，读出的数据就会出现乱码。

用该类强行将任意的字节流转换为字符流是没有意义的，在实际应用中要根据流数据的特点来决定是否需要进行转换。例如，标准输入（键盘）提供的数据是字节形式的，实际上，从键盘输入的数据是字符系列,转换成字符流更符合应用的特点,因此使用 InputStreamReader 将字节流转换为字符流。为了能一次性从键盘输入一行字符串，用 BufferedReader 对字符流进行包装处理，如图 12-7 所示，进而可以用 BufferedReader 的 readLine()方法读取一行字符串。

图 12-7　将字节流转换为字符流

```
BufferedReader in = new BufferedReader(new InputStreamReader(System.in));
String x = in.readLine( );
```

2．转换输出流（OutputStreamWriter）

OutputStreamWriter 类是 Writer 的子类。一个 OutputStreamWriter 对象将 UTF-16 字符转换为指定的字符编码形式写入字节输出流。OutputStreamWriter 类的常用构造方法如下。

❑　public OutputStreamWriter(OutputStream out)：创建转换输出流，按默认字符集的编码往输出流写数据。

❑　public OutputStreamWriter(OutputStream out,Charset c)：创建转换输出流，按指定字符集的编码往输出流写数据。

❑　public OutputStreamWriter(OutputStream out,String enc) throws UnsupportedEncodingException：创建转换输出流，按名称所指字符集的编码往输出流写数据。

以下代码将采用 GBK 编码往文件中写入字符串数据。

```
OutputStreamWriter osw = null;
try {
    osw = new   OutputStreamWriter(new FileOutputStream("x2.txt"),"GBK");
    osw.write("hello,大家好");
    osw.close();
} catch (UnsupportedEncodingException | FileNotFoundException e) { }
catch (IOException e) {     }
```

12.7　文件的随机访问

前面介绍的文件访问均是顺序访问，对同一文件只限于读操作或者写操作，二者不能同时进行，而且只能按记录顺序逐个读或逐个写。RandomAccessFile 类提供了对流进行随机读写的能力。该类实现了 DataInput 和 DataOutput 接口，因此可使用两接口中定义的所有方法实现数据的读写操作。为支持流的随机读写访问，该类还添加定义了如下方法。

❑　long getFilePointer()：返回当前指针。

❑　void seek(long pos)：将文件指针定位到一个绝对地址。地址是相对于文件头的偏移量，地址 0 表示文件的开头。

❑　long length()：返回文件的长度。

❑　setLength(long newLength)：设置文件的长度，在删除记录时可以采用，如果文件的长度大于设定值，则按设定值设定新长度，删除文件多余部分；如果文件的长度小于设定值，则对文件进行扩展，扩充部分内容不定。

RandomAccessFile 类的构造方法如下。

❑　public RandomAccessFile(String name,String mode)。

❑　public RandomAccessFile(File file,String mode)。

其中，第 1 个参数指定要打开的文件；第 2 个参数决定访问文件的权限，其值可以为 r 或 rw，r 表示只读，rw 表示可进行读和写两种访问。当要访问的文件不存在时，创建 RandomAccessFile 对象，处理结果取决于 mode 参数值，如果是 rw 模式，会新建一个文件并打开文件；如果是 r 模式，则会抛出 FileNotFoundException 异常。

【例 12-10】　应用系统用户访问统计。

程序代码如下：

```
#01    import java.io.*;
#02    public class Count {
#03        public static void main(String args[ ]) {
#04            long count;                           //用来表示访问计数值
#05            try {
#06                RandomAccessFile fio;
#07                fio = new RandomAccessFile("count.txt", "rw");
#08                if (fio.length() == 0)             //新建文件的长度为 0
#09                    count = 1L;                    //第 1 次访问
#10                else {
#11                    fio.seek(0);                   //定位到文件首字节
#12                    count = fio.readLong();        //读原来保存的计数值
#13                    count = count + 1L;            //计数增 1
#14                }
#15                fio.seek(0);
#16                fio.writeLong(count);              //写入新计数值
#17                fio.close();
#18            }
#19            catch(FileNotFoundException e) {     }
#20            catch(IOException e) {     }
#21        }
#22    }
```

【说明】利用随机文件存储访问计数值，将计数值写入文件的开始位置。注意，进行读写操作前要关注文件指针的定位。

【思考】如何利用顺序文件实现访问计数？

习　　题

1. 选择题

（1）关于 RandomAccessFile 文件的构造方法，正确的是（　　）。

    A. RandomAccessFile("data", "r");　　　B. RandomAccessFile("r", "data");

    C. RandomAccessFile("data", "read");　　D. RandomAccessFile("read", "data");

（2）使用（　　）类可创建目录。

    A. File　　　　　　B. DataOutput　　　　　C. Directory

    D. FileDescriptor　　E. FileOutputStream

　　（3）（　　　）是 FileOutputStream 构造方法的合法形式。

　　　　A．FileOutputStream(FileDescriptor fd)

　　　　B．FileOutputStream(String n, boolean a)

　　　　C．FileOutputStream(boolean a)

　　　　D．FileOutputStream()

　　　　E．FileOutputStream(File f)

　　（4）以下语句能编译通过的是（　　　　）。

　　　　A．File f = new File("/","autoexec.bat");

　　　　B．DataInputStream d = new DataInputStream(System.in);

　　　　C．OutputStreamWriter o = new OutputStreamWriter(System.out);

　　　　D．RandomAccessFile r = new RandomAccessFile("OutFile");

2．思考题

　　（1）面向字节的输入/输出流与面向字符的输入/输出流有何差异？

　　（2）标准输入 System.in 属于哪种类型的流？如果要从键盘获取一个字符串，应做何处理？

　　（3）在 DataInput 和 DataOutput 接口中定义了哪些方法？

　　（4）InputStream、OutputStream、Reader、Writer 在功能上有何差异？

　　（5）RandomAccessFile 和其他输入/输出类有何差异？它实现了哪些接口？

3．编程题

　　（1）从一个文本文件中读取字符，分别统计其中数字字符、空格以及其他字符的数量。

　　（2）编程将例 12-3 分拆的小文件合并为大文件。

　　（3）利用随机函数产生 20 个整数，按由小到大的顺序排列后写入文件中，然后从文件中读取整数并输出显示，分别用顺序文件和随机文件的读写形式进行编程测试。

　　（4）编写一个学生成绩管理程序，内容包括学号、姓名以及数学、英语、Java 等课程的成绩。设计一个文件管理程序，实现如下功能。

　　① 输入 10 个学生的数据，写入文件。

　　② 从文件中读取数据，计算每位学生的所有课程的平均分。

　　③ 计算全部学生的数学平均分。

　　（5）编写一个 Student 类描述学生对象，创建若干学生并将其写入文件，然后读出对象，验证显示相应的数据。

　　（6）对例 12-6 进行扩充，使之能将更多的图形元素写入文件，并且与图形绘制程序合并在一起，实现一个较为完整的图形绘制与保存程序。

　　（7）将一个文本文件的内容加上行号后写入另一个文件，行号假设占用两位，如果行号不足两位，则前面补 0，行号和内容之间空两个空格。

第 13 章　Java 泛型与收集 API

本章知识目标：

❑　了解 Java 泛型的概念。

❑　掌握 Java 收集 API 的继承层次、Set 接口和 List 接口的功能差异。

❑　了解 ArrayList、HashSet、HashMap 等典型类的使用。

❑　了解 Map 接口及实现层次。

本章介绍的收集 API（Collection API）提供了统一的处理机制以实现对象集合的各种访问处理。Collection 这个词常被译为"集合"，本书将其称作"收集"，目的是和该 API 中的 Set 接口区分开来，Set 才是对应数学上的集合。在 JDK 1.5 之前的收集框架中可以存放任意的对象到收集中。JDK 1.5 之后，收集接口使用了泛型的定义，在操作时必须指定具体的操作类型，目的是保证收集操作的安全性，避免发生类型强制转换带来的异常。

13.1　Java 泛型

13.1.1　Java 泛型简介

泛型是 Java 语言的新特性，泛型的本质是参数化类型，也就是说，程序中的数据类型被指定为一个参数。泛型可以用在类、接口和方法的创建中，分别称为泛型类、泛型接口和泛型方法。下面给出了一个使用泛型的简单例子，其中，<和>之间定义形式类型参数。

【例 13-1】　泛型的使用示例（文件名为 Example.java）。

程序代码如下：

```
#01    public class Example<T> {              //T 为类型参数
#02        private T obj;                      //定义泛型成员变量
#03
#04        public Example(T obj) {
#05            this.obj = obj;
#06        }
#07
#08        public T getObj() {
#09            return obj;
#10        }
#11
#12        public void showType() {
#13            System.out.println("T 的实际类型：  " + obj.getClass().getName());
```

```
#14        }
#15
#16    public static void main(String[ ] args) {
#17        Example<String> str = new Example<String>("hello!");
#18        str.showType();
#19        String s = str.getObj();
#20        System.out.println("value= " + s);
#21    }
#22 }
```

【运行结果】

T 的实际类型：java.lang.String

value= hello!

【练习】将 T 的实际类型由 String 改为 Integer，如何修改程序？

Java SE 1.5 之前的版本不支持泛型，系统为实现方法参数的通用性，一般将参数定义为 Object 类型。我们知道，任何对象均可传递给 Object 类型引用变量，从而实现参数的“任意化”，但是要将对象转换为原有类型就必须使用强制类型转换。

泛型在定义时不指定参数的类型，使用的时候再确定，这提高了程序的通用性，起到了程序“模板化”的效果。泛型的好处是在编译时检查类型安全，并且所有的强制转换都是自动和隐式的。泛型在使用中还有如下规则和限制。

（1）泛型的类型参数只能是类类型（包括自定义类），不能是简单类型。

（2）泛型的类型参数可以有多个，如 Map<K,V>。

（3）泛型的参数类型可以使用 extends 语句，如<T extends Number>，其中 extends 并不代表继承，它是类型范围限制，表示 T≤Number。

（4）泛型的参数类型还可以是通配符类型。例如，ArrayList<? extends Number>表示 Number 范围的某个类型，其中“?”代表未定类型。

13.1.2　关于 Comparable<T>与 Comparator<T>接口

Java 提供了 Comparable<T>与 Comparator<T>两个接口对数组或集合中的对象进行排序，实现此接口的对象数组或列表可以通过 Arrays.sort 或 Collections.sort 进行自动排序。

1. Comparable<T>接口

Comparable<T>接口中定义了如下方法：

int compareTo(T obj);

该方法的功能是将当前对象与参数 obj 进行比较，在当前对象小于、等于或大于指定对象 obj 时，分别返回负整数、0 或正整数。

一个类实现了 Camparable 接口，则表明这个类的对象之间是可以相互比较的，这个类对象组成的集合元素可以直接使用 sort()方法进行排序。

【例 13-2】　让 User 对象按年龄排序。

程序代码如下：

```
#01    import java.util.Arrays;
#02    public class User implements Comparable<User> {
#03        private String username;
#04        private int age;
#05
#06        public User(String username, int age) {
#07            this.username = username;
#08            this.age = age;
#09        }
#10
#11        public int getAge() {
#12            return age;
#13        }
#14
#15        public String toString() {
#16            return username + ": " + age;
#17        }
#18
#19        public int compareTo(User obj) {
#20            return this.age - obj.getAge();
#21        }
#22
#23        public static void main(String[ ] args) {
#24            User[ ] users = { new User("张三", 30), new User("李四", 20) };
#25            Arrays.sort(users); //用 Arrays 类的 sort()方法对数组排序
#26            for (int i = 0; i < users.length; i++)
#27                System.out.println(users[i]);
#28        }
#29    }
```

【运行结果】

李四：20

张三：30

2．Comparator<T>接口

Comparator<T> 接口中定义了如下方法：

int compare(T obj1, T obj2);

当 obj1 小于、等于或大于 obj2 时，分别返回负整数、0 或正整数。

Comparator 接口可以看成一种对象比较算法的实现，不妨称其为比较算子，它将算法和数据分离。Comparator 接口常用于以下两种环境。

（1）类的设计师没有考虑到比较问题，因而没有实现 Comparable 接口，可以通过 Comparator 比较算子来实现排序而不必改变对象本身。

（2）对象排序时要用多种排序标准，如升序、降序等，只要在执行 sort()方法时用不

同的 Comparator 比较算子就可适应变化。

　　假设 User 类没有实现 Comparable 接口，可采用 UserComparator 比较算子提供的方法实现排序，以下是按年龄（age）进行升序排序的具体实现代码。

```java
import java.util.Arrays;
import java.util.Comparator;
public class UserComparator implements Comparator<User> {
    public int compare(User obj1, User obj2) {
        return obj1.getAge() - obj2.getAge();
    }

    public static void main(String[ ] args) {
        User[ ] users = { new User("mary", 25), new User("John", 40) };
        Arrays.sort(users, new UserComparator()); //用比较算子排序
        for (int i = 0; i < users.length; i++)
            System.out.println(users[i]);
    }
}
```

【运行结果】

mary: 25

John: 40

　　【思考】读者可设计另一个比较算子，按用户名（username）进行升序排序，观察使用新的算子进行排序的结果变化。

13.2　收集 API 简介

　　收集 API（Collection API）提供了对典型的数据结构类型的封装处理，包括线性表、队列、集合、堆栈、链表、树等。收集 API 中的具体类对应某种集合容器，用于存放对象数据，对象类型取决于集合对象的泛型参数。由于泛型参数只能是引用类型，因此，集合中每个元素存储的实际是数据对象的引用地址，这与引用型数组类似。

　　收集 API 设计独特，设计者因此获得了 Jolt 大奖，该奖项具有"软件业界的奥斯卡"之美誉。图 13-1 所示为 Collection API 的继承层次，包括接口和常用具体类。其中，java.util.Queue 接口为 Java 5 新增的，用以支持队列的常见操作。LinkedList 类实现了 Queue 接口和 List 接口，因此 LinkedList 既可当作 Queue 来用，又可当作列表用。在收集框架中，Collection 接口及子接口均提供了对应的抽象类，如 Collection 接口对应的抽象类为 AbstractCollection，这些抽象类给出其接口的骨干实现，可减少直接实现接口所需做的工作。

　　如何遍历 Collection 对象中的每一个元素？可以用 Collection 对象提供的 iterator()方法获取一个 Iterator 类型的迭代子，使用该迭代子即可逐一访问 Collection 中的每一个元素。利用 Iterator 接口定义的 hasNext()和 next()方法可从前往后遍历元素，其子接口 ListIterator 进一步增加了 hasPrevious()和 previous()方法，用于从后向前遍历访问列表元素。

图 13-1　Collection API 层次结构

Iterator 接口定义的方法介绍如下。

❑　boolean hasNext()：判断容器中是否存在下一个可访问元素。

❑　Object next()：返回要访问的下一个元素，如果没有下一个元素，则引发 NoSuchElement Exception 异常。

❑　void remove()：是一个可选操作，用于删除迭代子返回的最后一个元素。该方法只能在每次执行 next()后执行一次。

在 Java 8 中，Iterable 接口新增了一个默认的 forEach()方法，该方法用于对所有收集元素施加方法参数指定的操作。方法形态如下：

default void forEach(Consumer<? super T> action)

13.2.1　Collection 接口

Collection 接口的定义如下：

public interface Collection<E> extends Iterable<E>

表 13-1 给出了 Collection 接口的主要方法及其描述。

表 13-1　Collection 接口的主要方法及其描述

方　　法	描　　述
boolean add(E obj)	向收集中插入对象
boolean addAll(Collection<? extends E> c)	将一个收集的内容插入进来
void clear()	清除收集中的所有元素
boolean contains(Object obj)	判断某一个对象是否在收集中存在
boolean containsAll(Collection<?> c)	判断一组对象是否在收集中存在
boolean equals(Object obj)	判断收集与对象是否相等
int hashCode()	获取收集的哈希码

方　　法	描　　述
boolean isEmpty()	判断收集是否为空
Iterator<E> iterator()	获取收集的 Iterator 接口实例
boolean remove(Object obj)	删除指定对象
boolean removeAll(Collection<?> c)	删除一组对象
int size()	求出收集的大小
Object[] toArray()	将收集变为对象数组
<T> T[ ] toArray(T[ ] a)	将收集转换为特定类型的对象数组

目前，JDK 中并没有提供一个类直接实现 Collection 接口，而是实现它的子接口。当然，子接口继承了父接口的方法。

13.2.2　Set 接口

Set 接口是数学上集合模型的抽象，有两个特点：一是不含重复元素；二是无序。该接口在 Collection 接口的基础上明确了一些方法的语义。例如，add(Object)方法不能插入已经在集合中的元素；addAll(Collection c)方法将当前集合与收集 c 的集合进行并运算。

判断集合中重复元素的标准是按对象值比较，即集合中不包括任何两个元素 e1 和 e2，它们之间满足条件 e1.equals(e2)。

【例 13-3】　Set 接口的使用。

程序代码如下：

```
#01    import java.util.*;
#02    public class TestSet {
#03        public static void main(String args[ ]) {
#04            Set<String> h = new HashSet<String>();
#05            h.add("Str1");
#06            h.add("good");
#07            h.add("Str1");
#08            h.add(new String("Str1"));
#09            System.out.println(h);
#10        }
#11    }
```

【运行结果】

[good ,Str1]

【说明】第 5～8 行向集合加入 4 个对象，但只有两个对象成功加入，其他两个对象因集合中已有相同值的元素而不能加入集合。

SortedSet 接口用于描述按"自然顺序"组织元素的收集，除继承 Set 接口的方法外，其中定义的新方法体现存放对象有序的特点。例如，方法 first()返回 SortedSet 中的第一个元素；方法 last()返回 SortedSet 中的最后一个元素；方法 comparator()返回集合的比较算子，如果该集合使用自然顺序，则返回 null。

13.2.3　List 接口

List 接口类似于数学上的数列模型，也称序列。其特点是可含重复元素，而且是有序的。用户可以控制向序列中某位置插入元素，并可按元素的顺序访问它们。元素的顺序从 0 开始，最后一个元素为 list.size()-1。表 13-2 列出了 List<E>接口中定义的常用方法及其功能。其中，elem 代表数据对象，pos 代表操作位置，start_pos 为起始查找位置。

表 13-2　List<E>接口中定义的常用方法及其功能

方　　法	功　　能
void add(E elem)	在尾部添加元素
void add(int pos, E elem)	在指定位置增加元素
E get(int pos)	获取指定位置元素
E set(int pos, E elem)	修改指定位置元素
E remove(int pos)	删除指定位置元素
int indexOf(Object obj, int start_pos)	从某位置开始往后查找元素位置
int lastIndexOf(Object obj, int start_pos)	从某位置开始由尾往前查找元素位置
ListIterator<E>　listIterator()	返回列表的 ListIterator 对象

ArrayList 类是最常用的列表容器类，其内部使用数组存放元素，实现了可变大小的数组，访问元素效率高，但插入元素效率低。LinkedList 类是另一个常用的列表容器类，其内部使用双向链表存储元素，插入元素效率高，但访问元素效率低。LinkedList 类的特点是特别区分列表的头位置和尾位置的概念，提供了在头尾增、删和访问元素的方法。例如，addFirst(Object)方法在头位置插入元素。如果需要快速插入、删除元素，应该使用 LinkedList 类；如果需要快速随机访问元素，则应该使用 ArrayList 类。

【例 13-4】　ArrayList 类的使用。

程序代码如下：

```
#01    import java.util.*;
#02    public class TestList {
#03        public static void main(String args[ ]) {
#04            ArrayList<Integer> a = new ArrayList<Integer>();
#05            a.add(new Integer(12));
#06            a.add(new Integer(15));
#07            a.add(23); //会自动包装转换，相当于 a.add(new Integer(23))
#08            output(a);
#09            ArrayList<Double> b = new ArrayList<Double>();
#10            b.add(new Double(1.2));
#11            b.add(new Double(2.45));
#12            output(b);
#13        }
#14
```

```
#15        static void output(ArrayList<? extends Number> a) {
#16            Iterator<?> p = a.iterator();          //获得一个迭代子
#17            while (p.hasNext()) {
#18                System.out.print(p.next() + " , ");   //得到下一个元素
#19            }
#20            System.out.println();
#21        }
#22    }
```

【运行结果】

12 , 15 , 23 ,

1.2 , 2.45 ,

【说明】第 15 行定义的 output()方法用来输出 ArrayList 的数据项内容，该方法参数必须是 Number 范围内的 ArrayList 数据对象。第 4 行和第 9 行分别创建了整数类型和双精度类型的两个 ArrayList 并进行了测试。

【注意】给 ArrayList 加入的数据类型通常要与参数类型一致，但如果能进行转换赋值也可，程序中直接将整数 23 加入 ArrayList<Integer>，Java 会自动将基本类型数据包装转换为其包装类的对象，也就是将 23 包装转换为 Integer 类型的对象。

【思考】能用 a.add("23")将整数 23 加入 ArrayList<Integer>中吗？

给列表赋初值还常用匿名内嵌类的形式，最里面的一层花括号为初始化代码块。

```
ArrayList<Integer> num = new ArrayList<>() {    //匿名内嵌类
    {                                            //初始化代码块
        add(new Integer(12));
        add(new Integer(15));
    }
};
```

在 Java 8 中，允许通过 Arrays.asList()方法快速得到一个列表，该方法的参数为可变长类型，但这样形成的列表中的数据是固定不变的，不允许再对列表进行增、删、改操作。

```
List<String> list = Arrays.asList("A", "B", "C");
list.add("D");     //添加元素的操作会出现运行异常
```

在 Java 9 中，允许利用 List 接口的静态方法 of()快速地构建 List 对象，但这样构建得到的列表中的内容也是固定不变的。例如：

```
List<String> list = List.of("A", "B", "C");
```

类似地，Set 接口也同样支持 of()方法构建 Set 类型的集合。

【例 13-5】 ArrayList 和 LinkedList 类的使用测试。

程序代码如下：

```
#01    import java.util.*;
#02    public class ListDemo {
#03        static long timeCost(List<Integer> st) {
```

```
#04              long start = Clock.systemDefaultZone().millis();              //开始时间
#05              for (int i = 0; i < 50000; i++)
#06                   st.add(0, new Integer(i));
#07              return Clock.systemDefaultZone().millis() - start;            //计算花费时间
#08          }
#09
#10      public static void main(String args[ ]) {
#12          long t1 = timeCost(new ArrayList<Integer>());
#13          System.out.println("time for ArrayList = " + t1 +" ms");
#14          long t2 = timeCost(new LinkedList<Integer>());
#15          System.out.println("time for LinkedList = " + t2 +" ms");
#16      }
#17  }
```

【运行结果】

time for ArrayList = 94 ms

time for LinkedList = 2 ms

【说明】第 6 行使用 List 对象的 add(int,Object)方法加入对象到 List 内指定位置，测试可知，ArrayList 所花费时间远超过 LinkedList，原因是每次加入一个元素到 ArrayList 的开头，先前所有已存在的元素要后移，而加入一个元素到 LinkedList 的开头，只要创建一个新节点，并调整一对链接关系即可。如果将程序中的 add(0,obj)修改为 add(obj)，则可发现 ArrayList 的执行更快。因此在选择数据结构时要考虑相应问题的操作特点。

13.2.4　Queue 接口

在基本的集合方法之外，Queue 接口还提供特殊的插入、获取和检验操作。队列默认使用 FIFO（先进先出）规则。LinkedList 类也实现了 Queue 接口。

Queue<E>接口定义的方法如下。

- ❑ boolean add(E e)：添加元素至队列尾。
- ❑ E element()：返回队列的队首元素，但元素保留在队列中。
- ❑ boolean offer(E e)：添加元素至队列尾。
- ❑ E peek()：返回队列的队首元素，但元素保留在队列中。
- ❑ E poll()：返回队列的队首元素，且元素从队列中删除。
- ❑ E remove()：返回队列的队首元素，且元素从队列中删除。

作为 Queue 接口的子接口，Deque 接口定义了针对队列首尾操作的规范，称为双端队列。ArrayDeque 是 Deque 接口的一个实现类，使用了可变数组，所以没有容量上的限制。

ArrayDeque 的操作方法比较多，可以作为栈来使用，效率高于 Stack；也可以作为队列来使用，效率高于 LinkedList。

1. 堆栈

堆栈（Stack）是一种后进先出的数据结构，新进栈的元素总在栈顶，而出栈时总是先取栈顶元素。堆栈的常用操作是进栈和出栈，使用堆栈对象的 push()方法可将一个对象压进栈中，而用 pop()方法将弹出栈顶元素作为返回值。isEmpty()方法可判断栈是否为空。

早期集合框架用 Stack 类描述堆栈，现在一般用 ArrayDeque 类代替。

```
ArrayDeque<String>   stack = new ArrayDeque<>();
stack.push("柚子");                    //压栈
stack.push("橙子");
stack.pop();                          //出栈
stack.push("梨子");
while (!stack.isEmpty())
    System.out.print(stack.pop()+"; ");
```

【运行结果】

梨子；柚子；

【说明】字符串"橙子"在进栈后很快又出栈，所以最后的栈中没有"橙子"。"梨子"是后进栈的，在出栈时先出来。

2. 队列

队列（Queue）是先进先出的一种数据结构，它在一端（称为队尾）添加元素，而在另一端（称为队头）删除元素。ArrayDeque 也可以作为队列使用。

```
ArrayDeque<String>   queue = new ArrayDeque<>();
queue.offer("苹果");                   //进队
queue.offer("桃子");
queue.offer("香蕉");
while (!queue.isEmpty())
    System.out.print(queue.poll()+"; ");      //出队
```

【运行结果】

苹果；桃子；香蕉；

【说明】队列和现实生活中的排队类似。进队和出队有序进行，按先来先服务的原则处理。

13.3　Collections 类

Java 还提供了一个包装类 java.util.Collections，该类包含针对 Collection（收集）操作的众多静态方法。下面列出常用的若干方法。

❑ addAll(Collection<? super T> c, T... elements)：将指定元素添加到指定收集中。

❑ sort(List<T> list)：根据元素的自然顺序对指定列表按升序排序。

❑ sort(List<T> list, Comparator<? super T> c)：根据指定比较器产生的顺序对指定列表进行排序。

❑ max(Collection<? extends T> coll)：根据元素的自然顺序，返回给定收集的最大元素。

- max(Collection<? extends T> coll, Comparator<? super T> comp)：根据指定比较器产生的顺序，返回给定收集的最大元素。
- min(Collection<? extends T> coll)：根据元素的自然顺序返回给定收集的最小元素。
- min(Collection<? extends T> coll, Comparator<? super T> comp)：根据指定比较器产生的顺序，返回给定收集的最小元素。
- indexOfSubList(List<?> source, List<?> target)：返回指定源列表中第一次出现指定目标列表的起始位置；如果没有出现这样的列表，则返回-1。
- lastIndexOfSubList(List<?> source, List<?> target)：返回指定源列表中最后一次出现指定目标列表的起始位置；如果没有出现这样的列表，则返回-1。
- replaceAll(List<T> list, T oldVal, T newVal)：使用 newVal 值替换列表中出现的所有 oldVal 值。
- reverse(List<?> list)：反转指定列表中元素的顺序。
- fill(List<? super T> list, T obj)：使用指定元素替换指定列表中的所有元素。
- frequency(Collection<?> c, Object o)：返回指定收集中等于指定对象的元素数。
- disjoint(Collection<?> c1, Collection<?> c2)：如果两个指定收集中没有相同的元素，则返回 true，否则返回 false。

【例 13-6】　列表元素的排序测试。

程序代码如下：

```
#01    import java.util.*;
#02    public class CollectionsTest {
#03        public static void main(String[ ] args) {
#04            List<String> mylist = new ArrayList<String>();
#05            for (char i = 'a'; i < 'g'; i++) {
#06                mylist.add(String.valueOf(i));
#07            }
#08            Collections.addAll(mylist, "S", "12");
#09            Collections.sort(mylist);
#10            System.out.println(mylist);
#11            Collections.sort(mylist, new Comparator1());
#12            System.out.println(mylist);
#13        }
#14    }
#15
#16    class Comparator1 implements Comparator<String> {
#17        public int compare(String s1, String s2) {
#18            return s1.compareToIgnoreCase(s2);   //不计较大小写的比较
#19        }
#20    }
```

【运行结果】

[12, S, a, b, c, d, e, f]

[12, a, b, c, d, e, f, S]

【说明】第 8 行调用 Collections 类的 addAll()方法给列表 mylist 添加两个元素。第 9 行调用 Collections 类的 sort()方法对列表进行自然排序。第 11 行调用 Collections 类的 sort()方法按指定比较算子对列表排序，从运行结果可观察到排序结果的变化。

【例 13-7】　设计一个方法 removeDup()，该方法参数为一个列表，返回子列表，结果是只包含参数列表中不重复出现的那些元素。例如，实际参数列表中有 cat、cat、panda、cat、dog、elephant、dog、lion、tiger、panda 和 tiger，则该方法返回结果中只有 elephant 和 lion。

注意，removeDup()方法返回新列表，不修改来自方法参数的列表的内容。该方法也可用于列表元素类型为 Integer 等其他类型的情形。

【设计思路】将 removeDup()方法设计为泛型方法，将其参数列表中的每个元素取出来，再检查元素在列表中出现的频度是否为 1，只有频度为 1 的元素才能加入结果列表中。可以利用 Collections 类的 frequency()方法获取某个元素在列表中的出现次数。

程序代码如下：

```
#01    import java.util.*;
#02    public class NoRepeat{
#03        public static <E> List<E> removeDup(List<E>   me){
#04            List<E>   r = new ArrayList<E>();              //存放求解结果的列表
#05            for (int i=0; i<me.size(); i++){
#06                E   x = me.get(i);                         //获取第 i 个元素
#07                if ( Collections.frequency(me,x)==1)       //出现频度是否为 1
#08                    r.add(x);
#09            }
#10            return r;                                      //返回求解结果
#11        }
#12
#13        public static void main(String args[ ]){
#14            //以下测试串类型数据
#15            List<String>   animals = new ArrayList<String>();
#16            Collections.addAll(animals, "cat", "cat", "panda", "cat", "dog",
#17              "elephant", "dog", "lion", "tiger", "panda", "tiger");
#18            System.out.println(removeDup(animals));
#19             //以下测试整数类型数据
#20            List<Integer> nums = new ArrayList<Integer>();
#21            Collections.addAll(nums, 6,11,6,18);
#22            System.out.println(removeDup(nums));
#23        }
#24    }
```

【运行结果】

[elephant, lion]

[11, 18]

13.4　Map 接口及实现层次

除了 Collection 接口表示的单一对象数据集合，"关键字-值"表示的数据集合在 Collection API 中提供了 Map 接口。Map 接口及其子接口的实现层次如图 13-2 所示。其中，K 为关键字对象的数据类型，而 V 为映射值对象的数据类型。

图 13-2　Map 接口及其子接口的实现层次

Map 是包括关键字、值以及它们的映射关系的集合，可分别使用如下方法得到。
- public Set<K> keySet()：关键字的集合。
- public Collection<V> values()：值的集合。
- public Set<Map.Entry<K,V>> entrySet()：关键字和值的映射关系的集合。

Map 中还定义了对 Map 数据集合的操作方法，如下所示。
- public void clear()：清空整个数据集合。
- public V get(K key)：根据关键字得到对应值。
- public V put(K key,V value)：加入新的"关键字-值"，如果该映射关系在 Map 中已存在，则修改映射的值，返回原来的值；如果该映射关系在 Map 中不存在，则返回 null。
- public V remove(Object key)：删除 Map 中关键字所对应的映射关系，返回结果同 put()方法。
- public boolean equals(Object obj)：判断 Map 对象与参数对象是否等价。两个 Map 相等，当且仅当其 entrySet()方法得到的集合是一致的。
- public boolean containsKey(Object key)：判断在 Map 中是否存在与关键字匹配的映射关系。
- public boolean containsValues(Object value)：判断在 Map 中是否存在与键值匹配的映射关系。

实现 Map 接口的类有很多，其中最常用的有 HashMap 和 Hashtable，两者在使用上的最大差别是，Hashtable 的线程访问是安全的，而 HashMap 需要提供外同步。Hashtable 还有一个子类 Properties，其关键字和值只能是 String 类型，经常被用来存储和访问配置信息。

【例 13-8】 Map 接口的使用。

程序代码如下：

```
#01   import java.util.*;
#02   public class MapDemo {
#03       public static void main(String args[]) {
#04           Map<String,Object> map = new Hashtable<>();
#05           map.put("name","张三");        //关键字 name 的值为张三
#06           map.put("age",20);
#07           map.put("sex",Sex.男);
#08           map.put("name", "李四");      //关键字 name 的值改为李四
#09           System.out.println(map.get("name"));
#10           System.out.println(map.keySet());
#11           System.out.println(map.values());
#12       }
#13   }
#14
#15   enum Sex {        //定义枚举类型 Sex
#16       男，女;
#17   }
```

【运行结果】

李四

[sex, name, age]

[男, 李四, 20]

【说明】第 8 行给 map 添加一个已有相同关键字的元素时将修改该关键字对应的键值，从第 9 行的输出结果可以看出 name 的键值变成了"李四"。第 10 行通过 Map 对象的 keySet()方法得到关键字的集合，第 11 行通过 Map 对象的 values()方法得到值的集合。第 15～17 行定义了枚举类型，第 7 行使用了枚举常量，关于枚举类型将在第 14 章介绍。

【例 13-9】 将数值在 1 万以下的中文数值串转换为具体整数。

例如，三千五百二十八转换为 3528，八百八十转换为 880，一千零三转换为 1003 等。可以将 1～9 对应的大写数字存入一个列表中，让其在列表中的位置正好等于大写数字值，按中文检索列表得到的位置值就是数字值。对于"千"、"百"和"十"这 3 个代表权值的符号，可以存放在 Map 中作为 key，其 value 值存放对应的权值，整个数字串的值实际上就是从左向右读，逐个字符取出并分析处理。前一位读到的数字乘上后一位读到的权值作为累加项，最后一位可能只有数字位。因此，最终结果是累加值加上最后位。另外，对于大写中出现的"零"要进行跳过处理。

程序代码如下：

```
#01   import java.util.*;
#02   public class DigitConvert{
#03     public static void main(String args[ ]) {
#04       List<String> bigLetters = Arrays.asList("",
#05           "一","二","三", "四","五","六","七","八","九");
```

```
#06          Map<String,Integer> weights = new HashMap<>(){{
#07              put("千",1000);
#08              put("百",100);
#09              put("十",10);
#10           }};
#11          Scanner scan=new Scanner(System.in);
#12          System.out.print("输入中文数值串：");
#13          String str = scan.next();
#14          scan.close();
#15          int total = 0, bit = 0;
#16          for (int k = 0;k<str.length();k++) {
#17              String ch = String.valueOf(str.charAt(k));
#18              if(ch.equals("零")) continue;        //先行处理零，跳过
#19              int p = bigLetters.indexOf(ch);      //查是否为数字字符
#20              if (p!=-1)
#21                 bit = p;                          //记住位值
#22              else {                               //否则肯定是代表权的字符
#23                 int power   = weights.get(ch);    //得到位的权值
#24                 if (power==10 && bit==0)
#25                      bit=1;    //针对"十"前面为数值"一"时，常省略"一"的情形
#26                 total = total + bit * power;      //累加
#27                 bit = 0;
#28              }
#29          }
#30          System.out.println(str + " => " + (total+bit));
#31       }
#32    }
```

【说明】注意到整个大写数字串中只有 3 种字符：一种是"零"，第 18 行进行跳过处理；另外两种分别是代表数值的和代表权值的字符。代表数值的字符在第 19 行查找列表得到其对应的数字值，代表权值的字符在第 23 行通过查找 Map 得到其权对应位的放大倍数。在每次处理权字符后，第 24～25 行针对诸如省略"一十五"前面的"一"将其读成"十五"的情形进行处理。第 27 行将 bit 变量清零很有必要，以免将前一位的值带到最后。第 30 行计算输出最后的结果还要将 total 值与 bit 相加。

【运行示例】

输入中文数值串：一千二百五十

一千二百五十 => 1250

习　　　题

1. 选择题

（1）以下（　　　）是 Collection 接口的方法。

　　　A．iterator()　　　B．isEmpty()　　　C．toArray()　　　D．setText()

（2）设有泛型类的定义如下：

```
class Test<T> {    };
```

由该类创建对象时，使用正确的是（　　　）。

    A．Test x= new Test( );

    B．Test<int> x= new Test<int>( );

    C．Test<Object> x= new Test<Object>( );

    D．Test<T> x= new Test<T>( );

（3）java.util.Hashtable 类实现的接口是（　　　）。

    A. java.util.Map   B. java.util.List

    C. java.util.Set   D. java.util.Collection

（4）可以用作堆栈的类是（　　）。

    A. Set   B. ArrayList   C. ArrayDeque   D. LinkedList

（5）某个类中有如下方法：

```
public    static    <T>    String add(T... x) {
        String res="";
        for ( T    e:x)
                res+=e;
        return    res;
    }
```

在该类中，针对该方法的调用，以下正确的是（　　）。

    A. add(1,2,3)   B. add()   C. add("a","b","c")   D. add("a", 2)

2．写出以下程序的运行结果

程序 1：

```
class Example<T> {
    public void    write(T a) {
        System.out.println(a);
    }
}
public    class Test {
    public static void main(String[ ] args){
        Example<String> x= new Example<String>();
        x.write("hello");
        Example<Integer> y= new Example<Integer>();
        y.write(123);
    }
}
```

程序 2：

```
import java.util.*;
public    class Test2 {
    public static void main(String[ ] args){
        ArrayList<Object> a=new ArrayList<Object>();
        a.add(new Integer(12));
        a.add("hello");
        a.add(23);
        Iterator p=a.iterator();
        while(p.hasNext()) {
            System.out.print(p.next());
        }
    }
}
```

程序 3：

```
import java.util.*;
public    class Test3 {
    public static void main(String[ ] args){
        ArrayList<Integer> a=new ArrayList<Integer>();
        a.add(18);
        a.add(15);
        for (int k=0;k<a.size() ;k++ )
          System.out.println(a.get(k));
    }
}
```

程序 4：

```
import java.util.*;
public class test4 {
    public static void main(String args[ ]) {
        Map<String,Integer> m=new HashMap<String,Integer>();
        m.put("张三",95);
        m.put("李四",80);
        System.out.println(m.get("张三"));
        System.out.println(m.containsKey("张四"));
    }
}
```

程序 5：

```
class Example<T> {
    public String add(T a,T b) {
        return    a.toString()+b.toString();
    }
```

```
}
public    class Test {
    public static void main(String[ ] args){
    Example<String> x= new Example<String>();
    System.out.println(x.add("123","543"));
    Example<Integer> y= new Example<Integer>();
    System.out.println(y.add(12,25));
    }
}
```

3．编程题

（1）使用 LinkedList 存储学生信息，学生信息包括学号、姓名、年龄、性别等属性。实现如下功能：

① 列出所有学生。

② 增加学生。

③ 删除某个学号的学生。

（2）利用 ArrayList 存储全班学生的数学成绩，求最高分、平均分。

（3）用 Map 存储学生的姓名、年龄和性别等信息，自拟数据将若干学生的信息存储到 List<Map<String,Object>>类型的列表中。

① 按行列对齐的表格样式输出列表中数据。

② 编写一个方法 convert()，将上述列表存储的信息转换为 List<Student>类型的数据，其中，Student 类中包含学生的姓名、年龄和性别等属性，输出列表内容。

（4）设计 distinct()方法，方法参数为一个列表，返回子列表，结果是原来参数列表中重复出现的元素仅保留一个。例如，实际参数列表中有 cat、panda、cat、dog、dog、lion、tiger、panda 和 tiger，则方法返回结果列表中仅剩下 cat、panda、dog、lion 和 tiger。要求该方法也适用于整数类型的列表元素情形。

第 14 章　Lambda 表达式、Stream 与枚举类型

本章知识目标：

❑　熟悉 Lambda 表达式的使用。

❑　了解 Stream API。

❑　了解枚举类型的使用。

Lambda 表达式和 Stream 是 Java 8 引入的新特性。Lambda 表达式为 Java 函数式编程提供了一种便捷的表达形式；Stream 体现了序列数据和函数式编程的融合，还适用于对海量数据的快速处理。学习本章后可发现，原来比较复杂的程序用简短的代码就能表达。

14.1　Lambda 表达式

14.1.1　何为 Lambda 表达式

1. Lambda 表达式与函数式接口

Lambda(λ)表达式是 Java 8 引入的新特性，其针对的目标类型是函数接口（functional interface）。如果一个接口只有一个显式声明的抽象方法，那么它符合函数接口，一般用 @FunctionalInterface 标注出来（也可以不标注）。例如：

```
@FunctionalInterface
interface A{
    public int add(int a,int b);
}
```

Java API 中符合函数接口的例子不少。例如：

public interface Runnable { void run(); } //多线程程序要实现的接口

public interface ActionListener { void actionPerformed(ActionEvent e); } //图形界面中动作事件监听者要实现的接口

Lambda 表达式本质上是匿名方法，它由 3 部分组成：参数列表、箭头（->），以及一个表达式或语句块。

以往要创建一个符合接口 A 的对象，可编写一个匿名内嵌类，在匿名类中实现 add() 方法。不妨假设 add()方法的具体实现如下：

```
public int add(int x, int y) {
    return x + y;
}
```

如果用 Lambda 表达式来表示，则可以写成：

```
(int x, int y) -> { return x + y; }
```

可以看出，它包括一个参数列表和一个 Lambda 体，两者之间用箭头符号“->”分隔。甚至参数类型也可以省略，编译器会根据使用该表达式的上下文推断参数类型。

```
(x, y) ->{ return x + y; }
```

特别地，如果语句块中仅仅是一条返回语句，则可以直接写出表达式。

```
(x, y) -> x + y;
```

Lambda 表达式没有方法名，应用时会根据上下文的类型信息联想到方法名。例如：

```
public class Demo{
    public static void main(String[ ] args){
        //以下由 A 类型联想到 Lambda 表达式是 add()方法的实现
        A a = (x,y)-> x + y ;
        System.out.println(a.add(5,3));   //由对象引用 a 调用 add()方法
    }
}
```

上面代码赋值号右边的 Lambda 表达式不仅给出了方法 add()的具体实现，而且自动创建了一个实现函数式接口的对象并赋值给引用变量 a。

不妨回顾一下采用匿名内嵌类的实现方式解决同样问题的代码。

```
public static void main(String[ ] args){
    A a = new A() {            //实现 A 接口的匿名内嵌类
        public int add(int x, int y) {
            return x + y;
        }
    };
    System.out.println(a.add(5,3));
}
```

显然，使用 Lambda 表达式比使用匿名内嵌类简化了许多。

2. Lambda 表达式的几种特殊表示

关于 Lambda 表达式，还有一些简化的表达形式。

（1）对于无参方法，左边的圆括号对代表没有参数。对于没有返回结果的 void()方法，不能省略右边的花括号。例如，针对 Runnable 接口的 run()方法，Lambda 表达式表示如下：

```
() -> { ... }
```

（2）对于一个参数的方法（如 ActionListener 接口的 actionPerformed()方法仅有一个 ActionEvent 类型的参数），参数列表的圆括号对可省略。Lambda 表达式表示如下：

```
e -> { ... }
```

3. 泛型与 Lambda 表达式

在 Lambda 表达式中，与泛型相关的情形很多，根据泛型参数可推导出 Lambda 表达式的参数类型。例如，编译器可以推导出以下代码中 s1 和 s2 的类型是 String。

```
Comparator<String> c = (s1, s2) -> s1.compareToIgnoreCase(s2);
```

对于前面的接口 A，如果改为带泛型参数，则接口定义变为如下形式：

```
interface   A<T> {
    public T add(T a,T b);
}
```

以下是针对上述接口的相同 Lambda 表达式，因泛型实参变化导致调用结果不同。

```
A<String> a1 = (x,y)-> x + y ;
A<Integer> a2 = (x,y)-> x + y ;
System.out.println(a1.add("5","3"));        //输出结果为 53
System.out.println(a2.add(5,3));            //输出结果为 8
```

其中，第 1 个 add()方法实现两个字符串的拼接，第 2 个 add()方法实现两个整数的相加操作。

14.1.2 Java 8 的常用函数式接口

下面介绍一些标准的模板式接口，这些接口提供了某类功能的操作规范。通过这些接口类型的引用变量可以引用符合其要求的实际函数。Java 8 在 java.util.function 包中定义了如下常用函数式接口。

- ❑ Predicate<T>：其中 test()方法接收 T 类型对象并返回 boolean。符合该接口的函数称为谓词函数或者条件函数，也称为断言。
- ❑ Consumer<T>：其中 accept()方法接收 T 类型对象，不返回值。符合该接口的函数称为消费型函数。
- ❑ Function<T, R>：其中 apply()方法接收 T 类型对象，返回 R 类型对象。符合该接口的函数称为功能型函数。
- ❑ Supplier<T>：其中 get()方法没有任何输入，返回 T 类型。符合该接口的函数称为供给型函数。
- ❑ BinaryOperator<T>：其中 apply()方法接收两个 T 类型对象，返回 T 类型对象。符合该接口的函数称为二元运算函数，类似于 Function<T, T>的功能，也就是两个同类型元素进行某种运算。后面要介绍的 Stream 中的 reduce 操作利用了该类型函数。
- ❑ UnaryOperator<T>：其中 apply()方法接收一个 T 类型对象，返回 T 类型对象。

【例 14-1】　Function 和 BinaryOperator 函数式接口的应用。

程序代码如下：

```
#01    import java.util.function.*;
#02    public class TestFun {
#03        public static void main(String args[ ]) {
#04            /* 以下定义函数将参数字符串的首字母变大写  */
#05            Function<String, String> f = s -> {
#06                return s.substring(0, 1).toUpperCase() + s.substring(1);
#07            };
#08            System.out.println(f.apply("java"));
#09            /* 以下利用辗转相除法求两个数的最大公约数  */
#10            BinaryOperator<Integer> g = (x, y) -> {
#11                x = Math.max(x,y);
#12                y = Math.min(x,y);
#13                int t;
#14                do {
#15                    t = x % y;
#16                    x = y;
#17                    y = t;
#18                } while (t > 0);
#19                return x;
#20            };
#21            System.out.println(g.apply(18, 15));
#22        }
#23    }
```

【运行结果】

Java

3

　　【说明】第 5～7 行通过 Lambda 表达式给出了 Function<T, R>接口中 apply()方法的具体实现,方法结果是将参数传递的串的首字符变成大写。第 10～20 行给出了 BinaryOperator<T>接口的 apply()方法的具体实现,求两个整数的最大公约数。

【例 14-2】　　使用 Predicate 类型的函数参数。

　　以下 TestPre 类的 filter()方法中有两个参数,第 1 个参数提供数据,第 2 个参数为 Predicate 类型的函数,对应该参数的实际函数要给出 test()方法的具体实现。

　　程序代码如下:

```
#01    import java.util.function.*;
#02    public class TestPre {
#03        public static void filter(String s[ ], Predicate<String> condition) {
#04            for (String name : s)
#05                if (condition.test(name))
#06                    System.out.print(name + "\t");
#07            System.out.println();
#08        }
#09
#10        public static void main(String args[ ]) {
#11            String[ ]   languages = { "Java", "C++", "Python" };
```

```
#12          System.out.print("以大写字母 J 开头的语言: ");
#13          filter(languages, s -> s.startsWith("J"));
#14          System.out.print("以小写字母 n 结尾的语言: ");
#15          filter(languages, s -> s.endsWith("n"));
#16          System.out.print("输出所有语言: ");
#17          filter(languages, s -> true);
#18      }
#19  }
```

【运行结果】

以大写字母 J 开头的语言：Java

以小写字母 n 结尾的语言：Python

输出所有语言：Java　C++　Python

【说明】第 5 行调用了 Predicate 类型对象的 test()方法，第 13、15、17 行在调用 filter()
方法时，通过其第 2 个参数分别给出了 test()方法的 3 种具体实现，即与函数式接口对应的
Lambda 表达式。如果将 Predicate 等函数式接口类型参数看作"虚函数"，那么与之对应
的 Lambda 表达式就是"实函数"。

14.1.3　方法引用

　　Lambda 表达式也可以是某个类的具体方法引用（method reference）。借助操作符"::"
将方法名称与其所属类型名称分开，如果类型的实例方法是针对泛型的，则要在"::"分隔
符前提供泛型参数类型。典型方法引用举例如表 14-1 所示。

表 14-1　典型方法引用举例

方法引用形式	方法引用举例	描　　述
类名::静态方法名	Integer::parseInt	等价于 x->Integer.parseInt(x)
对象引用::实例方法名	System.out::print	等价于 x->System.out.print(x)
	super::toString	引用参数对象的父类的 toString()方法
类名::实例方法名	String::toUpperCase	等价于 x->x.toUpperCase()
类名::new	Integer::new	等价于 x->new Integer(x)
类型[]::new	String[]::new	构造 String 类型的数组

　　例如，下面代码中的方法引用 String::toUpperCase 有一个 String 参数（由赋值号左边
函数类型的泛型参数可知），这个参数会被 String 类的 toUpperCase()方法使用，结果也是
String 类型，也就是将来自参数的全部字符变为大写，所以程序的输出结果为 CHINA。

```
import java.util.function.*;
public class RefTest {
    public static void main(String args[ ]) {
        Function<String,String>  f = String::toUpperCase;
        System.out.println(f.apply("china"));
    }
```

```
}
```

【思考】假设要根据数字串创建整数（Integer）对象，上面程序的函数应如何书写？

【例 14-3】 求函数 f(x)在区间[a,b]上的最大值。

设计方法 findMax()，包括 f、a、b 共 3 个参数，该方法作用是计算函数 f(x)在区间[a,b]上的最大值。假设求解过程中 f(x)的参数 x 在区间[a,b]内按步长 0.1 取值。

程序代码如下：

```
#01    import java.util.function.*;
#02    public class Ex14_3 {
#03        static double findMax(Function<Double, Double> f,double a,double b) {
#04            double r = f.apply(a);                //求 r=f(a)
#05            for (double x=a; x<=b; x+=0.1) {
#06                double y = f.apply(x);            //求 y=f(x)
#07                if (r <y)
#08                    r=y;
#09            }
#10            return r;
#11        }
#12
#13        public static void main(String args[ ]) {
#14            System.out.printf("%f\n",findMax(Math::sqrt,1.0,5.0));
#15                //求 sqrt(x)在区间[1,5]上的最大值
#16            System.out.printf("%f\n",findMax(Math::exp,0,1));
#17                //求 exp(x)在区间[0,1]上的最大值
#18            System.out.printf("%f\n",findMax(x->x*x+2*x+1,0,1));
#19                //求 f(x)= x²+2x+1 在区间[0,1]上的最大值
#20        }
#21    }
```

【运行结果】

2.236068

2.718282

4.000000

【注意】本例作为 Function 类型的函数形参 f，通过泛型参数声明了其参数和结果类型均为 double。在 main()方法中针对 findMax()方法的 3 次调用给出了 3 个具体函数在各自指定区间范围的求解结果。

14.2 Stream

14.2.1 Stream 的创建

java.util.stream.Stream 用来表示某一种元素的序列，可以针对序列中的元素进行各种操

作。Stream 的操作可以串行执行或者并行执行。在 Stream 中对元素的处理是按照流水线的方式进行的。因此，它不需要保存中间结果，这种处理方式也适合处理海量数据。

Stream 对象的创建需要指定一个数据源，典型的数据源包括收集（Collection)对象，也可以是数组等。以下是创建 Stream 的几种典型情形。

（1）由收集对象创建流。

调用 Collection 接口的默认方法 stream()或 parallelStream()可分别创建串行流和并行流。并行流也可以在创建流后通过执行 parallel()方法得到。例如，以下代码由字符串列表创建流，后面举例主要是针对该流进行处理。

```
List<String> words = Arrays.asList("bird", "boy","word","book","work");
Stream<String>  strStream = words.stream();
```

注意，虽然 Arrays.asList 构建的列表内容固定不变，但由该列表得到的 Stream 对象是允许进行各种变换处理的。

（2）由数组创建流。

利用 Arrays.stream(T array)方法可以从数组创建 Stream 对象。例如：

```
int [ ] arr = {1,2,3,4,5,6,7,8,9,10};
IntStream   stream = Arrays.stream(arr);
```

实际上，这里得到的流还是一个原生流，也就是流中的数据均为 int 类型的整数。

反之，Stream 对象也可调用 toArray()方法转化为数组。例如：

```
String[ ] strArray1 = strStream.toArray(String[ ]::new);
```

（3）利用 Stream<T>接口创建流。

利用 Stream<T>接口提供的 of(T)方法也可创建流对象等。例如：

```
Stream<String>   as = Stream.of("a", "b", "c");
```

要创建不含任何元素的 Stream，可以使用 Stream.empty()方法。例如：

```
Stream<String> silence = Stream.empty();
```

（4）创建无限流。

无限流意味着有无限数据。Stream 接口有两个用来创建无限流的静态方法。

第一个方法是 generate()，该方法接受一个 Supplier<T>接口的对象。例如，以下代码产生一个常量值的 Stream：

```
Stream<String>   echos = Stream.generate( ()->"Echo" );
```

这样得到的流中含有无数个 Echo 字符串。

而以下方法则根据随机函数产生的数据形成 Stream：

```
Stream<Double>   randoms = Stream.generate(Math::random);
```

第二个方法是 iterate()。例如，要创建一个诸如 0,1,2,3,…这样的无穷序列，可使用 iterate() 方法。该方法接受一个种子和一个 UnaryOperator<T>接口的函数对象，并且对之前的值重 复应用该函数。例如：

```
Stream<BigInteger>  integers = Stream.iterate(BigInteger.ZERO,
    n -> n.add(BigInteger.ONE));
```

（5）创建原生流。

对于基本数据类型的数据，对应 IntStream、LongStream 、DoubleStream 等原生流。 以下代码创建一个 Stream<Integer>，然后转换为原生流 IntStream。

```
Stream<Integer>  stream = Stream.of(1,2,3);
IntStream intstream = stream.mapToInt(Integer::valueOf);
```

也可以利用原生流的类提供的一些方法直接构建原生流。例如：

```
IntStream.of(new int[ ]{1,2,3}).forEach(System.out::print); //输出 123
IntStream.range(1,3).forEach(System.out::print);   //输出 12
IntStream.rangeClosed(1,3).forEach(System.out::print); //输出 123
```

（6）由缓冲输入流创建流。

对于来自文件的数据，可以通过字符流中缓冲输入流（BufferedReader）的 lines()方法 得到由若干行字符串数据构成的流对象。例如：

```
FileReader   file = new FileReader("example.java");
BufferedReader   reader = new BufferedReader(file);
Stream<String>   stream = reader.lines();
```

这样可以按流的方式来实现对文本文件中数据的各种处理。

14.2.2 Stream 操作

Stream 操作可以是中间操作，也可以是最终操作。Stream 操作如果有参数，必须是 Lambda 表达式形式。最终操作会返回一个某种类型的值，而中间操作可有多个，它们返 回变换后的流对象，如图 14-1 所示。

图 14-1 Stream 操作概念示意图

中间操作有 filter()、sorted()、map()、distinct()等方法，一般是针对数据集的整理（过 滤、排序、转换、抽取等），返回值是结果数据集构成的流。此外，Stream 类中还有一个 静态方法 concat()用于将参数指定的两个流连接起来。

最终操作有 forEach()、allMatch()、anyMatch()、findAny()、findFirst()，count()、max()、min()、reduce()、collect()等方法。其中，forEach()接受一个 Function<T,R>接口类型的参数，用来对流的每一个元素执行指定的操作。

对于无限流，还可以进一步用 limit()方法来限制流的数据的数量。

```
Stream<BigInteger>   integers = Stream.iterate(BigInteger.ZERO,
     n -> n.add(BigInteger.ONE)).limit(10);
integers.forEach(System.out::println); //输出 0,1,2,3,…,9
```

【注意】stream.limit(n)会返回一个包含 n 个元素的新流，该方法适合裁剪流。stream.skip(n)方法正好相反，它将返回丢弃前 n 个元素的新流。

以下代码利用随机函数产生并输出 20 个学生的成绩。

```
Stream<Integer>   ints = Stream.generate(()->(int)(Math.random()*101))
.limit(20).forEach(System.out::println);
```

1. 中间操作

（1）filter()方法。

filter()方法用来过滤流对象中的所有元素。其形态如下：

Stream<T> filter(Predicate<T> predicate)

该方法接受 Predicate<T>类型的条件函数作为参数，返回一个流，其中仅包含满足条件函数要求的元素。例如：

```
strStream.filter((s) -> s.startsWith("w"))   //以字符 w 开头的单词
.forEach(System.out::println);
```

在输出结果中包含的单词有 word、work。

Java 9 为 Stream 新增了 dropWhile()、takeWhile()等方法。它们使用一个条件函数作为参数，takeWhile()方法的形态如下：

Stream<T> takeWhile(Predicate<? super T> predicate)

takeWhile()方法返回给定 Stream 中提取条件函数值为 false 之前的子集。

```
Stream.of("a","b","c","","e","f").takeWhile(s->!s.isEmpty())
.forEach(System.out::print);        //输出 abc
```

dropWhile()方法返回给定 Stream 中提取条件函数值为 false 之后的子集。

```
Stream.of("a","b","c","","e","f").dropWhile(s-> !s.isEmpty())
.forEach(System.out::print);        //输出结果为 ef
```

（2）map()方法。

map()方法含 Function<T,R>类型的参数，对流中每个元素按指定的函数进行转换。例如：

```
strStream.map(String::toUpperCase)      //所有字符转为大写
.forEach(System.out::println);
```

输出结果中的单词依次为 BIRD、BOY、WORD、BOOK、WORK。

与 map()方法类似的还有 mapToInt()、mapToLong()、mapToDouble()，它们会通过 ToIntFunction<T>、ToLongFunction<T>、ToDoubleFunction<T>类型的参数将流转换为原生流。每个转换会接受一个 T，并返回相应的基本类型值。例如：

```
List<String>  list = Arrays.asList("12", "13","32","45","23");
Stream<String>  intsStream = list.stream();
IntStream is = intsStream.mapToInt(Integer::parseInt);
```

map()生成的是 1:1 映射，每个输入元素都按照规则转换成为另外一个元素。还有一些场景是一对多映射关系的，这时需要 flatMap()。例如：

```
Stream<List<Integer>>  inputStream = Stream.of(Arrays.asList(1，2), Arrays.asList(3, 4),
    Arrays.asList(5, 6, 7) );
Stream<Integer>  outputStream = inputStream.flatMap((childList) -> childList.stream());
outputStream.forEach(System.out::print);      //输出 1234567
```

flatMap()把 inputStream 中的层级结构扁平化，就是将最底层元素抽出来放到一起，最终 outputStream 里面已经没有 List 了，都是直接的数字。

（3）distinct()方法。

distinct()方法可从流中删除重复元素。根据 equals()方法，所有重复元素只保留一个。例如：

```
strStream.map((s)->s.substring(0,1))     //结果串为原始串中的首字符
.distinct()
.forEach(System.out::println);
```

输出内容按次序为 b、w。

（4）sorted()方法。

sorted()方法用于对流数据进行排序，返回一个排过序的流对象。该操作有两种形态：一种是无参，会默认按照自然顺序对流中的元素进行排序；另一种是含有一个 Comparator<T>类型的参数，将按指定的 Comparator 所定义的规则进行排序。例如：

```
strStream.sorted()       //按自然顺序排序
.forEach(System.out::println);
```

在输出结果中单词依次为 bird、book、boy、word、work。

对于排序操作，原生流的处理效率更高，主要原因是原生数据的比较效率高于包装的对象数据，因为它避免了数据的包装和拆箱环节。

针对 Stream<Integer>的流，可用 mapToInt()方法将其转换为原生流。例如：

```
List<Integer>   a = Arrays.asList(12,3,8,4,16,9,2,24);
Stream<Integer>  intsStream = a.stream();
intsStream.mapToInt(Integer::intValue).sorted()
  .forEach(x-> System.out.printf("%3d",x));
```

以上代码对应的运行结果如下：

2 3 4 8 9 12 16 24

当然，不转换为原生流，同样可以进行排序和输出。代码如下：

```
a.stream().sorted().forEach(x-> System.out.printf("%3d",x));
```

2. 最终操作

（1）match()方法。

match()方法有多种不同的类型，分别是 allMatch()、anyMatch()、noneMatch()，它们均含有 Predicate<T>类型的参数，所有的 match()方法均返回一个 boolean 类型的结果。anyMatch()方法意味着有任何元素满足规则时返回 true，否则返回 false；allMatch()方法意味着所有元素均满足规则时返回 true，否则返回 false；noneMatch()方法意味着所有元素均不满足规则时返回 true，否则返回 false。例如：

```
boolean b = strStream.anyMatch((s) -> s.startsWith("w"));
System.out.println(b);          //结果为 true
boolean b2 = strStream.allMatch((s) -> s.startsWith("b"));
System.out.println(b2);         //结果为 false
```

（2）汇集方法。

汇集方法完成数据的各类统计处理。count()方法返回一个数值，用来标识当前流对象中包含的元素数量。例如：

```
long   x1 = strStream.filter((s) -> s.startsWith("b")).count();
System.out.println(x1);   //输出结果为 3
```

对于 IntStream、LongStream 和 DoubleStream 等原生类型流，提供 sum()方法用于求和，该方法返回的是相应类型的数据值。而 max()、min()、average()方法则分别用于求最大值、最小值和平均值，这几个方法返回 Optional 值，Optional 是一个可以包含 null 值在内的容器对象，用其 get()方法可获取容器的对象。

max()方法作用于对象流，需要用比较器作为操作参数。以下代码求一组整数中的最大值，利用 Integer 类的 compareTo()方法实现数据的比较。

```
List<Integer>   x = Arrays.asList(34,56,78,3,23,73);
Optional<Integer>   c = x.stream().max(Integer::compareTo);
System.out.println("最大整数是： " + c.get());
```

特别地，对于 IntStream 等原生流，max()方法不带参数，其结果为 OptionalInt 对象，可通过 getAsInt()方法获取整数值。而 average()方法的结果是 OptionalDouble 对象，需要通过 getAsDouble()方法获取其中的数据。

【例 14-4】　利用随机函数产生 10 个学生的成绩，求其平均分。

程序代码如下：

```
#01    import java.util.*;
#02    import java.util.stream.*;
#03    public class AverageScore{
#04        public static void main(String[ ] args) {
#05            int [ ]   score = new int[10];
#06            for (int k=0;k<score.length;;k++) {
#07                score[k]=(int)(Math.random()*101);
#08                System.out.printf("%4d",score[k]);
#09            }
#10            System.out.println();
#11            IntStream stream = Arrays.stream(score);
#12            System.out.println("平均分=" + stream.average().getAsDouble());
#13        }
#14    }
```

【运行示例】

　　98　95　90　19　97　80　67　97　42　31

平均分=71.6

（3）reduce()方法。

reduce()方法的参数为 BinaryOperator<T>类型，该方法用于通过某一个方法对元素进行归并处理，最后的结果为 Optional 类型的值。reduce()方法提供了计算流中某个值的一种通用机制，它将二元函数从前两个元素开始进行运算，并反复将前面的运算结果与流中的剩余元素进行同样运算。在许多实际问题求解中可以采用 reduce()方法，如求累加、求累乘、字符串拼接、求最大值、求最小值、求集合的并集以及集合的交集等。

【例 14-5】　　利用 reduce()方法实现一组整数的累乘。

程序代码如下：

```
#01    import java.util.*;
#02    public class Calculate {
#03        public static void main(String[ ] args) {
#04            List<Integer>   nums = Arrays.asList(5, 8, 2, 3,15);
#05            int   result = nums.stream().reduce((x, y)-> x * y).get();
#06            System.out.println("累乘结果= " + result);
#07        }
#08    }
```

【运行结果】

累乘结果= 3600

【思考】求一组数据中的最大元素值，如果要利用 reduce()方法来实现，则 reduce()方法的参数应如何表达？

（4）collect()方法。

collect()方法将流的所有数据值收集到可变容器中，其参数是 Collector 接口的实例，Collector 代表可变的汇聚操作，Collectors 是 Collector 的具体实现工厂，通常采用 Collectors 类的如下几个静态方法作为 collect()方法的参数。

- ❑ Collectors.toSet()：结果收集到集合中。
- ❑ Collectors.toList()：结果收集到列表中。
- ❑ Collectors.toMap(Function<T,K>, Function<T,U>)：结果收集到 Map 中。流的每个成员均接收一个从 T 到 K 的键抽取函数以及从 T 到 U 的值抽取函数。
- ❑ Collectors.joining()：用于将字符串流中的数据拼接为字符串，可以通过 joining()方法的参数指定元素之间插入分隔符。

例如，以下代码将前面定义流的数据收集到列表中。

```
List<String>   r = strStream.collect(Collectors.toList());
System.out.println(r);
```

输出结果为：[bird, boy, word, book, work]。

以下代码将上面流中的所有字符串拼接形成一个字符串。

```
String   result = strStream.collect(Collectors.joining());
```

以下拼接方式指定元素之间插入逗号分隔符。

```
String   result = strStream.collect(Collectors.joining(","));
```

如果流对象 stream 中包含字符串以外的数据对象，则先用如下办法将数据转换为串。

```
String   result = stream.map(Object::toString).collect(Collectors.joining(","));
```

【例 14-6】　统计一组单词中各个单词的出现次数。

程序中用 words 列表存放一组单词，用 Map 存放各个单词和其出现次数的对应关系，问题求解利用流处理进行各种变换操作。

程序代码如下：

```
#01    import java.util.stream.*;
#02    import java.util.*;
#04    public class WordFrequency {
#05        public static void main(String[ ] args) {
#06            List<String>   words = Arrays.asList("bear", "boy","baby","book","bear",
#07                "boy","baby","boy");
#08            Map<String,Integer>   result = words.stream().distinct()
#09              .collect(Collectors.toMap(e->e, e->Collections.frequency(words,e)));
#10            System.out.println(result);
#11        }
#12    }
```

【运行结果】

{book=1, baby=2, bear=2, boy=3}

【说明】第 8 行使用 distinct()方法对单词列表形成的流进行过滤处理，仅保留不同的单词。第 9 行展示了 Collectors 的 toMap()方法的应用，流中的单词直接作为 Map 项的关键词，所以 Lambda 表达式为 e->e。为统计流中单词在 words 列表中的出现次数，调用了

Collections 类的 frequency()来计算，其结果作为 Map 项的值。

如果想将流规约为求总和、平均值、最大值或最小值，可以使用 summarizing(Int|Long|Double)方法中的一个，这些方法将流对象映射为数字值，并产生一个(Int|Long|Double)SummaryStatistics 类型的结果，统计结果对象提供计算总和、平均值、最大值或最小值的函数。

以下代码针对先前的字符串流进行处理。

```
IntSummaryStatistics  summary = strStream.collect(
        Collectors.summarizingInt(String::length));      //统计字符串长度
double   averageLength = summary.getAverage();           //求长度平均值
double   maxlength = summary.getMax();                    //求长度最大值
```

【例 14-7】　将一篇文章中的单词找出来。

假设一篇文章中单词之间用空格、逗号或句点隔开，将其中的单词找出来。

程序代码如下：

```
#01    import java.util.stream.*;
#02    import java.util.*;
#03    import java.io.*;
#04    public class PickWords {
#05       public static void main(String[ ] args) throws Exception{
#06           FileReader   file = new FileReader("paper.txt");
#07           BufferedReader   reader = new BufferedReader(file);
#08           List<String>   output = reader.lines()
#09             .flatMap(line -> Stream.of(line.split(" |,|\\.")))
#10             .filter(word -> word.length() > 0)
#11             .collect(Collectors.toList());
#12           System.out.println(output);
#13       }
#14    }
```

【说明】第 9 行把每行的单词用 flatMap()方法整理到新的 Stream。第 10 行通过 filter()方法对流过滤处理，保留长度不为 0 的单词。第 11 行通过 collect()方法将数据汇集到列表中。由于句点"."在正则式中有特殊含义，因此，要表示句点符号，需要用"\\."。

14.3　Java 枚举类型

枚举类型用来描述某种数据在固定的几个常量中取值的情形。例如，一周七天（星期一～星期日）、一年四季（春、夏、秋、冬）等。自 Java 5 开始引入枚举类型。

14.3.1　枚举类型的定义

枚举类型的定义用 enum 关键词。enum 和 class、interface 的地位一样，使用 enum 定义的枚举类默认继承 Enum 类。每个枚举常量为枚举类型的一个实例的名字。以下为简单示例。

```
public enum Weekday {
    MON,TUS,WED,THU,FRI,SAT,SUN;    // 1 周 7 天全部列出
    public static void main(String[ ] args) {
        Weekday   x = Weekday.MON;    //访问枚举成员
        System.out.println(x);                //输出时将调用 toString()方法
    }
}
```

【运行结果】

MON

可以看出，默认的 toString()方法返回的是枚举数据对应的名字。定义枚举类型要注意以下几点。

（1）多个枚举常量之间用逗号隔开。

（2）枚举类定义的成员实际上自动添加了 public static final 修饰，也就是为常量。

（3）枚举常量通常为大写，若使用多个单词来描述，则单词之间用下画线（_）隔开。

【例 14-8】　利用枚举类型描述 13 张扑克牌的点值。

由于数字不能作为标识符，因此在描述 13 张扑克牌的点值符号时以下画线开头。本例通过数组元素排序前后的对比来演示枚举类型的排列顺序。

程序代码如下：

```
#01    import java.util.*;
#02    public enum Card {
#03       _A, _2, _3 ,_4 ,_5, _6, _7 ,_8 ,_9, _10, _J ,_Q, _K ;
#04
#05       public static void main(String[ ] args) {
#06          Card   x[ ] ={Card._A,Card._7,Card._K,Card._8,Card._Q};
#07          System.out.println(Arrays.toString(x));        //排序前输出
#08          Arrays.sort(x);                                //数组排序
#09          System.out.println(Arrays.toString(x));        //排序后输出
#10       }
#11    }
```

【运行结果】

[_A, _7, _K, _8, _Q]

[_A, _7, _8, _Q, _K]

使用枚举类的好处之一是可以在 switch 语句中直接使用枚举常量。枚举类中也可以定

义属性和方法。以下枚举类中有两个静态方法。

```
public enum Season {
    SPRING,SUMMER,FALL,WINTER;            //一年四季
    public static String description(Season s) { //静态方法
        switch(s)   {
            case SPRING:    return "天气潮湿!";
            case SUMMER:    return "天气炎热!";
            case FALL:      return "天气干燥!";
            case WINTER:    return "天气寒冷!";
        }
        return null;    //此行是为了编译通过,switch 外也要有返回值
    }

    public static void main(String[ ] args) {
        Season    s = Season.SPRING;
        System.out.println(Season.description(s));
    }
}
```

注意，switch(s)表达式中已经知晓这是枚举类型的数据，因此，在 case 表达式中直接写入枚举值，不需加入枚举类作为限定。

switch 还可采用 case value ->的表达形式，以下代码的输出结果是"天气潮湿!"。

```
Season    day = Season.SPRING;
System.out.println( switch (day) {
        case SPRING ->"天气潮湿!";
        case SUMMER -> "天气炎热!";
        case FALL -> "天气干燥!";
        case WINTER ->"天气寒冷!";
    } );
```

14.3.2　Enum 类的常用方法

Enum 是抽象类,具体枚举类就是继承了 Enum 类的普通类,利用具体枚举类的 values()方法可获取包括所有枚举常量的数组。例如，以下为枚举类型 Weekday 的示例。

```
Weekday[ ]   days = Weekday.values();
System.out.println(Arrays.toString(days));
```

【运行结果】

[MON, TUS, WED, THU, FRI, SAT, SUN]

Enum 类的其他常用方法如下。

❑ int   compareTo(E o)：比较当前枚举与指定对象的顺序，返回次序相减结果。

❑ boolean   equals(Object other)：当前对象等于参数时，返回 true。枚举类型对象之间的比较也可不用 equals()方法，直接使用 "=="来进行比较。

❑ Class<?> getDeclaringClass()：返回枚举对象相对应的 Class 对象。

❑ String name()：返回枚举对象的名称。

❑ int ordinal()：返回当前枚举对象的序数（第 1 个常量序数为 0）

❑ String toString()：返回枚举对象的描述。

❑ static T valueOf(Class<T> enumType, String name)：返回指定枚举类型中指定名称的枚举常量。

以下为枚举类的上述方法调用演示。

```
Weekday   x = Weekday.MON;
System.out.println(x.compareTo(Weekday.SUN));          //结果为-6
System.out.println(x.getDeclaringClass().getName());   //结果为 Weekday
System.out.println(x.name());                          //结果为 MON
System.out.println(x.ordinal());                       //结果为 0
Weekday   y = Enum.valueOf(Weekday.class,"FRI");
System.out.println(y);                                 //结果为 FRI
```

此外，valueOf()方法的另一种形态是通过具体枚举类来调用的，只需指定一个参数。例如：

```
Weekday   y2 = Weekday.valueOf("SAT");
System.out.println(y2);                                //结果为 SAT
```

在枚举类中还可以定义构造方法，但其访问修饰只能是私有的。例如：

```
public enum Season {
    SPRING("春天"),SUMMER("夏天"),FALL("秋天"),WINTER("冬天");
    final String name;                          //属性

    private Season(String name) {               //构造方法
        this.name = name;
    }

    public String getName() {                   //实例方法
        return name;
    }
}
```

上面代码中，类体的第一行列出枚举常量时，默认调用了构造方法，这里调用了含一个参数的构造方法，利用参数给属性 name 赋值。通过枚举常量对象可以进一步访问其 name 属性，如 SPRING.name 的值是"春天"。外部访问 name 属性一般通过 getName()方法，如 Season.SPRING.getName()。

习　　题

1. 选择题

（1）设有如下接口：

```
interface Mul{
    public int multiply(int a,int b);
}
```

针对该接口的 Lambda 表达式，错误的是（　　　）。

       A. (int x,int y)-> {return x * y;}

       B. (a,b)-> {return x * y;}

       C. (x,y)-> return x*y;

       D. (a,b)-> a*b

（2）要表达对 Integer 类的 parseInt()方法的方法引用，正确的为（　　　）。

       A. Integer.parseInt   B. Integer::parseInt

       C. Integer:parseInt   D. （）->Integer.parseInt(x)

（3）以下函数式接口中，含有名为 test 的方法的是（　　　）。

       A. Predicate<T>   B. Consumer<T>

       C. Function<T, R>   D. Supplier<T>

（4）以下方法中，属于 Stream 对象的最终操作的是（　　　）。

       A. distinct()   B. map()   C. filter()   D. forEach()

2. 写出以下程序的运行结果

程序 1：

```
Stream.of(1,3,5,0,2,4).takeWhile(x->x>0)
 .forEach(System.out::print);
```

程序 2：

```
Stream.of(1,2,4).map(x->x*x)
 .forEach(System.out::println);
```

程序 3：

```
List<Integer> list = Arrays.asList(5, 1, 2, 3);
var r = list.stream().reduce((x, y)-> x +y).get();
System.out.println(r);
```

程序 4：

```
List<String> my = Arrays.asList("buy","book","pan","car", "boy");
var x = my.stream().filter((s) -> s.startsWith("b")).count();
System.out.println(x);
```

3. 编程题

（1）读入一个英文文本文件中的所有单词，统计输出每个单词的出现次数。

（2）给出由若干字符串构成的有限流，输出长度最小的字符串。

（3）写一个用梯形法求定积分的通用函数，并利用该函数分别求以下两个积分：

$$\int_0^1 \sin x \, dx, \int_0^1 e^x \, dx$$

（4）编写一个程序实现扑克牌的洗牌算法。将 52 张牌（不包括大、小王）按东、南、西、北分发。每张牌用一个对象代表，其属性包括牌的花色、名称。其中，花色用一个字符表示，S 代表黑桃，D 代表方块，H 代表红桃，C 代表梅花。通过枚举类型定义扑克牌的名称和排列顺序。例如，黑桃 A 的花色为 S，名称为_A；红桃 2 的花色为 H，名称为_2。

（5）利用随机函数产生由数值范围为 1～20 的 500 个整数构成的流，对该流进行如下处理：

① 统计每个数值的出现次数。

② 求所有元素的平均值。

第15章 多线程

本章知识目标：
☐ 掌握线程的概念、Java 线程的调度思想、优先级及线程的状态转换关系。
☐ 了解 Thread 类的常用方法。
☐ 掌握继承 Thread 类和实现 Runnable 接口两种编写线程的方法。
☐ 掌握线程资源的同步处理方法。
☐ 了解 JDK 的任务定时调度执行方法。

实际应用中经常需要同时处理多项任务。例如，服务器要同时处理与多个客户的通信，为了让这些任务并发执行，可以在服务器方为每个客户建立一个通信线程，各个通信线程独立地工作。通常计算机只有一个 CPU，为了实现多线程的并发执行，实际上采用了让各个线程轮流执行的方式，由于每个线程在一次执行中占用的时间片很短，各个线程通过调度程序的调度在间隔很短的时间后就可获得一次运行机会，其效果是有多个线程在并发执行。Java 在系统级和语言级均提供了对多线程的支持。

15.1 Java 线程的概念

15.1.1 多进程与多线程

1. 多进程

大多数操作系统允许创建多个进程。当一个程序因等待网络访问或用户输入而被阻塞时，另一个程序还可以运行，这样就提高了资源利用率。但是进程切换要占用较多的处理器时间和内存资源，也就是多进程开销大，而且进程间的通信也不方便，大多数操作系统不允许进程访问其他进程的内存空间。

2. 多线程

多线程是指在单个程序中可以同时运行多个不同的线程，执行不同的任务。因为线程只能在单个进程的作用域内活动，所以创建线程比创建进程要廉价得多，同一类线程共享代码和数据空间，每个线程有独立的运行栈，线程切换的开销小。因此，多线程编程在现代软件设计中被大量采用。

15.1.2 线程的状态

Java 中使用 Thread 类及其子类的对象来表示线程，新建的线程在它的一个完整的生命周期中通常要经历 5 种状态：新建状态、就绪状态、运行状态、阻塞状态和终止状态，如图 15-1 所示。

图 15-1　线程的生命周期

首先，一个线程通过对象创建方式建立，线程对象通过调用 start()方法进入就绪状态，一个处于就绪状态的线程将有机会等待调度程序安排 CPU 时间片进入运行状态。

在运行状态的线程根据情况有如下 3 种可能的走向。

❑ 时间片执行时间用完后线程将重新回到就绪状态，等待新的调度运行机会。

❑ run()方法代码执行完毕后线程将进入终止状态。

❑ 线程可能因某些事件的发生或者等待某个资源而进入阻塞状态，阻塞条件解除后线程将进入就绪状态。

15.1.3　线程调度与优先级

Java 提供一个线程调度器来负责线程调度。Java 采用抢占式调度策略，在程序中可以给每个线程分配一个线程优先级，优先级高的线程优先获得调度。对于优先级相同的线程，根据在等待队列的排列顺序，按“先到先服务”原则调度，为每个线程安排一个时间片，执行完时间片将轮到下一线程。

下面几种情况下，当前线程会放弃 CPU。

（1）当前时间片用完。

（2）线程在执行时调用了 yield()或 sleep()方法主动放弃。

（3）进行 I/O 访问，等待用户输入，导致线程阻塞；或者为等候一个条件变量，线程调用 wait()方法。

（4）有高优先级的线程参与调度。

线程的优先级用数字来表示，范围为 1～10。Thread 类提供了几个常量来表示优先级，MIN_PRIORITY 为 1，MAX_PRIORITY 为 10，NORM_PRIORITY 为 5。主线程的默认优先级为 5，其他线程的优先级与创建它们的父线程的优先级相同。

15.2　Java 多线程编程方法

用 Java 编写多线程代码有两种方式：第 1 种方式是直接继承 Java 的线程类 Thread；第

2 种方式是实现 Runnable 接口。无论采用哪种方式，均需要在程序中编写 run()方法，线程
在运行时要完成的任务在该方法中实现。

15.2.1　Thread 类简介

Thread 类综合了 Java 程序中一个线程需要拥有的属性和方法，它的构造方法为：

public Thread (ThreadGroup group,Runnable target,String name)

其中，group 指明该线程所属的线程组；target 为实际执行线程体的目标对象，必须实
现接口 Runnable；name 为线程名。以下构造方法为缺少某些参数的情形。

- [ ]　public Thread()。
- [ ]　public Thread(Runnable target)。
- [ ]　public Thread(Runnable target,String name)。
- [ ]　public Thread(String name)。
- [ ]　public Thread(ThreadGroup group,Runnable target)。
- [ ]　public Thread(ThreadGroup group,String name)。

线程组是为了方便访问一组线程引入的。例如，通过执行线程组的 interrupt()方法，可
以中断该组所有线程的执行，但如果当前线程无权修改线程组则将产生异常。实际应用中
较少用到线程组。

表 15-1 所示为 Thread 类的主要方法及其功能。

表 15-1　Thread 类的主要方法及其功能

方　　法	功　　能
currentThread()	返回当前运行的 Thread 对象
start()	启动线程
run()	由调度程序调用，当 run()方法返回时，该线程停止
sleep(int n)	使线程睡眠 n 毫秒，n 毫秒后，线程可以再次运行
setPriority(int p)	设置线程优先级
getPriority()	返回线程优先级
join()	其他线程要等待调用该方法的线程结束后，再往下执行
yield()	将 CPU 控制权主动移交到下一个可运行线程
setName(String name)	赋予线程一个名字
getName()	取得代表线程名字的字符串
stop()	停止线程的执行

15.2.2　继承 Thread 类实现多线程

Thread 类封装了线程的行为，继承 Thread 类需重写 run()方法实现线程的任务。注意，
程序中不要直接调用此方法，而是调用线程对象的 start()方法启动线程，让其进入可调度状

态，线程获得调度时将自动执行 run()方法。

【例 15-1】　　直接继承 Thread 类实现多线程。

程序代码如下：

```
#01    import java.util.*;
#02    public class TimePrinter extends Thread {
#03        int pauseTime;                          //中间休息时间
#04        String name;                            //名称标识
#05
#06        public TimePrinter(int x, String n) {
#07            pauseTime = x;
#08            name = n;
#09        }
#10
#11        public void run() {
#12            while (true) {
#13                try {
#14                    System.out.println(name + ":    "
#15                            + Calendar.getInstance().getTime());
#16                    Thread.sleep(pauseTime);       //让线程睡眠一段时间
#17                } catch (InterruptedException e) { }
#18            }
#19        }
#20
#21        public static void main(String args[ ]) {
#22            TimePrinter tp1 = new TimePrinter(1000, "Fast");
#23            tp1.start();
#24            TimePrinter tp2 = new TimePrinter(3000, "Slow");
#25            tp2.start();
#26        }
#27    }
```

运行程序，可看到两个线程按两个不同的时间间隔显示当前时间，睡眠时间长的线程
运行机会少，结果如下：

Fast:　　Sat Mar 26 14:49:35 CST 2022

Slow:　　Sat Mar 26 14:49:35 CST 2022

Fast:　　Sat Mar 26 14:49:36 CST 2022

Fast:　　Sat Mar 26 14:49:37 CST 2022

Slow:　　Sat Mar 26 14:49:38 CST 2022

Fast:　　Sat Mar 26 14:49:38 CST 2022

......

【注意】如果包括主线程，实际上有 3 个线程在运行，主线程从 main()方法开始执行，
启动完两个新线程后首先停止。其他两个线程的 run()方法被设计为无限循环，必须靠按
Ctrl+C 快捷键强行结束。

15.2.3 实现 Runnable 接口编写多线程

由于 Java 的单重继承限制，有些类必须在继承其他某个类的同时实现线程的特性。这时可通过实现 Runnable 接口的方式来满足两方面的要求。Runnable 接口只有一个方法 run()，该方法是线程运行时要执行的方法，只要将具体代码写入其中即可。

使用 Thread 类的构造函数 public Thread(Runnable target)可以将一个 Runnable 接口对象传递给线程，线程在调度执行其 run()方法时将自动调用 Runnable 接口对象的 run()方法。

Thread 类本身实现了 Runnable 接口，从其 run()方法的设计可看出线程调度时会自动执行 Runnable 接口对象的 run()方法。Thread 类的关键代码如下：

```java
public class Thread implements Runnable {
    private Runnable target;
    public Thread() {...}
    public Thread(Runnable target) {...}
    public void run() {
        if (target!=null)
            target.run();   //执行实现 Runnable 接口的 target 对象的 run()方法
    }
    …
}
```

将例 15-1 改用实现 Runnable 接口的方式实现，利用 Thread 类的带 Runnable 接口参数的构造方法创建线程，线程调度运行时，通过执行线程的 run()方法，转而调用 TimePrinter 对象的 run()方法。不妨让 main()方法所在的主线程也循环执行，具体程序代码变动如下：

```java
class TimePrinter implements Runnable {
    …  //此处代码与例 15-1 的第 3～19 行相同，省略
    public static void main(String args[ ]) {
        Thread tp1 = new Thread(new TimePrinter(1000,   "Fast"));
        tp1.start();
        Thread tp2 = new Thread(new TimePrinter(3000,   "Slow"));
        tp2.start();
        for (int k=0;k<100;k++) {
            System.out.println("主线程循环:    k =" +k);
            try {   Thread.sleep(500);
            } catch(InterruptedException e) {   }
        }
    }
}
```

运行程序，会发现有 3 个线程轮流执行，其中 main()方法所在的线程由于设置的线程睡眠时间更短，因此得到调度运行的机会更多。

【例 15-2】　一个随机选号程序。

【分析】不妨将所有电话号码存放在一个数组中，显示的号码从数组中随机挑选。让

窗体实现 Runnable 接口，利用线程实现号码的滚动显示。窗体中安排一个文本域显示号码，安排一个按钮控制选号过程的开始和停止，实际上就是控制线程的启停。用一个标记变量 flag 来控制线程的运作。

程序代码如下：

```
#01    import java.awt.*;
#02    import java.awt.event.*;
#03    public class Winning extends Frame implements Runnable {
#04        String phoneNumber[ ] = { "15031204532", "13014156678", "13870953214",
#05                "13943123322","18114156528" };          //用数组存放一组号码
#06        TextArea disp = new TextArea(4, 50);             //用来显示滚动号码
#07        int pos = 0;                                      //记录滚动到的索引位置
#08        boolean flag;                                     //控制线程停止的标记变量
#09        Button onoff;                                     //启动、停止按钮
#10
#11        public static void main(String[ ] args) {
#12            new Winning();
#13        }
#14
#15        public Winning() {
#16            add("Center", disp);
#17            onoff = new Button("begin");
#18            add("South", onoff);
#19            onoff.addActionListener( e->{
#20                if (e.getActionCommand().equals("begin")) {
#21                    flag = true;
#22                    onoff.setLabel("end");                //更改按钮标签
#23                    (new Thread(Winning.this)).start();   //启动线程
#24                } else {
#25                    flag = false;                         //设置线程停止标记
#26                    onoff.setLabel("begin");
#27                }
#28            });
#29            setSize(200, 100);
#30            setVisible(true);
#31        }
#32
#33        public void run() {
#34            while (flag) {
#35                int n = phoneNumber.length;
#36                pos = (int) (Math.random() * n);          //随机选位置
#37                disp.setText(phoneNumber[pos]);           //显示号码
#38                try {   Thread.sleep(50);
#39                } catch(InterruptedException e) {   }
#40            }
#41        }
#42    }
```

【说明】第 3 行定义了 Winning 类头，表明该类继承 Frame 并实现了 Runnable 接口。

第 23 行创建线程时将 Winning 窗体自身对象作为实参并启动线程，线程调度运行时将执行其 run()方法。在 run()方法中循环进行的条件是逻辑变量 flag 的值为 true，线程运行过程中，单击控制按钮可以让标记变量的值变为 false，从而结束线程的运行。

图 15-2　随机选号程序运行结果

程序运行结果随机变化，运行示例如图 15-2 所示。

【注意】编写线程应用特别要注意让线程运作过程中主动调用 sleep()方法进行休息，尤其是在图形界面应用中，如果有线程总占据 CPU，会影响事件的快速响应处理。本例的线程休息时间不宜太长，否则，滚动时能看清楚当前电话号码就有作弊之嫌。

【例 15-3】　利用多线程设计自动增值显示计数的按钮，单击按钮可以停止计数增值。在窗体中安排两个这样的按钮自动显示变化的计数值。

【分析】可以通过实现 Runnable 接口的办法让显示计数值的按钮体现多线程特性。创建线程时将实现 Runnable 接口的按钮作为参数传递给线程。不妨假设两个按钮从 0 开始自动增值计数，并通过设置按钮的标签来体现计数值变化，直到计数值到达 1000 为止。为了控制线程的停止，引入一个布尔型标记变量 flag，其初值为 true，单击按钮时将其设置为 false 就可让线程停止执行。为方便在类中访问，将用于计数的变量 count 和标记变量 flag 均作为 CountButton 的属性。

程序代码如下：

```
#01    import java.awt.*;
#02    class CountButton extends Button implements Runnable {
#03        int count = 0;                //用来进行计数
#04        boolean flag = true;         //用于控制计数的停止
#05
#06        public void run() {
#07            while (flag && count < 1000) {
#08                try {
#09                    this.setLabel("" + count++);
#10                    Thread.sleep((int) (1000 * Math.random()));
#11                } catch (Exception e) {      }
#12            }
#13        }
#14    }
#15
#16    public class CountFrame extends Frame {
#17        public CountFrame() {
#18            setLayout(null);                     //不使用布局管理
#19            CountButton t1 = new CountButton();
#20            t1.setBounds(30, 50, 80, 40);   //规定部件的位置和宽度、高度
#21            add(t1);
#22            CountButton t2 = new CountButton();
#23            t2.setBounds(130, 50, 80, 40);
#24            add(t2);
```

```
#25            t1.addActionListener(e -> { t1.flag = false; });
#26            t2.addActionListener(e -> { t2.flag = false; });
#27            (new Thread(t1)).start();       //创建线程，将计数按钮传递给线程
#28            (new Thread(t2)).start();
#29        }
#30
#31        public static void main(String args[ ]) {
#32            Frame f = new CountFrame();
#33            f.setSize(250, 150);
#34            f.setVisible(true);
#35        }
#36    }
```

程序运行效果如图 15-3 所示。单击某个按钮，其计数值将停止变化。

【说明】本例将窗体的布局管理器设置为 null，也就是不用布局管理器，而是采用坐标定位的办法来进行部件的定位。通过部件的 setBounds()方法的 4 个参数来规定部件的左上角位置和宽、高值。这种用坐标定位部件的方式在其他程序设计语言中普遍使用，但 Java 作为跨平台的语言，要适应不同的操作系统和不同的屏幕环境，一般不建议使用。

图 15-3　多线程实现自动计数按钮

【思考】为了更深刻地理解 static 修饰的含义，读者可以给第 3 行的 count 属性加上 static 修饰，观察运行结果的变化。不难发现，两个按钮的计数不再是独立的，因为它们共用同一个 count 变量。显然，添加 static 修饰是不合适的。

15.3　线程资源的同步处理

15.3.1　临界资源问题

多个线程共享的数据称为临界资源，由于线程的调度由线程调度程序负责，程序员无法精确控制多线程的交替次序，如果没有特殊控制，多线程对临界资源的访问将导致数据的不一致性。

以堆栈操作为例，涉及进栈和出栈两个操作。程序代码如下：

```
#01    public class Stack {
#02        int idx = 0;
#03        char[ ] data = new char[10];
#04
#05        public void push(char c) {
#06            synchronized (this) {           //执行以下代码锁定对象
#07                data[idx] = c;              //存入数据
#08                idx++;                      //改变栈顶指针
#09            }
```

```
#10        }
#11
#12        public synchronized char pop() {        //执行该方法时锁定对象
#13             idx--;
#14             return data[idx];
#15        }
#16   }
```

可以想象，线程在执行方法的过程中均可能因为调度问题而中断执行，如果一个线程在执行 push() 方法时将数据存入堆栈（即执行完第 7 行），但未给栈顶指针增值，这时中断执行，另一个线程则执行出栈操作，首先将栈指针减 1，这样读到的数据显然不是栈顶数据。为避免此种情况，可以采用 synchronized 给调用方法的对象加锁，保证一个方法处理的对象资源不会因其他方法的执行而改变。synchronized 关键字的使用方法有如下两种。

（1）用在对象前面，限制一段代码的执行，表示执行该段代码必须取得对象锁。

（2）在方法前面，表示该方法为同步方法，执行该方法必须取得对象锁。

要在 synchronized 中限制加锁的对象在代码执行完毕后才释放对象锁，在此之前，其他线程访问被加锁的对象时将处于资源等待状态。对象执行同步代码的过程如图 15-4 所示。

图 15-4　执行同步代码的过程

15.3.2　wait()和 notify()方法

wait()和 notify()方法配套使用，wait()方法使得线程进入阻塞状态，执行这两个方法时将释放相应对象占用的锁，从而可使因对象资源锁定而处于等待的线程得到运行机会。wait()方法有两种形式：一种允许指定以毫秒为单位的一段时间作为参数；另一种没有参数。前者当对应的 notify()方法被调用或者超出指定时间时使线程重新进入可执行状态，后者则必须由对应的 notify()方法将线程唤醒。因调用 wait()方法而阻塞的线程将被加入一个特殊的对象等待队列中，直到调用该 wait()方法的对象在其他线程中调用 notify()或 notifyAll()方法，这种等待才能解除。这里要注意，notify()方法是从等待队列中随机选择一个线程唤醒，而 notifyAll()方法则将使等待队列中的全部线程解除阻塞。

【注意】wait()方法与 notify()方法在概念上有如下特征。

（1）这对方法必须在 synchronized 方法或块中调用，只有在同步代码段中才存在资源锁定。

（2）这对方法直接隶属于 Object 类，而不是 Thread 类。也就是说，所有对象都拥有这一对方法。

【例 15-4】　过桥问题。有一个南北向的桥，只能容纳一个人，现桥的两边分别有 4 个人和 3 个人，编制一个多线程程序让这些人到达对岸，在过桥的过程中显示谁在过桥及其走向。

【分析】每个人用一个线程代表，桥作为共享资源，引入一个标记变量表示桥的占用情况。取得上桥资格和下桥行为分别用两个方法模拟。

程序代码如下：

```
#01   class PersonPassBridge extends Thread {
#02      private Bridge bridge;                      //桥对象
#03      String id;                                  //人的标识
#04
#05      public PersonPassBridge(String id, Bridge b )   {
#06          bridge = b;
#07          this.id=id;
#08      }
#09
#10      public void run()   {
#11          bridge.getBridge();                           //等待过桥
#12          System.out.println(id +"正过桥…");
#13          try {
#14              Thread.sleep((int)(Math.random()* 1000));   //模拟过桥时间
#15          } catch( InterruptedException e ) {  }
#16          bridge.goDownBridge();                        //下桥
#17      }
#18   }
#19
#20   class   Bridge {
#21      private boolean engaged = false;             //桥的占用状态
#22
#23      public synchronized void getBridge() {      //取得上桥资格
#24          while (engaged ) {
#25            try {
#26                wait();                            //如果桥被占用就循环等待
#27            } catch ( InterruptedException e ) {     }
#28          }
#29          engaged = true;                          //占用桥
#30      }
#31
#32      public synchronized void goDownBridge()   {   //下桥处理
#33          engaged = false;
#34          notifyAll();                             //唤醒其他等待线程
#35      }
#36   }
#37
#38   public class Test {
#39      public static void main( String args[ ] )   {
#40          Bridge b =new    Bridge();
#41          PersonPassBridge    x;
#42          for (int k=1;k<=4;k++) {
#43              x = new PersonPassBridge("南边，第"+k+"人", b);
#44              x.start();
#45          }
#46          for (int k=1;k<=3;k++) {
#47              x = new PersonPassBridge("北边，第"+k+"人", b);
#48              x.start();
```

```
#49        }
#50      }
#51  }
```

【运行结果】运行程序，可发现每次的结果不同，以下为其中一个运行结果。

南边，第 1 人正过桥…

北边，第 3 人正过桥…

南边，第 2 人正过桥…

北边，第 2 人正过桥…

北边，第 1 人正过桥…

南边，第 4 人正过桥…

南边，第 3 人正过桥…

【说明】整个程序由 3 个类组成，PersonPassBridge 类（第 1~18 行）通过线程的运行模拟人等待过桥动作过程。Bridge 类（第 20~36 行）模拟共享的桥，因为每次只能一个人在桥上，所以用一个逻辑变量 engaged 模拟桥的占用情况，true 表示占用，false 表示未占用。Bridge 类中包含两个方法，getBridge()方法用于取得上桥的资格，goDownBridge()方法模拟下桥动作，它将释放占用的桥。在 getBridge()和 goDownBridge()方法定义中均有synchronized 修饰，可保证执行方法时必须取得对象锁，从而避免多个线程同时执行该方法。Test 类（第 38~51 行）提供了 main()方法来测试具体的应用，分别创建了 Bridge 对象和代表南北方向的 7 个 PersonPassBridge 线程并启动运行。由于线程调度的机会带有一定的随机性，因此程序的执行结果不固定。

Java 的多线程可以让程序并发做多件事情。很多人在同时要做多件事情时会因分心而做不好，计算机程序并发做多项任务会不会有问题呢？这取决于编程。就像例 15-2 的随机选号程序，如果不让线程主动调用 sleep()方法休息，那么按钮事件就不能得到及时响应。在多线程共享资源时，对资源进行加锁处理要注意防范死锁现象，避免两个线程或多个线程套牢于寄希望获取对方掌握的锁才能继续执行的状况。

15.4 Java 的任务定时处理

实际应用中有时需要安排某个任务以一定周期间隔反复执行，为此 JDK 提供了java.util.Timer 类。java.util.Timer 也叫定时器，实际上是个线程，可定时调度执行 TimerTask类型任务的对象。TimerTask 是一个抽象类，实际任务对象是其子类对象，TimerTask 的子类的 run()方法用来安排任务的具体执行逻辑，任务每次被调度执行时将执行 run()方法。

通过 Timer 类的 schedule()方法安排任务的执行时间，以下为 schedule()方法的几种形态。

❑ schedule(TimerTask task, long delay)：从现在起过 delay 毫秒执行任务一次。

❑ schedule(TimerTask task, Date time)：在指定时间执行任务一次。

❑ scheduleAtFixedRate(TimerTask task, long delay, long period)：从现在起过 delay 毫秒以后，每隔 period 毫秒执行任务一次。

❑ scheduleAtFixedRate(TimerTask task, Date time, long period)：从 time 时刻开始，每隔 period 毫秒执行任务一次。

其中，参数 task 代表任务对象，time 代表启动时间，delay 代表延时，period 代表间隔时间。

【例 15-5】 统计输出任务调度执行次数，每次执行发出提示音。

程序代码如下：

```
#01    import java.awt.Toolkit;
#02    import java.util.Timer;
#03    class MyTimerTask extends java.util.TimerTask {
#04        int k=0;
#05        public void run() {
#06            System.out.println( k+++" times");          //输出执行次数
#07            Toolkit toolkit = Toolkit.getDefaultToolkit();
#08            toolkit.beep();                              //发一声 "咚"
#09        }
#10    }
#11
#12    public class Ex15_5 {
#13        public static void main(String[ ] args) {
#14            Timer timer = new Timer();
#15            timer.schedule(new MyTimerTask(), 1000, 2000);
#16        }
#17    }
```

【说明】运行程序不难发现，执行次数的统计输出结果每间隔 2 秒累增 1 次，也就是每次调度执行的是同一个任务对象的 run()方法。

习　　题

1．选择题

（1）可导致线程停止执行的原因是（　　）。

A．有更高优先级的线程开始执行　　　　B．线程调用了 wait()方法

C．线程调用了 yield()方法　　　　　　　D．线程调用了 sleep()方法

（2）实现 Runnable 接口所需的方法是（　　）。

A．wait()　　　　　　B．run()　　　　　　C．stop()　　　　　　D．update()

（3）以下代码的调试结果为（　　）。

```
public class Bground extends Thread{
  public static void main(String argv[ ]){
      Bground b = new Bground();
      b.run();
  }
```

```
public void start(){
    System.out.println("running... ");
}
}
```

   A．编译错误，没有定义线程的 run()方法

   B．由于没有定义线程的 run()方法，而出现运行错误

   C．编译通过，运行输出 running...

   D．编译通过，运行无输出

  （4）能最准确描述 synchronized 关键字的是（　　）。

   A．允许两线程并行运行，而且互相通信

   B．保证在某时刻只有一个线程可访问方法或对象

   C．保证允许两个或更多处理同时开始和结束

   D．保证两个或更多线程同时开始和结束

  （5）下列说法错误的是（　　）。

   A．线程一旦创建，则立即自动执行

   B．创建线程后需要调用 start()方法，将线程置于可运行状态

   C．调用 start()方法后，线程也不一定立即执行

   D．线程处于可运行状态，意味着它可以被调度

2．思考题

  （1）线程有哪些状态？画出状态转换图。

  （2）线程优先级有何意义？在有高优先级线程存在的情况下，低优先级线程还有机会运行吗？

3．编程题

  （1）利用多线程技术模拟龟兔赛跑的场面，设计一个线程类模拟参与赛跑的角色，创建该类的两个对象，分别代表乌龟和兔子，让兔子的速度快些，但它在路上睡眠休息时间长些，到终点时线程运行结束。

  （2）在窗体中安排一块画布，画布上绘制 $y = 2x^2 + 4x + 1$ 函数曲线；绘制一个小人沿曲线轨迹运动，到达终点时从头重新开始。

  （3）模拟交通信号灯的应用场景，在窗体中绘制红、绿、黄 3 个信号灯，通过多线程的同步机制来控制 3 个信号灯的点亮次序，每盏灯点亮的秒数用各自范围的随机数控制。

  （4）编写一个英文打字游戏程序，由随机数随机产生包含 100 个中英文和数字字符的字符序列，一屏同时最多显示 5 个字符，可以通过文本框设置字符下坠速度，屏幕上显示的字符在没消失前均可通过键盘输入，命中的字符自动消失。设置游戏开始按钮控制游戏的开始，通过标签显示输入字符的对错统计，根据最后的统计给出评分。

  （5）利用多线程编程来模拟运转的钟表，绘制一个代表当前时刻的圆形钟表，在表盘上写上部分数字并标上刻度，绘制 3 根直线，分别代表时针、分针和秒针。

第 16 章　高级图形界面编程

本章知识目标：
- ❑ 了解 Swing 包的应用特点。
- ❑ 熟悉 Swing 对话框的使用。
- ❑ 掌握 JFrame、JPanel 等容器部件的使用。
- ❑ 掌握在 Swing 中用 JScrollPane 实现内容的滚动。
- ❑ 了解 Swing 工具栏、选项卡等的使用。
- ❑ 熟悉菜单条、菜单、菜单项的概念，了解下拉菜单及多级菜单的实现方式。
- ❑ 掌握 JButton、JTextField、JTextArea 及 JLabel 的使用。
- ❑ 了解 AWT 和 Swing 中各类选择部件的创建及事件处理。
- ❑ 了解滚动条的使用。
- ❑ 了解 JTable 的使用。

本章主要介绍 Swing 典型部件的使用，并对 AWT 和 Swing 中的菜单编程以及各类选择部件的编程进行介绍，从而可实现更丰富的图形界面设计。

16.1　Swing 包简介

Java 语言从 JDK 1.2 开始推出了 javax.swing 包，Swing 在图形界面设计上比 AWT 更丰富美观。Swing 拥有 4 倍于 AWT 的用户界面部件，是在 AWT 包基础上的扩展，在很多情况下，在 AWT 包的部件名称前加上字母 J 即为 Swing 部件的名称，如 JFrame、JApplet、JButton 等。但 Swing 包也存在一些问题，例如，目前 IE 并不直接支持 Swing 包程序的运行，必须从网上下载安装插件才行。另外，Swing 包代码的运行速度比 AWT 包代码慢。Swing 部件都是 AWT 的 Container 类的直接子类或间接子类，可作为容器容纳其他部件。例如，JButton 的继承层次为：

JButton->AbstractButton->JComponent->Container->Component->Object

Swing 与 AWT 的事件处理机制相同。处理 Swing 中的事件一般仍用 java.awt.event 包，但有的要用到 javax.swing.event 包。

Swing 部件是用 Java 实现的轻量级部件，没有本地代码，不依赖操作系统的支持，这是它与 AWT 部件的最大区别。由于 AWT 部件通过与具体平台相关的对等类实现，因此 Swing 部件比 AWT 部件具有更强的实用性。Swing 部件在不同的平台上表现一致，并且有能力提供本地窗口系统不支持的其他特性，简单介绍如下。

（1）设置边框：可以为 Swing 部件设置一个或多个边框。Swing 中提供了各式各样的边框供用户选用，也可以建立组合边框或自定义边框。

（2）使用图标（Icon）：与 AWT 部件不同，许多 Swing 部件（如按钮、标签等）除了使用文字，还可以使用图标修饰自己。

（3）提示信息：使用 setTooltipText()方法，为部件设置对用户使用有帮助的提示信息。

Swing 部件从功能上可分为如下 6 种。

- ❑ 顶层容器：JFrame、JApplet、JDialog、JWindow。
- ❑ 中间容器：JPanel、JScrollPane、JSplitPane、JToolBar、JTabbedPane。
- ❑ 特殊容器：在 GUI 上起特殊作用的中间层，如 JInternalFrame、JLayeredPane、JRootPane。
- ❑ 基本控件：实现人机交互的部件，如 JButton、JComboBox、JList、JMenu、JSlider、JTextField。
- ❑ 不可编辑信息的显示：向用户显示不可编辑信息的部件，如 JLabel、JProgressBar、ToolTip。
- ❑ 可编辑信息的显示：向用户显示能被编辑的格式化信息的部件，如 JColorChooser、JFileChooser、JTable、JTextArea。

16.2　Swing 对话框的使用

16.2.1　JOptionPane 类对话框

JOptionPane 类通过静态方法提供了多种对话框，可分为如下 4 类。

- ❑ showMessageDialog：向用户显示一些消息。
- ❑ showInputDialog：提示用户进行输入。
- ❑ showConfirmDialog：向用户确认，含 yes、no、cancel 响应。
- ❑ showOptionDialog：选项对话框，该对话框是前面几种形态的综合。

这些方法弹出的对话框都是模式对话框，意味着用户必须回答并关闭对话框后才能进行其他操作。这些方法均返回一个整数，有效值为 JOptionPane 的几个常量，即 YES_OPTION、NO_OPTION、CANCEL_OPTION、OK_OPTION、CLOSED_OPTION。

对话框的外观大致由 4 部分组成，如图 16-1 所示。

图 16-1　对话框的外观组成

1. 显示消息对话框（showMessageDialog）

显示消息对话框的显示有 3 种调用格式，其中最复杂的如下，其他为缺少某些参数的情形。

static void showMessageDialog(Component parent Component, Object message, String title, int message Type, Icon icon)

其中，第 1 个参数定义对话框的父窗体，对话框将在父窗体的中央显示，如果该参数为 null，则对话框在屏幕的中央显示；第 2 个参数为消息内容，可以是任何存放数据的部件或数据对象本身；第 3 个参数为对话框的标题；第 4 个参数为消息类型，内定的消息类型包括 ERROR_MESSAGE（错误消息）、INFORMATION_MESSAGE（信息）、WARNING_MESSAGE（警告消息）、QUESTION_MESSAGE（询问消息）、PLAIN_MESSAGE（一般消息）；第 5 个参数为显示图标，缺少该参数时，根据消息类型有默认的显示图标。

例如，以下代码定义图标为错误消息类型的显示消息对话框，图 16-2 为其显示外观。

```
JOptionPane.showMessageDialog(null,"出错!","提醒",JOptionPane.ERROR_MESSAGE);
```

2．提示输入对话框（showInputDialog）

提示输入对话框共有 6 种调用方法，最简单的调用方法如下所示，只要给出提示信息即可。

static String showInputDialog(Object message)

最复杂的形态涉及 7 个参数，分别表示父窗体、消息、标题、消息类型、图标、可选值、初始值。具体格式如下：

static String showInputDialog(Component parentComponent, Object message, String title, int messageType, Icon icon, Object[] selectionValues, Object initialSelectionValue)

3．确认对话框（showConfirmDialog）

确认对话框共有 4 种调用方法，最简单的只包含两个参数，其格式如下：

static int showConfirmDialog(Component parentComponent, Object message)

该对话框显示时包含 3 个选项，即 Yes、No 和 Cancel。

例如，以下代码在用户进行考试交卷时显示确认对话框，图 16-3 为其显示外观。

```
int   x = JOptionPane.showConfirmDialog(null, "are you sure?");
if (x == JOptionPane.YES_OPTION)
    System.out.println("进行确认交卷处理");
```

图 16-2　图标为错误消息的对话框　　　　　图 16-3　确认对话框

最复杂的形式有 6 个参数，具体格式如下：

static int showConfirmDialog(Component parentComponent, Object message, String title, int optionType, int messageType, Icon icon)

4．选项对话框（showOptionDialog）

选项对话框只有一种调用方式，涉及 8 个参数，是前面几种类型对话框的综合，各参数的含义与前面介绍的含义一致。

static int showOptionDialog(Component parentComponent, Object message, String title, int optionType, int messageType, Icon icon, Object[] options, Object initialValue)
例如：

```
Object[ ] options = { "OK", "CANCEL" };
JOptionPane.showOptionDialog(null, "Click OK to continue", "Warning", JOptionPane.DEFAULT_
OPTION, JOptionPane.WARNING_MESSAGE,null, options, options[0]);
```

结果显示一个警告对话框，包括 OK、CANCEL 两个选项，标题为 Warning，显示消息为 Click OK to continue。

【例 16-1】 计算并输出杨辉三角形。

杨辉三角形的具体内容如下：

c(0,0)

c(1,0) c(1,1)

c(2,0) c(2,1) c(2,2)

c(3,0) c(3,1) c(3,2) c(3,3)

...

其中，$c(n,m)=n!/((n-m)!*m!)$。

要求输入任意一个数字（对应三角形的行数-1），输出该三角形。利用对话框输入数据和显示结果。

程序代码如下：

```
#01    import javax.swing.*;
#02    public class PascalTriangle {
#03        public static void main(String args[ ]) {
#04            String no, output = "";
#05            int n;
#06            no = JOptionPane.showInputDialog("输入一个数字：");
#07            n = Integer.parseInt(no);
#08            for (int i = 0; i <= n; i++) {
#09                for (int j = 0; j <= i; j++)
#10                    output += c(i, j) + " ";                //计算组合 c(i,j)
#11                output += "\n";
#12            }
#13            JTextArea outArea = new JTextArea(5, 20);        //用来显示输出结果
#14            JScrollPane scroll = new JScrollPane(outArea);
```

```
#15                outArea.setText(output);
#16                JOptionPane.showMessageDialog(null, scroll, "杨辉三角形",
#17                        JOptionPane.INFORMATION_MESSAGE);
#18                System.exit(0);
#19        }
#20
#21        static int fac(int n) {                              //求 n 的阶乘
#22                int r = 1;
#23                for (int k = 2; k <= n; k++) {
#24                        r = r * k;
#25                }
#26                return r;
#27        }
#28
#29        static int c(int n, int m) {                         //求 n 个数中取 m 个的组合
#30                return fac(n) / (fac(m) * fac(n - m));
#31        }
#32 }
```

程序的运行结果如图 16-4 和图 16-5 所示。

图 16-4　输入一个数字　　　　　　　　图 16-5　输出杨辉三角形

【说明】第 6 行利用输入对话框输入一个数字，第 16 行显示显示消息对话框。本程序的输出处理办法是先将所有输出内容拼接为一个字符串 output，然后通过一个文本域显示输出结果。这里是将文本域放入 JScrollPane 中，然后将 scroll 对象放入显示消息对话框。

【注意】在 Swing 中，要实现部件的滚动，必须将部件加入 JScrollPane 容器中，然后将 JScrollPane 容器对象加入应用容器中。

16.2.2　颜色对话框

在 JColorChooser 类中有一个静态方法可以弹出对话框，以从中选择颜色。具体格式如下：

static Color showDialog(Component component, String title, Color initialColor)

其中，参数 component 指出对话框依赖的部件，title 为对话框的标题，initialColor 指定对话框显示时的初始颜色设置。

16.2.3　文件选择对话框

JFileChooser 类用于选择文件。常用构造方法介绍如下。

❑　JFileChooser()：创建一个指向用户默认目录的 JFileChooser 对象。

❑　JFileChooser(File currentDirectory)：创建一个 JFileChooser 对象，指向参数所指目录。
JFileChooser 类的常用方法介绍如下。

❑　int showOpenDialog(Component parent)：显示打开文件的选择对话框，其返回值决
　　定用户的选择，可用如下常量来判定。

　　◆　JFileChooser.CANCEL_OPTION：放弃选择。

　　◆　JFileChooser.APPROVE_OPTION：确认选择。

　　◆　JFileChooser.ERROR_OPTION：出错或对话框关闭。

❑　int showSaveDialog(Component parent)：显示保存文件的选择对话框。

❑　File getSelectedFile()：返回选中的一个文件对象。

❑　File[] getSelectedFiles()：返回选中的若干文件，此前要设置支持多选。

❑　void setMultiSelectionEnabled(boolean b)：设置是否支持选择多个文件。

以打开选择文件为例，首先要用 showOpenDialog 弹出对话框选择文件，如果该对话框
的返回值为 JFileChooser.APPROVE_OPTION，再通过 getSelectedFile()方法得到选中的文件
对象。

16.3　Swing 典型容器及部件

16.3.1　JFrame 类

Jframe 类是直接从 Frame 类派生的，因此，在本质上与 Frame 类是一致的，包括方法
和事件处理，但有两点明显的不同。

1. 给 JFrame 加入部件的方法

图 16-6 为 JDK 文档中给出的 JFrame 的面板视图构成，包括根面板（Root Pane）、分
层面板（Layered Pane）、内容面板（Content Pane）、玻璃面板（Glass Pane）。简单应用
一般仅用到内容面板。

图 16-6　JFrame 的容器面板构成

在 JFrame 中不能直接调用 add()方法加入部件，一种方法是通过 getContentPane()获得 JFrame 的内容面板，再用内容面板的 add()方法加入其他部件；另一种方法是建立一个 JPanel 之类的中间容器，用 setContentPane()方法把该容器设置为 JFrame 的内容面板，然后把部件添加到内容面板中。其他顶层容器（JApplet、JDialog）在添加部件时也是按此方法。

2．关闭窗体的处理

JFrame 中可以设置用户关闭窗体时的默认处理操作。设置方法如下：

void setDefaultCloseOperation(int operation)

其中，参数 operation 为一个整数，可以是以下常量。

❑ DO_NOTHING_ON_CLOSE：不做任何处理。

❑ HIDE_ON_CLOSE：自动隐藏窗体，为默认值。

❑ DISPOSE_ON_CLOSE：自动隐藏和关闭窗体。

❑ EXIT_ON_CLOSE：仅用于应用程序中，关闭窗体，结束程序运行。

【注意】在程序中仍可以注册窗体关闭事件监听者，监听者的事件处理代码将在默认处理操作前执行。

【例 16-2】 用户登录界面设计。

程序代码如下：

```
#01    import java.awt.*;
#02    import javax.swing.*;
#03    import java.awt.event.*;
#04    public class ContentDemo extends JFrame {
#05        JTextField username;
#06        JPasswordField password;
#07        JButton login, register;
#08
#09        public ContentDemo() {
#10            super("login frame");
#11            Container cont = getContentPane();
#12            cont.setLayout(new GridLayout(3, 2));
#13            cont.add(new JLabel("username:"));
#14            username = new JTextField(10);
#15            cont.add(username);
#16            cont.add(new JLabel("password:"));
#17            password = new JPasswordField(10);
#18            cont.add(password);
#19            login = new JButton("登录",new ImageIcon("user.jpg"));
#20            register = new JButton("注册",new ImageIcon("register.gif"));
#21            cont.add(login);
#22            cont.add(register);
#23            setSize(250, 160);
#24            setVisible(true);
#25            setDefaultCloseOperation(JFrame.EXIT_ON_CLOSE);
#26        }
```

```
#27
#28          public static void main(String args[ ]) {
#29               new ContentDemo();
#30          }
#31    }
```

程序的运行界面如图 16-7 所示。

图 16-7　用户登录界面

【说明】

（1）程序中使用了 JPassword 部件实现密码输入，比 AWT 中使用文本框并设置 Echo 字符的方式简单。

（2）第 25 行设置窗体关闭时将结束应用。

（3）本例的按钮采用了图标，通过 ImageIcon 指定图标，这里直接用图形文件名作为 ImageIcon 的参数，说明图形文件与 Java 的 class 文件在同一目录下，如果图形文件不在同一目录下，需要指定文件路径。

从例 16-2 可以看出，Swing 部件在外观上做了改进，Swing 的按钮比 AWT 的按钮更为美观，标签和各种按钮（包括单选按钮和复选框）均允许设置图标。

以标签为例，可以在构造方法中规定标签的图标，具体格式如下：

JLabel(String str,Icon icon,int align)

也可以在创建标签对象后通过 setIcon()方法设置标签的图标。

16.3.2　JPanel 类

JPanel 是一个使用广泛的 Swing 容器，默认的布局管理器是 FlowLayout，这点与 AWT 中的 Panel 一致，但与 Panel 相比，JPanel 可以有更好的外观（如边框）。

Swing 部件的外观是通过图形绘制实现的，在 Swing 部件默认的 paint()方法中，将顺序调用 paintComponent()、paintBorder()、paintChildren()方法，分别实现部件绘制、边框绘制、内部部件的绘制。通常，在 Swing 部件中绘制图形，可通过重写 paintComponent()方法实现，并在方法内首行安排 super.paintComponent(g)调用，以保证先绘制部件原本的外观。

【例 16-3】　编写一个投掷色子的程序，每次单击画面将重新投掷一下。

【分析】问题的关键是色子的绘制。色子共有 6 个可能的值，根据其图形排列共涉及 7 个小圆点，通过分析可得出每个圆点在色子为哪些值的情况下需要绘制。

程序代码如下：

```
#01    import java.awt.*;
#02    import java.awt.event.*;
#03    import javax.swing.*;
#04    public class ClickableDice extends JFrame {
#05         int value1 = 4;          //初始色子的点数
#06         int value2 = 4;
#07         MyPanel dice;
```

```
#08
#09        public ClickableDice() {
#10            dice = new MyPanel();
#11            dice.setBackground(Color.cyan);
#12            dice.setBorder(BorderFactory.createTitledBorder("投掷色子面板"));
#13            setContentPane(dice);                           //设置创建的面板为内容面板
#14            dice.addMouseListener(new MouseAdapter() {
#15                public void mousePressed(MouseEvent evt) {
#16                    value1 = (int) (Math.random() * 6) + 1;  //随机产生色子值
#17                    value2 = (int) (Math.random() * 6) + 1;
#18                    dice.repaint();                          //在内容面板上绘制色子
#19                }
#20            });
#21            setSize(300, 200);
#22            setVisible(true);
#23        }
#24
#25        public static void main(String args[]) {
#26            new ClickableDice();
#27        }
#28
#29        void draw(Graphics g, int val, int x, int y) {       //绘制色子上面的点
#30            g.setColor(Color.black);
#31            g.drawRect(x, y, 34, 34);                        //绘制色子边框
#32            if (val > 1)                                     //左上角的点
#33                g.fillOval(x + 3, y + 3, 9, 9);
#34            if (val > 3)                                     //右上角的点
#35                g.fillOval(x + 23, y + 3, 9, 9);
#36            if (val == 6)                                    //中间左边的点
#37                g.fillOval(x + 3, y + 13, 9, 9);
#38            if (val % 2 == 1)                                //正中央
#39                g.fillOval(x + 13, y + 13, 9, 9);
#40            if (val == 6)                                    //中间右边的点
#41                g.fillOval(x + 23, y + 13, 9, 9);
#42            if (val > 3)                                     //底部左边的点
#43                g.fillOval(x + 3, y + 23, 9, 9);
#44            if (val > 1)                                     //底部右边的点
#45                g.fillOval(x + 23, y + 23, 9, 9);
#46        }
#47
#48        class MyPanel extends JPanel {                       //内嵌类
#49            public void paintComponent(Graphics g) {
#50                super.paintComponent(g);                     //调用父类方法绘制背景
#51                draw(g, value1, 40, 40);                     //在 10，10 位置绘制色子
#52                draw(g, value2, 120, 40);
#53            }
#54        }
#55    }
```

程序的运行结果如图 16-8 所示。

图 16-8　投掷色子

【说明】创建继承 JPanel 的内嵌类 MyPanel 的对象作为 JFrame 的内容面板，将色子绘制到该面板上。第 12 行设置 JPanel 采用带标题的边框。第 29～46 行的 draw()方法用来在指定位置绘制某个点值的色子，其目的是实现代码的重用，可在同一画面中实现多个色子的绘制。

【思考】如果将程序中第 50 行的代码注释掉，显示结果有什么变化？如果将第 49 行的 paintComponent()方法改为 paint()方法，显示结果又有什么变化？分析其中原因。

16.4　各类选择部件的使用

16.4.1　AWT 典型选择控件

1. 下拉列表（Choice）

（1）创建下拉列表。

下拉列表是一个"多选一"控件，其特点是将所有选项折叠在一起，一次只显示一个选项，用户可以通过单击列表右边的三角按钮下拉出所有选项，进行选择。创建下拉列表对象包括创建和添加选项两个步骤。通过 add(String item) 和 insert(String item,int index)方法可添加新元素到列表中；通过 remove(int index)和 remove(String item)方法可删除某个列表元素；通过 removeAll()方法可删除所有元素。例如：

```
Choice color = new Choice();
color.add("红色");
```

（2）事件处理。

各类选择部件的操作将引发状态变化事件，为处理事件，需要用以下方法注册监听者：

addItemListener(ItemListener aListener)

其中，ItemListener 接口中定义有 itemStateChanged(ItemEvent e)方法。

在事件处理方法内访问 ItemEvent 对象可获取事件源信息，其主要方法如下。

❑ ItemSelectable getItemSelectable()：返回引发事件的事件源。

❑ Object getItem()：返回引发事件的具体选项。

❑ int getStateChange()：返回选项的状态变化信息，其返回值为 ItemEvent 的静态常量之一，即 ItemEvent.SELECTED（选中）或 ItemEvent.DESELECTED（未选中）。

（3）下拉列表选中项目的读取。

在事件处理方法中，下拉列表提供了如下方法获取选中的选项的信息。

❑ int getSelectedIndex()：获取选项在列表中的序号。

❑ String getSelectedItem()：获取选项对应的字符串。

另外，通过 select(int index) 和 select(String item) 方法可强制将某列表项指定为选中状态。

2．复选框（Checkbox）

（1）创建复选框。

复选框又称为检测盒。例如，在多选题的界面设计中，可通过以下方式创建若干选项。

```
String ch[ ]={"A","B","C","D"};
Checkbox cb[ ]=new Checkbox[4];
for (int i=0;i<ch.length;i++ )
    cb[i] = new   Checkbox(ch[i]); //通过循环创建 4 个复选框
```

（2）事件处理。

复选框的事件注册与下拉列表相同，在事件处理方法内可通过如下两个方法来获取和设置某个复选框的状态。

❑　boolean getState()：获取复选框是否被选中，返回 true 代表被选中。

❑　void setState(boolean value)：设置复选框的状态，vlaue 为 true 表示被选中。

选择复选框时，每个选项采用勾选方式来选中，程序中可通过选项的 getState() 方法判断某个选项是否被选中，通过 getLabel() 方法获取选项对应的标签。

3．单选按钮组（借助 CheckBoxGroup 实现）

（1）创建复选按钮组。

使用复选按钮组，将几个复选框进行捆绑，可以实现单选的功能。例如：

```
CheckboxGroup style = new CheckboxGroup( );
Checkbox p = new Checkbox("普通  ", true, style);    //默认选中
Checkbox b = new Checkbox("黑体  ", false, style);
Checkbox i = new Checkbox("斜体  ", false, style);
```

通过 Checkbox 构造方法的第 3 个参数将 3 个 Checkbox 捆绑在一起，形成一个单选按钮组，通过第 2 个参数设定按钮组中默认选中的按钮。

【注意】把 CheckboxGroup 加入容器时必须将每个 Checkbox 对象逐一加入容器，不能使用 CheckboxGroup 对象一次性加入。

（2）事件处理。

为处理事件，单选按钮组中每个按钮要单独注册 ItemListener 监听者，在事件处理方法内，可通过 CheckboxGroup 对象的以下方法获取和设置选中的选项。

❑　Checkbox getSelectedCheckbox()：获取被选中的选项按钮对象。

❑　void setSelectedCheckbox(i)：设置选项按钮 i 为选中状态。

一组单选按钮中每次只允许一个选项被选中，在通过 getSelectedCheckbox() 方法得到选中的按钮后，可用 Checkbox 对象的 getLabel() 方法获取选项按钮的标签。

4．列表（List）

（1）创建列表。

列表与下拉列表的区别有两点：一是列表可以在屏幕上显示一定数目的选项，而下拉

列表只能显示一项；二是允许同时选择列表中的多项，而下拉列表只能选择一项。上述两点的具体情况还取决于创建列表时的参数规定。例如：

```
List myList = new List(4, true);
```

第 1 个参数控制显示的行数，表示只能看到列表的 4 个选项，如果有更多的选项，则要通过滚动条查看和操作。第 2 个参数控制是否允许多选，为 true 表示允许多选，否则只能选一项。给列表添加选项用 add()方法，每个选项为一个字符串。

（2）事件注册。

列表可以产生选择事件和动作事件。其中，ItemEvent 在单击某选项时触发，ActionEvent 在双击某选项时触发。要关注相关事件，分别用以下方法注册监听者。

❑　addActionListener(ActionListener x)。

❑　addItemListener(ItemListener x)。

值得注意的是，双击事件不能覆盖单击事件，当用户双击一个选项时，首先产生双击，然后产生单击。

（3）列表选择的判定处理。

由于列表支持多选，因此获取选项通常用列表中提供的 getSelectedItems() 和 getSelectedIndexs()方法，它们返回的均是数组，分别代表选中选项的字符串和序号。

16.4.2　Swing 的选择部件

1. 下拉组合框（JComboBox）

下拉组合框允许用户从下拉列表项目中选择一个值，当组合框设置为可编辑状态时，用户还可对组合框中的显示内容进行编辑。JComboBox 的常用构造方法如下：

JComboBox(Object[ ] items)

表示由对象数组创建下拉组合框。

下拉组合框的常用操作方法如下。

❑　void addItem(Object anObject)：添加一项。

❑　void removeItem(Object anObject)：删除某项。

❑　void setEditable(boolean aFlag)：设置是否为可编辑状态。

❑　int getSelectedIndex()：获取选中项序号，对于编辑输入的项，序号为-1。

❑　Object getSelectedItem()：获取选中的项目对象。

下拉组合框支持选择输入和编辑输入，存在选择和动作两类事件，在进行事件编程处理中，可根据需要注册 ItemListener 和 ActionListener。

【例 16-4】　用下拉组合框选择窗体的背景。

程序代码如下：

```
#01   import java.awt.*;
#02   import javax.swing.*;
```

```
#03    import java.awt.event.*;
#04    public class ChangeColor extends JFrame {
#05        String des[ ] = { "红色", "蓝色", "绿色", "白色", "灰色" };
#06        Color c[ ]={Color.red,Color.blue,Color.green,Color.white,Color.gray };
#07        public ChangeColor() {
#08            JComboBox    choiceColor = new JComboBox(des); //创建下拉组合框
#09            add("North",choiceColor);                      //将下拉列表加入窗体中
#10            setSize(300,200);
#11            setVisible(true);
#12            choiceColor.addItemListener(                   //给下拉组合框注册选项监听者
#13                e-> {
#14                    int k = choiceColor.getSelectedIndex();  //获取选项序号
#15                    getContentPane().setBackground(c[k]);
#16                }
#17            );
#18        }
#19        public static void main(String args[ ]) {
#13            new ChangeColor();
#21        }
#22    }
```

程序运行结果如图 16-9 所示。

图 16-9　用下拉组合框选择窗体的背景

2．单选按钮（JRadioButton）与复选框（JCheckBox）

Swing 的 JRadioButton 类可创建单选按钮，Swing 的 JCheckBox 类用于创建复选框。它们均提供多个构造方法，最复杂的构造方法如下：

❑　JRadioButton(String text, Icon icon, boolean selected)。

❑　JCheckBox(String text, Icon icon, boolean selected)。

其中，3 个参数分别代表选项文本、图标和是否初始选中，其他构造方法只是省略了其中的某些参数。

【注意】每个 JRadioButton 都是独立的，布局时必须将每个单选按钮单独加入容器。要形成单选效果，需要创建一个 ButtonGroup 对象，利用 ButtonGroup 对象的 add()方法将每个单选按钮加入按钮组（ButtonGroup）中。

图 16-10 为 JDK 文档中给出的 JRadioButton 类与 JCheckBox 类的继承层次示意图。这两个类的很多共性行为均在其间接父类 AbstractButton 中定义。

```
java.lang.Object
    └─ java.awt.Component
        └─ java.awt.Container
            └─ javax.swing.JComponent
                └─ javax.swing.AbstractButton
                    └─ javax.swing.JToggleButton
javax.swing.JCheckBox─┘   └─ javax.swing.JRadioButton
```

图 16-10　JRadioButton 和 JCheckBox 的继承层次

主要方法如下所示。

❑　String getText()：返回按钮的文本。

❑　boolean isSelected()：判断按钮是否选中状态。

❑　void setSelected(boolean b)：设置按钮的状态。

AbstractButton 的所有子类对象均存在选择、动作和更改 3 类事件，在进行事件编程处理时，可根据需要注册 ItemListener、ActionListener 和 ChangeListener，方法如下：

❑　addItemListener(ItemListener aListener)。

❑　addActionListener(ActionListener aListener)。

❑　addChangeListener(ChangeListener aListener)。

其中，ChangeListener 是在 javax.swing.event 包中定义的接口，接口中有如下方法：

public void stateChanged(ChangeEvent e)

3．列表（JList）

在 Swing 中对应有 JList 控件实现列表功能，常用构造方法如下：

❑　JList(ListModel dataModel)：由模型对象构造列表。

❑　JList(Object[ ] listData)：由对象数组创建列表。

JList 类中定义了如下常用方法：

❑　Object[ ] getSelectedValues()：返回的数组可获取 JList 选中的数据项。

❑　boolean isSelectedIndex(int index)：判断某个序号的选项是否被选中。

❑　void setSelectedIndex(int index)：将某序号的列表项设置为选中。

对列表进行操作会触发列表选择事件，通过如下方法注册列表选择事件监听者：

void addListSelectionListener(ListSelectionListener listener)

在 ListSelectionListener 接口中定义如下方法：

void valueChanged(ListSelectionEvent e)

4．Swing 选项卡（JTabbedPane）

在 AWT 布局中曾经学习过卡片布局，使用卡片布局可以实现图形界面显示内容的切换，Swing 包中的 JTabbedPane 选项卡控件可方便地用于应用界面的切换。通过选项卡的 addTab()方法可以给选项卡添加选项，每个选项涉及一个选项标题和选项部件（通常采用面板）。addTab()方法有多种形态，以下为常用形式。

❑ void addTab(String title, Component component)：在选项卡中增加一个用标题代表的部件，无图标。

❑ void addTab(String title, Icon icon, Component component)：在选项卡中增加一个部件，该选项通过标题、图标表示，其中标题和图标可以存在，也可以某个为 null。

单击选项卡的选项会发生状态改变事件，为处理事件，必须给选项卡注册 ChangeListener 监听者。在监听者的事件代码中，可以利用 JTabbedPane 提供的 getSelectedIndex()方法获取当前选中的选项卡序号。

以下代码在窗体容器中添加含 4 个选项的选项卡，每个选项卡对应一块面板，选项卡的标签名代表面板的颜色。这里，将面板颜色、选项卡标题描述以及各颜色面板存储在数组中，以便用循环进行处理。

```
JTabbedPane jtp = new JTabbedPane();
JPanel[ ] jp = new JPanel[4];                //定义有 4 个元素的面板数组
Color color[ ] = { Color.red, Color.green, Color.blue, Color.white };
String des[ ] = { "红色卡", "绿色卡", "蓝色卡", "白色卡" };
for (int i = 0; i < 4; i++) {
        jp[i] = new JPanel();                //创建面板对象
        jp[i].setBackground(color[i]);       //设置面板的背景
        jtp.addTab(des[i], jp[i]);           //将面板加入选项卡
}
Container cont = getContentPane();           //得到窗体的内容面板
cont.add(jtp);                               //将选项卡加入窗体容器中
```

图 16-11 为应用效果图。选择某个选项卡，下方将显示对应的面板。实际应用时可以在各自面板上添加对应的功能组件。可以看出，选项卡适合进行应用界面的功能切换。

图 16-11　选项卡的应用效果图

16.5　菜单与工具栏

16.5.1　AWT 下拉菜单

每个菜单含有一个菜单条（MenuBar），菜单条又包含若干个菜单（Menu），每个菜单再包含若干个菜单项（MenuItem）。图 16-12 为 AWT 菜单相关类的继承层次。

图 16-12　AWT 菜单相关类的继承层次

菜单编程的基本步骤如下。

（1）创建菜单条（MenuBar）。例如：

```
MenuBar m_MenuBar = new MenuBar();
```

（2）创建不同的菜单（Menu）并加入菜单条中。例如：

```
Menu menuEdit = new Menu("编辑");
m_MenuBar.add(menuEdit);
```

（3）创建菜单项（MenuItem）并加入菜单。例如：

```
MenuItem mi_Edit_Copy = new MenuItem("复制");
menuEdit.add(mi_Edit_copy);
```

使用 Menu 的 addSeparator()方法可以在各菜单项之间加入分隔线。

也可以给菜单项定义快捷键，具体有两种方法。

方法一：创建 MenuItem 对象时设定。例如：

```
MenuItem mi_File_Open = new MenuItem("打开", new MenuShortcut('o'));
```

方法二：通过 MenuItem 对象的 setShortCut()方法设置。例如：

```
mi_File_Open.setShortcut(new MenuShortcut('o'));
```

（4）给窗体设定菜单条。

执行窗体对象的 setMenuBar()方法可将菜单条绑定给窗体。

（5）给各菜单项注册动作事件监听者。例如：

```
mi_Edit_Copy.addActionListener(this);
```

（6）在监听者的 actionPerformed(ActionEvent e)方法中实现事件处理，为每个菜单项编写对应的功能代码。

Java 还提供了多级菜单，也就是在菜单中套菜单，子菜单作为父菜单的一个菜单项加入父菜单中。Java 的菜单项中也提供检测盒菜单项（CheckboxMenuItem），创建检测盒菜单项并将其加入菜单的方法如下：

```
mi_Edit_Cut = new CheckboxMenuItem("剪切");
menuEdit.add(mi_Edit_Cut);
```

在用户选择检测盒菜单项时将引发选择事件（ItemEvent）。为处理事件，需要给事件源注册 ItemListener 监听者，事件发生时将执行监听者的 itemStateChanged()方法。

【例 16-5】 多级菜单演示。

程序代码如下：

```
#01  import java.awt.*;
#02  public class MultiLevelMenu {
#03      public static void main(String[ ] args) {
#04          Frame f = new Frame("多级菜单演示");
#05          MenuBar mb = new MenuBar();
#06          Menu m1 = new Menu("File");
#07          Menu m2 = new Menu("View");
#08          MenuItem m21 = new MenuItem("Screen font");
#09          Menu m22 = new Menu("printer font");
#10          MenuItem m221 = new MenuItem("Mirror Screen font");
#11          MenuItem m222 = new MenuItem("set printer font");
#12          f.setMenuBar(mb);
#13          mb.add(m1);
#14          mb.add(m2);
#15          m2.add(m21);
#16          m2.add(m22);
#17          m22.add(m221);
#18          m22.add(m222);
#19          f.setSize(300, 200);
#20          f.setVisible(true);
#21      }
#22  }
```

程序的运行结果如图 16-13 所示。

图 16-13　多级菜单的使用

【说明】本例使用了多级菜单，Java 对菜单的级联层数没有限制，从 AWT 的类层次中可以看出菜单本身也是菜单项的子类，因此多级菜单的实现也就容易理解了。在实际应用中，可能使用 setEnable(false)方法禁用某些菜单项。例如，当粘贴缓冲区没有内容时，可将 Edit 菜单中的 Paste 菜单项禁用，禁用的菜单项变为灰色。

16.5.2　Swing 下拉菜单

Swing 的下拉菜单所涉及的部件与 AWT 类似，有菜单条（JMenuBar）、菜单（JMenu）

和菜单项（JMenuItem），Swing 菜单和菜单项是按钮，JMenu 继承 JMenuItem。Swing 菜单和菜单项除了文本，还可有图标。JMenuItem 和 JMenu 都是容器，可以把任何类型的部件添加到一个菜单或菜单项中。JMenuItem 继承 AbstractButton，JMenuItem 的子类有 JCheckBoxMenuItem、JRadioButtonMenuItem。以下为两者参数个数最多形式的构造方法，其中的参数分别用于指定菜单项的显示文本、图标和初始选择状态。

❑　JCheckBoxMenuItem(String text, Icon icon, boolean selected)

❑　JRadioButtonMenuItem(String text,Icon icon,boolean selected)

为实现单选效果，要将各个 JRadioButtonMenuItem 对象加入一个 ButtonGroup 中。

Swing 菜单的添加步骤如下。

（1）创建菜单条（MenuBar）。例如：

```
JMenuBar menubar = new JMenuBar();
```

（2）创建不同的菜单（JMenu）并加入菜单条中。例如：

```
JMenu file = new JMenu("File");
menubar.add(file);
```

（3）创建菜单项（MenuItem）并加入菜单中。例如：

```
JMenuItem quit = new JMenuItem("Quit");
file.add(quit);
```

（4）给窗体设定菜单条，通过窗体对象的 setJMenuBar(menubar)方法实现。

【例 16-6】　简单的文本文件读写编辑器。

程序代码如下：

```
#01    import java.awt.event.*;
#02    import javax.swing.*;
#03    import java.awt.*;
#04    import java.io.*;
#05    public class FileEdit extends JFrame implements ActionListener {
#06        JTextArea input;                                  //定义显示内容的文本域
#07        JMenuItem open;                                   //打开文件的菜单项
#08        JMenuItem save;                                   //关闭文件的菜单项
#09
#10        public FileEdit() {
#11            Container cont = getContentPane();
#12            input = new JTextArea(12, 40);                //创建文本域
#13            input.setFont(new Font("宋体", Font.PLAIN, 16));
#14            JScrollPane scroll = new JScrollPane(input);  //滚动窗格内放文本域
#15            cont.add(scroll);                             //将滚动窗格加入窗体容器中
#16            JMenuBar menubar = new JMenuBar();
#17            JMenu file = new JMenu("File");
#18            menubar.add(file);
#19            open = new JMenuItem("Open");
```

```
#20          file.add(open);
#21          save = new JMenuItem("Save As");
#22          file.add(save);
#23          open.addActionListener(this);
#24          save.addActionListener(this);
#25          setJMenuBar(menubar);
#26          setSize(400, 500);
#27          setVisible(true);
#28          setDefaultCloseOperation(JFrame.EXIT_ON_CLOSE);
#29      }
#30
#31      public void actionPerformed(ActionEvent e) {
#32          if (e.getSource() == open) {                          //打开文件
#33              try {
#34                  JFileChooser chooser = new JFileChooser();
#35                  int returnVal = chooser.showOpenDialog(this);
#36                  if (returnVal == JFileChooser.APPROVE_OPTION) {
#37                      File f = chooser.getSelectedFile();        //得到选中的文件
#38                      int size = (int) f.length();               //求文件大小
#39                      FileReader file = new FileReader(f);
#40                      char buf[ ] = new char[size];
#41                      file.read(buf);                            //将文件内容读到字符数组
#42                      input.setText(new String(buf));
#43                      file.close();
#44                  }
#45              } catch (IOException e1) { }
#46          } else {                                               //保存文件
#47              try {
#48                  JFileChooser chooser = new JFileChooser();
#49                  int returnVal = chooser.showSaveDialog(this);
#50                  if (returnVal == JFileChooser.APPROVE_OPTION) {
#51                      File f = chooser.getSelectedFile();        //选择文件名
#52                      FileWriter file = new FileWriter(f);
#53                      file.write(input.getText());               //将文本域内容写入文件
#54                      file.close();
#55                  }
#56              } catch (IOException e1) { }
#57          }
#58      }
#59
#60      public static void main(String args[ ]) {
#61          new FileEdit();
#62      }
#63  }
```

【说明】该程序是一个涉及文件访问、Swing 下拉菜单处理以及文件选择对话框
（JFileChooser）的使用的综合应用。第 34～44 行从文件选择对话框选中的文件中读取文本

内容,在文本域中显示。第 48~55 行将文本域的内容写入通过对话框选择的文件中。图 16-14
所示为程序的运行界面。

```
File
Open    java.awt.*;
Save As java.awt.event.*;
public class CountFrame extends Frame implements ActionLi
    Label r;          // 显示结果的标签
    int value = 0;    // 计数值
    public CountFrame(){
        super("统计按钮单击次数"); // 调用父类的构造方法定
        r = new Label(" 按钮点击 0 次");
        Button btn = new Button("按钮");
        setLayout(new FlowLayout()); // 指定按流式布局排列
        add(btn);
        add(r);
        btn.addActionListener(this); // 注册动作事件监听者
    }

    public void actionPerformed(ActionEvent e) {
        value++;     // 统计单击次数
```

图 16-14 简易文本文件编辑器

16.5.3 Swing 工具栏

在 Windows 应用中工具栏的使用很普遍,在 AWT 中无相应部件,Swing 包提供了
JToolBar 类来创建工具栏。工具栏是一种容器,可以安排各种部件(通常是按钮)。

默认情况下,工具栏是水平的,但可以使用接口 SwingConstants 中定义的常量
HORIZONTAL 和 VERTICAL 来显式设置其方向。以下为工具栏的构造方法。

❑ JToolBar()。

❑ JToolBar(int):通过参数规定方向。

创建工具栏后,可以通过 add(Object)方法加入部件。
在自定义 JFrame 窗体的构造方法中加入如下代码可获得
如图 16-15 所示的显示效果。这里,使用 BorderLayout 布
局将工具栏安排在容器的上部区域。

图 16-15 工具栏的效果

```
Container cont = getContentPane();
cont.setLayout(new BorderLayout());
JToolBar tool = new JToolBar();
JButton   b1 = new JButton("居左",new ImageIcon("align_left.gif"));
JButton   b2 = new JButton("居中",new ImageIcon("align_center.gif"));
JButton   b3 = new JButton("居右",new ImageIcon("align_right.gif"));
tool.add(b1);
tool.add(b2);
tool.add(b3);
cont.add("North",tool);
```

如果要对工具栏中的部件进行事件驱动编程,只要给工具栏中的按钮注册动作监听者,
然后编写相应的事件处理代码即可实现。

16.6　滚动条与滑动杆

16.6.1　AWT 滚动条

AWT 滚动条方便用户在一段范围内选择一个值。滚动条按方向分垂直和水平两种。例如，以下代码创建一个水平滚动条。

```
Scrollbar mySlider = new Scrollbar(Scrollbar.HORIZONTAL,0,40,0,255);
```

其中，第 1 个参数为常量，代表水平滚动条，如果是垂直滚动条，则为 Scrollbar.VERTICAL；第 2 个参数代表初始值；第 3 个参数代表滚动条的滑块长度；第 4、5 个参数分别代表滚动条的最小值和最大值，由于滚动条滑块要占一定宽度，所以滚动条的实际最大值=最大值-滑块长度。

与滚动条相关的 AdjustmentEvent 类中只包含一个事件，即调整值变化事件，在滚动条滑块移动时引发。滚动条编程的要点是对滚动条所代表的值的获取与设置，如下方法分别用来获取和设置滚动条的当前值。

- ❑　public int getValue()：获取滚动条滑块对应的当前数值。
- ❑　public void setValue(int newValue)：根据值设置滑块位置。

在滚动条上可通过多种操作来改变其滑块位置，不同的操作将引发不同的调整事件。例如，拖动滚动条的滑块、单击块增量区或单击上、下三角按钮均会导致滑块的变化，而且移动的步长不同，按 Page Up 和 Page Down 键也相当于单击滚动条的块增量区。单击水平滚动条的左边或垂直滚动条的上边将减少一个单位值，单击水平滚动条的右边或垂直滚动条的下边将增加一个单位值。为了能响应滚动条的事件，必须使用 addAdjustment Listener() 方法给滚动条注册监听者，监听者要求实现 AdjustmentListener 接口，该接口中包含如下方法：

public void adjustmentValueChanged(AdjustmentEvent e)

在该方法内，可以调用 AdjustmentEvent 类的以下方法来判断事件源和引起值变化的调整类型。

- ❑　Adjustable getAdjustable()：返回引发状态变化的事件源对象。
- ❑　int getAdjustmentType()：返回引发状态变化事件的调整类型，其值可通过以下常量进行判断。
  - ◆　AdjustmentEvent.BLOCK_DECREMENT：代表块减少的事件。
  - ◆　AdjustmentEvent.BLOCK_INCREMENT：代表块增加的事件。
  - ◆　AdjustmentEvent.TRACK：拖动滑块的事件。
  - ◆　AdjustmentEvent.UNIT_DECREMENT：减少一个单位的事件。
  - ◆　AdjustmentEvent.UNIT_INCREMENT：增加一个单位的事件。

另外，也可通过如下方法设定和获取滚动条滑块的移动增量值。

- ❑　void setUnitIncrement(int)：指定单位增量。

- ❑　void setBlockIncrement(int)：指定块增量。
- ❑　int getUnitIncrement()：获取单位增量。
- ❑　int getBlockIncrement()：获取块增量。

16.6.2　JSlider 类

Swing 包中提供了 JSlider 类（滑动杆）实现类似滚动条的调整处理。该类有以下典型构造方法。

- ❑　JSlider()：创建一个垂直方向的滑动杆，取值范围是 0～100，初始值为 50。
- ❑　JSlider(int orientation)：创建一个由参数指定方向的滑动杆，取值范围是 0～100，初始值为 50。
- ❑　JSlider(int orientation, int min, int max, int value)：创建一个由参数指定方向、范围、初始值的滑动杆。参数 orientation 为 0 代表水平方向，为 1 代表垂直方向。

在用户调整滑动杆时，将产生 ChangeEvent 事件，要对该事件进行处理，需要注册更改事件监听者，方法如下：

addChangeListener(ChangeListener listener)

在 stateChanged()方法中，可编写相应的事件处理代码。滑动杆有以下常用方法。

- ❑　int getValue()：返回滑动杆的当前值。
- ❑　int getMaximum()：返回滑动杆的最大值。
- ❑　void setValue(int n)：设置滑动杆的当前值。

【例 16-7】　用滚动条和滑动杆调整窗体的背景颜色。

程序代码如下：

```
#01   import java.awt.*;
#02   import java.awt.event.*;
#03   import javax.swing.*;
#04   import javax.swing.event.*;
#05   public class TestSlider extends JFrame implements AdjustmentListener,
#06         ChangeListener {
#07      Scrollbar redSlider = new Scrollbar(Scrollbar.HORIZONTAL, 0, 40, 0, 255);
#08      Scrollbar greenSlider = new Scrollbar(Scrollbar.HORIZONTAL,0,40,0,255);
#09      JSlider blueSlider = new JSlider(0, 0, 255, 0);
#10      int value1, value2, value3;                //红、绿、蓝 3 种颜色分量的值
#11      Container cont=getContentPane();
#12
#13      public TestSlider() {
#14         Panel x = new Panel();                  //创建一个放置调整部件的面板
#15         x.setLayout(new GridLayout(3, 2, 1, 1)); //面板用 3 行 2 列布局
#16         x.add(new Label("red"));
#17         x.add(redSlider);
#18         x.add(new Label("green"));
#19         x.add(greenSlider);
```

```
#20              x.add(new Label("blue"));
#21              x.add(blueSlider);
#22              this.getContentPane().add("South", x);
#23              redSlider.addAdjustmentListener(this);      //注册滚动条调整监听者
#24              greenSlider.addAdjustmentListener(this);
#25              blueSlider.addChangeListener(this);          //注册滑动杆调整监听者
#26          }
#27
#28          /* 滚动条调整时，根据调整值改变窗体背景颜色 */
#29          public void adjustmentValueChanged(AdjustmentEvent e) {
#30              value1 = redSlider.getValue();
#31              value2 = greenSlider.getValue();
#32              Color color = new Color(value1, value2, value3);
#33              cont.setBackground(color);
#34          }
#35
#36          public void stateChanged(ChangeEvent e) {
#37              value3 = blueSlider.getValue();
#38              Color color = new Color(value1, value2, value3);
#39              cont.setBackground(color);
#40          }
#41
#42          public static void main(String args[ ]) {
#43              JFrame me = new TestSlider();
#44              me.setSize(300, 200);
#45              me.setVisible(true);
#46              me.setDefaultCloseOperation(JFrame.EXIT_ON_CLOSE);
#47          }
#48      }
```

图 16-16 所示为程序运行的状况。

图 16-16　调整窗体背景颜色

【说明】为节省篇幅，本例将滚动条和滑动杆的使用综合在一起，红、绿、蓝 3 种颜色分量的调整分别用两个 Scrollbar 和一个 JSlider 对象实现。第 29～34 行处理滚动条的滚动调整事件，而第 36～40 行处理滑动杆的调整更改事件。

16.7　表格的使用

16.7.1　表格的构造

表格用来编辑和显示二维表格数据。在 Swing 中由 JTable 类实现表格，JTable 充分体现了 MVC（模型-视图-控制器）模式的设计思想，JTable 中含有 3 个核心内部模型。

- ❑　TableModel：处理表格的数据结构。
- ❑　TableCloumnModel：处理表格栏的成员及顺序。
- ❑　ListSelectionModel：处理表格列表的选择行为。

JTable 的典型构造方法有如下几种。

- ❑　JTable()：建立一个表格，使用系统默认的 Model。
- ❑　JTable(int numRows,int numColumns)：建立一个具有 numRows 行、numColumns 列的空表格。
- ❑　JTable(Object[][] rowData,Object[][] columnNames)：第 1 个参数对应的二维数组为表格数据内容，第 2 个参数存放表格各栏的标题名称。
- ❑　JTable(TableModel dm)：根据 TableModel 的对象数据创建表格，JTable 会从 TableModel 对象中自动获取显示表格所必需的数据。
- ❑　JTable(Vector rowData,Vector columnNames)：建立一个数据和栏目均以 Vector 为输入来源的数据表格。

表格实现了 Scrollable 接口，可将其放入任何可滚动的容器（如 JScroolPane）中进行处理。以下代码通过第 3 种构造方法创建表格并将其显示在窗体容器中，表格由两部分组成，分别是标题栏与数据部分。在自定义 JFrame 窗体中，建立一个 JScrollPan 放置 JTable，可以实现表格内容滚动显示时，标题栏保持可见，效果如图 16-17 所示。

```
String[ ] columnNames = { "姓名", "成绩" };              //表格列名数组
String[ ][ ] data = { { "张三", "87" }, { "李四", "92" },
                    { "王五", "76" }, { "赵六", "82" } };    //表格数据数组
JTable table = new JTable(data, columnNames);         //创建表格
JScrollPane scrollPane = new JScrollPane(table);       //将表格安排在滚动面板中
getContentPane().add(scrollPane);
```

图 16-17　表格的应用

第 4 种构造方法使用 TableModel 创建表格，TableModel 本身是一个接口，Java 提供了实现该接口的两个类：一个是 AbstractTableModel 抽象类，实现了 TableModel 的大部分方法，让用户可以很有弹性地构造自己的表格模式；另一个是 DefaultTableModel 具体类，它继承自 AbstractTableModel 类，是 Java 默认的表格模式。

通过定义 AbstractTableModel 类的子类的方式定义 TableModel，必须重写其中的 getColumnCount()、getRowCount()、getValueAt()等抽象方法。

例如，以下代码将创建一个 10 行 10 列的表格。

```
TableModel dataModel = new AbstractTableModel(){
    public int getColumnCount(){ return 10;}              //10 列
    public int getRowCount(){ return 10;}                 //10 行
    public Object getValueAt(int row,int col){            //填写每个单元格中的数据
        return    new Integer(row * col);
    }
};
JTable table = new JTable(dataModel);                      //根据 TableModel 创建表格
```

更为常用的是使用 DefaultTableModel 来创建表格，该模型的典型构造方法如下：

DefaultTableModel(Object[ ][ ] data,Object[ ] columnNames)

DefaultTableModel 类除了提供 JTable 中的 getColumnCount()、getRowCount()等方法，还提供了 addColumn()与 addRow()等方法，从而可随时增加表格栏目和数据。

16.7.2　表格元素的访问处理

1．表格数据的编辑与读取

JTable 提供了如下方法来编辑处理表格数据。

❑　boolean isCellEditable(int row,int col)：判断某个单元格是否可编辑。

❑　void setValueAt(Object obj,int row,int col)：往某个单元格填数据。

❑　String getColumnName(int index)：取得某栏的名称。

❑　Class getColumnClass(int index)：取得某栏对应的类型。

❑　Object getValueAt(int row,int col)：读取某个单元格的数据。

注意，方法参数中的表格行、列编号均是从 0 开始。

2．表格行的选择

下面列出了选择表格行的处理方法。

❑　void setRowSelectionInterval(int from,int to)：选中从 from 到 to 的所有行。

❑　boolean isRowSelected(int row)：查看索引为 row 的行是否被选中。

❑　void selectAll()：选中表格中的所有行。

❑　void clearSelection()：取消所有选中行的选择状态。

❑　int getSelectedRowCount()：获得表格中被选中行的数量，如果无选中行返回-1。

- ❑ int getSelectedRow()：获得被选中行中最小的行索引值，如果无选中行返回-1。
- ❑ int getSelectedRows()：获得所有被选中行的索引值。

3．表格的显示外观控制

JTable 的显示外观可通过如下方法来更改。

- ❑ setPreferredScrollableViewportSize(Dimension size)：根据 Dimension 对象设定的高度和宽度来决定表格的高度和宽度。
- ❑ setGridColor(color c)：更改单元格坐标线的颜色。
- ❑ setRowHeight(int pixelHeight)：改变行的高度，各个单元格的高度将等于行的高度减去行间的距离。
- ❑ setSelectionBackground(color bc)：设置表格选中行的背景色。
- ❑ setSelectionForeground(color fc)：设置表格选中行的前景色。
- ❑ setShowHorizontalLines(boolean b)：显示/隐藏单元格的水平线。
- ❑ setShowVerticalLines(boolean b)：显示/隐藏单元格的垂直线。

4．表格行与列的增删

要实现表格行、列的动态增删，可采用 DefaultTableModel 建表。增加列、增加行、删除行分别用 DefaultTableModel 的 addColumn()、addRow()和 removeRow()方法实现。

删除一列比较复杂，必须用 TableColumnModel 的 removeColumn()方法，步骤如下。

（1）用 JTable 类的 getColumnModel()方法取得 TableColumnModel 对象。

（2）由 TableColumnModel 的 getColumn()方法取得要删除列的 TableColumn。

（3）将此 TableColumn 对象当作 TableColumnModel 的 removeColumn()方法的参数，从而实现指定列的删除。

【例 16-8】 实现表格行、列的动态增删。

程序代码如下：

```
#01   import java.awt.*;
#02   import java.awt.event.*;
#03   import java.util.Vector;
#04   import javax.swing.*;
#05   import javax.swing.table.*;
#06   public class TableDemo implements ActionListener {
#07       JTable table = null;
#08       DefaultTableModel defaultModel = null;
#09
#10       public TableDemo() {
#11           JFrame f = new JFrame();
#12           String[ ] name = { "数学", "物理", "语文", "化学" };
#13           String[ ] fun = { "增加行", "增加列", "删除行", "删除列" };
#14           String[ ][ ] data = new String[6][4];
#15           for (int i = 0; i < data.length; i++) {
#16               for (int j = 0; j < data[i].length; j++)
```

```
#17                     data[i][j] = String.valueOf((int) (Math.random() * 100));
#18             }
#19             defaultModel = new DefaultTableModel(data, name);
#20             table = new JTable(defaultModel);
#21             JScrollPane p1 = new JScrollPane(table);              //用滚动面板显示表格
#22             JPanel p2 = new JPanel();                             //用于放置功能按钮
#23             for (int k = 0; k < fun.length; k++) {
#24                 JButton b = new JButton(fun[k]);
#25                 p2.add(b);
#26                 b.addActionListener(this);
#27             }
#28             Container contentPane = f.getContentPane();
#29             contentPane.add(p2, BorderLayout.NORTH);
#30             contentPane.add(p1, BorderLayout.CENTER);
#31             f.setSize(350,200);
#32             f.setVisible(true);
#33             f.setDefaultCloseOperation(JFrame.EXIT_ON_CLOSE);
#34         }
#35
#36     public void actionPerformed(ActionEvent e) {
#37         switch (e.getActionCommand()) {
#38         case "增加列":
#39             defaultModel.addColumn("列名");
#40             break;
#41         case "增加行":
#42             defaultModel.addRow(new Vector<Object>());           //增加一空行
#43             break;
#44         case "删除行":                                           //删除所选的行
#45             int n = table.getSelectedRow();
#46             defaultModel.removeRow(n);
#47             break;
#48         case "删除列":                                           //删除最后一列
#49             int columncount = defaultModel.getColumnCount() - 1;
#50             if (columncount >= 0) {
#51                 TableColumnModel columnModel = table.getColumnModel();
#52                 TableColumn tc = columnModel.getColumn(columncount);
#53                 columnModel.removeColumn(tc);
#54             }
#55         }
#56     }
#57
#58     public static void main(String args[ ]) {
#59         new TableDemo();
#60     }
#61 }
```

程序的运行效果如图 16-18 所示。

图 16-18 表格行、列的增删

【说明】第 37 行采用 switch 语句，对字符串进行分情况处理，仅在 JDK 1.7 以后版本中才支持该操作。读者可思考如果改用 if 语句实现，程序应如何改写。

16.7.3 表格的事件处理

JTable 通过捕获模型触发的事件更新视图。JTable 涉及如下几个事件监听者。

- TableModelListener：表格或单元格更新时触发 TableModelEvent 事件。该接口定义了 tableChanged()事件处理方法。
- TableColumnModelListener：表格栏目出现增、删、改或者顺序发生变化时触发 TableColumnModelEvent 事件。该接口定义有 columnAdded()、columnRemoved()、column Moved()、columnMarginChanged()、columnSelectionChanged()共 5 个方法。
- ListSelectionListener：进行表格列表选择时发生 ListSelectionEvent 事件。该接口定义了 valueChanged()方法。
- CellEditorListener：单元格编辑操作完成时触发 ChangeEvent 事件。该接口有 editingCanceled()、editingStopped()共两个方法。

另外，对表格的一个常用操作是选中某行，获取某行的相关信息。由于单击表格某行时将选中该行，并且会发生鼠标事件，因此可利用鼠标单击事件来进行编程处理。

```
DefaultTableModel defaultModel = new DefaultTableModel(data,columnNames);
JScrollPane scrollPane = new JScrollPane( );
JTable table = new JTable(defaultModel);
table.setFont(new Font("宋体",Font.PLAIN,20));              //设置表格数据的字体
table.setRowHeight(30);
table.getTableHeader().setFont(new Font("黑体",Font.PLAIN,20));   //表头字体
scrollPane.setViewportView(table);
table.addMouseListener(new MouseAdapter(){
            public void mouseClicked(MouseEvent e) {
                int x= table.getSelectedRow();               //获取选中的行的行号
                String y = (String)table.getValueAt(x,0);    //某行第 1 列数据
                System.out.println(y);                       //输出从表格提取的数据
            }
        }
    );
```

【说明】构建 DefaultTableModel 的 data 和 columnNames 参数同前面介绍的数据。该段

代码还演示了如何设置表格数据和表头的字体，其中利用 JTable 所提供的 getTableHeader()
方法取得标题栏。

习　　题

1．选择题

（1）以下（　　　）是 MenuItem 类的方法。

　　A．setVisible(boolean b)　　　　　　　　　B．setEnabled(boolean b)

　　C．getSize()　　　　　　　　　　　　　　　D．setBackground(Color c)

（2）JRadioButton 的事件监听器接口有（　　　）。

　　A．ChangeListener　　　　　　　　　　　　B．ItemListener

　　C．JActionListener　　　　　　　　　　　　D．ActionListener

（3）JPanel 的默认布局管理器是（　　　）。

　　A．BorderLayout　　　B．GridLayout　　　C．FlowLayout　　　　D．CardLayout

（4）关于 Swing，以下叙述为真的是（　　　）。

　　A．Swing 部件都是 AWT 的 Container 类的直接子类或间接子类

　　B．Swing 与 AWT 的事件处理机制相同

　　C．Swing 的按钮允许设置边框风格

　　D．Swing 的标签不允许添加图标

2．思考题

（1）在 Swing 中如何实现部件内容的滚动？

（2）JFrame 中对窗体的关闭有哪些处理情形？

3．编程题

（1）编写一个 Swing 应用程序，利用对话框获取两个整数，利用消息框显示两个数的
最大公约数和最小公倍数。

（2）实现一个简单的文本编辑器，操作按钮安排在工具栏中，包括打开文件、保存文
件、文本替换等功能。消息的处理可以通过对话框实现。

（3）实现一个计算器程序，支持加、减、乘、除、求余、求平方根等运算。

（4）窗体中含一个文本框和一个文本域，在文本框中输入一个整数（≤50），验证从
4 到该整数的所有偶数可拆成两素数之和。每个数的分拆结果占一行，支持滚动浏览。

（5）编写一个画填充圆的程序，要求能用滑动杆控制圆的半径变化。

（6）设计一个程序增删行号工具，安排一个文本域显示文件内容，一个按钮进行转换
处理。要求能自动检测源文件中是否有行号信息，如果没有行号，则自动给源文件每行增
加行号，如果有行号，则将每行的行号删除。假设程序的行数不超过 99 行，行号值为两位
数，第 1 行标记为#01，行号和内容之间空两格，转换结果自动写入文件。提供下拉菜单来
选择要转换的文件和关闭应用，通过文件选择对话框来选取要进行转换的文件。

第 17 章 JDBC 技术与数据库应用

本章知识目标：
- ❏ 了解 JDBC 与数据库连接的形式。
- ❏ 掌握 JDBC 操作访问数据库的方法。
- ❏ 掌握记录集游标的移动处理方法。
- ❏ 了解用 PreparedStatement 类实现 SQL 预处理的方法。

为支持 Java 程序的数据库操作功能，Java 语言提供了 Java 数据库编程接口 JDBC。不同的数据库需要不同的驱动程序，JDBC 提供了统一的 API 访问不同的数据库。对不同数据库的访问的差异主要体现在如何建立与数据库的连接。

17.1 关系数据库概述

作为一种有效的数据存储和管理工具，数据库得到了广泛应用。目前主流的数据库是关系数据库，数据以行、列的表格形式存储，通常一个数据库中由一组表构成，表中的数据项以及表之间的连接通过关系来组织和约束。根据数据库的大小和性能要求，用户可以选用不同的数据库管理系统。常用的小型数据库有 Microsoft Access 和 MySQL 等，而大型数据库产品有 Microsoft SQL Server、Oracle、SYBASE 等。这些数据库产品都支持 SQL 结构查询语言，通过统一的查询语言可实现各种数据库的访问处理。常用的 SQL 命令的使用举例如表 17-1 所示。

表 17-1　常用的 SQL 命令的使用举例

命　　令	功　　能	举　　例
Create	创建表格	create table COFFEES(COF_NAME VARCHAR(32),PRICE INTEGER)
Drop	删除表格	drop table COFFEES
Insert	插入数据	INSERT INTO COFFEES VALUES('Colombian', 101)
Select	查询数据	SELECT COF_NAME, PRICE FROM COFFEES where price>7
Delete	删除数据	Delete from COFFEES where COF_NAME ='Colombian'
Update	修改数据	Update COFFEES set price=price+1

17.2 JDBC API

为支持 Java 程序的数据库操作功能，Java 语言采用了专门的 Java 数据库编程接口 JDBC（Java database connectivity）。JDBC 类库中的类依赖于驱动程序管理器，不同数据库需要不同的驱动程序。驱动程序管理器的作用是通过 JDBC 驱动程序建立与数据库的连接。

Java 应用程序通过 JDBC API（java.sql 包）与数据库连接，而实际的动作则由 JDBC 驱动程序管理器（JDBC driver manager）通过 JDBC 驱动程序与数据库系统进行连接。

以下为 JDBC API 的几个常用接口。

- ❑ Connection：代表与数据库的连接，通过 Connection 接口提供的 getMetaData()方法可获取所连接的数据库的有关描述信息，如表名、表的索引、数据库产品的名称和版本、数据库支持的操作等。
- ❑ Statement：用来执行 SQL 语句并返回结果记录集。
- ❑ ResultSet：SQL 语句执行后的结果记录集，必须逐行访问数据行，但是可以任何顺序访问数据列。

1. 使用 JDBC 连接数据库

与数据库建立连接的标准方法是调用 DriverManager.getConnection()方法。该方法接受含有某个 URL 的字符串。JDBC 管理器将尝试找到可与给定 URL 所代表的数据库进行连接的驱动程序。以下代码为几类典型数据库的连接方法，其中，url 提供了一种标识数据库的方法，可以使相应的驱动程序识别该数据库并与之建立连接。

（1）连接 SQL Server 数据库。

```
Class.forName("com.microsoft.sqlserver.jdbc.SQLServerDriver");
String url = "jdbc:sqlserver://localhost:1433; DatabaseName=数据库名";
Connection conn= DriverManager.getConnection(url, 数据库用户, 密码);
```

（2）连接 MySQL 数据库。

```
String url="jdbc:mysql://localhost:3306?mysqldb";     //mysqldb 为具体数据库名
Connection conn=DriverManager.getConnection(url,数据库用户，密码);
```

MySQL 是与 Java 配合较好的数据库，在实际应用中被广泛采用。为连接 MySQL，要下载 Java 连接 MySQL 数据库的驱动程序，如 mysql-connector-java-8.0.26.jar 包，将其添加到工程的类路径中。本书代码假定 MySQL 数据库服务器安装在本机上，运行程序前要先启动 MySQL 数据库服务。

2. 创建 Statement 对象

建立了与特定数据库的连接之后，就可用该连接发送 SQL 语句。Statement 对象用 Connection 类的 createStatement()方法创建，例如：

```
Statement stmt = con.createStatement();
```

接下来，可以通过 Statement 对象提供的方法执行 SQL 查询，例如：

```
ResultSet rs = stmt.executeQuery("SELECT a, b, c FROM Table2");
```

Statement 接口提供了 3 种执行 SQL 语句的方法，即 executeQuery()、executeUpdate()和 execute()。使用哪一个方法由 SQL 语句所产生的内容决定。

❑ ResultSet executeQuery(String sql)：用于执行产生单个结果集的 SQL 语句，如 SELECT 语句。

❑ int executeUpdate(String sql)：用于执行 INSERT、UPDATE 或 DELETE 语句以及 SQL DDL（数据定义语言）语句，如 CREATE TABLE 和 DROP TABLE。方法的返回值是一个整数，是受影响的数据记录行数。对于 CREATE　TABLE 或 DROP TABLE 等不涉及数据记录行的语句，方法的返回值为 0。

❑ boolean execute(String sql)：用于执行返回多个结果集、多个更新计数或二者组合的语句。

Statement 对象将由 Java 垃圾收集程序自动关闭。而作为一种好的编程习惯，应在不需要 Statement 对象时显式地关闭它们，这将立即释放 DBMS 资源。

【例 17-1】　创建数据表。

程序代码如下：

```
#01    import java.sql.*;
#02    public class CreateStudent {
#03      public static void main(String args[ ]) {
#04        String url="jdbc:mysql://localhost:3306/mydb?serverTimezone=UTC";
#05        String sql = "create table student " +
#06          "(name   VARCHAR(20), " +
#07          "sex     CHAR(2), " +
#08          "birthday Date, " +
#09          "graduate  Bit, "+
#10          "stnumber   INTEGER)";
#11        try {
#12          Connection con = DriverManager.getConnection(url,"root","a1");
#13              //假设数据库的账户名为 root,密码为 a1
#14          Statement stmt = con.createStatement();
#15          stmt.executeUpdate(sql);
#16          System.out.println ("student table created ");
#17          stmt.close();
#18          con.close();
#19        } catch(SQLException e) { e.printStackTrace(); }
#20      }
#21    }
```

【注意】运行程序后将在所连接的数据库中创建一个数据库表格 student。如果数据库中已有该表，则不会覆盖已有表，要创建新表，必须先将原表删除（用 drop 命令）。

17.3　JDBC 基本应用

17.3.1　数据库查询

1. 获取表的列信息

通过 ResultSetMetaData 对象可获取有关 ResultSet 中列的名称和类型的信息。假如

results 为结果集，则可以用如下方法获取数据项的个数和每栏数据项的名称。

```
ResultSetMetaData    rsmd = results.getMetaData();
rsmd.getColumnCount()                    //获取数据项的个数
rsmd.getColumnName(i)                    //获取第 i 栏字段的名称
```

2．遍历访问结果集（定位行）

ResultSet 包含符合 SQL 语句中条件的所有行，每一行称作一条记录。可以按行的顺序逐行访问结果集的内容。在结果集中有一个游标指示当前行，初始指向第一行之前的位置，可以使用 next()方法将游标移到下一行，循环使用该方法可实现对结果集中记录的遍历访问。

3．访问当前行的数据项（具体列）

ResultSet 通过一套 get()方法来访问当前行中的不同数据项，可以多种形式获取 ResultSet 中的数据内容，这取决于每个列中存储的数据类型。可以按列序号或列名来标识要获取的数据项。注意，列序号从 1 开始，而不是从 0 开始。如果结果集对象 rs 的第 2 列名为 title，并将值存储为字符串，则下列任一代码将获取存储在该列中的值。

```
String s = rs.getString("title");
String s = rs.getString(2);
```

可使用 ResultSet 的如下方法来获取当前记录中的数据。

- ❑　String getString(String name)：将指定名称的列的内容作为字符串返回。
- ❑　int getInt(String name)：将指定名称的列的内容作为整数返回。
- ❑　float getFloat(String name)：将指定名称的列的内容作为 float 型数返回。
- ❑　Date getDate(String name)：将指定名称的列的内容作为日期返回。
- ❑　boolean getBoolean(String name)：将指定名称的列的内容作为布尔型数返回。
- ❑　Object getObject(String name)：将指定名称的列的内容返回为 Object。

使用哪个方法获取相应的字段值取决于数据库表格中数据字段的类型。

【例 17-2】　查询学生信息表。

程序代码如下：

```
#01    import java.sql.*;
#02    public class QueryStudent {
#03        public static void main(String args[ ]) {
#04            String url="jdbc:mysql://localhost:3306/mydb?serverTimezone=UTC";
#05            String sql = "SELECT    *    FROM student";
#06            try {
#07                Connection con = DriverManager.getConnection(url,"root","a1");
#08                Statement stmt = con.createStatement();
#09                ResultSet rs = stmt.executeQuery(sql);
#10                while (rs.next()) {
#11                    String s1 = rs.getString("name");
#12                    String s2 = rs.getString("sex");
```

```
#13                 Date    d = rs.getDate("birthday");
#14                 boolean    v = rs.getBoolean("graduate");
#15                 int    n = rs.getInt("stnumber");
#16                 System.out.println(s1+"," +s2+","+d+","+v+","+n);
#17             }
#18         stmt.close();
#19         con.close();
#20     } catch(SQLException e) {
#21             e.printStackTrace();
#22         }
#23     }
#24 }
```

【说明】第 10 行在循环条件中通过结果集的 next()方法实现对所有行的遍历访问。第 11～15 行针对不同类型字段分别用不同的获取数据方法。

4．创建可滚动结果集

由 Connection 对象提供的、不带参数的 createStatement()方法创建的 Statement 对象，执行 SQL 语句所创建的结果集只能向后移动记录指针。实际应用中，有时需要在结果集中前后移动或将游标移动到指定行，这时要使用可滚动记录集。

（1）创建滚动记录集必须用如下方法创建 Statement 对象。

Statement createStatement(int resultSetType,int resultSetConcurrency)

其中，resultSetType 代表结果集类型，包括如下情形。

❏ ResultSet.TYPE_FORWARD_ONLY：结果集的游标只能向后滚动。

❏ ResultSet.TYPE_SCROLL_INSENSITIVE：结果集的游标可以前后滚动，但结果集不随数据库内容的改变而变化。

❏ ResultSet.TYPE_SCROLL_SENSITIVE：结果集可前后滚动，而且结果集与数据库的内容保持同步。

resultSetConcurrency 代表并发类型，取值如下。

❏ ResultSet.CONCUR_READ_ONLY：不能用结果集更新数据库表。

❏ ResultSet.CONCUR_UPDATABLE：结果集会引起数据库表内容的改变。

具体选择创建什么样的结果集取决于应用需要，与数据库表脱离且滚动方向单一的结果访问效率更高。

（2）游标的移动与检查。可以使用如下方法来移动游标以实现对结果集的遍历访问。

❏ void afterLast()：移到最后一条记录的后面。

❏ void beforeFirst()：移到第一条记录的前面。

❏ void first()：移到第一条记录。

❏ void last()：移到最后一条记录。

❏ void previous()：移到上一条记录。

❏ void next()：移到下一条记录。

❏ boolean isFirst()：游标是否在第一个记录。

❑ boolean isLast()：游标是否在最后一个记录。

❑ boolean isBeforeFirst()：游标是否在最后一个记录之前。

❑ boolean isAfterLast()：游标是否在最后一个记录之后。

❑ int getRow()：返回当前游标所处行号，行号从 1 开始编号，如果结果集没有行，返回为空。

❑ boolean absolute(int row)：将游标移动到参数 row 指定的行。如果 row 为负数，表示倒数行号。例如，absolute(-1)表示最后一行，absolute(1)和 first()效果相同。

例 17-3 与例 17-2 的不同是支持游标的双向移动。

【例 17-3】　游标的移动。

程序代码如下：

```
#01   import java.sql.*;
#02   public class MoveCursor {
#03     public static void main(String args[ ]) {
#04       String url = "jdbc:mysql://localhost:3306/mydb?serverTimezone=UTC";
#05       String sql = "SELECT   *   FROM student";
#06       try {
#07         Connection con = DriverManager.getConnection(url,"root","a1");
#08         Statement stmt = con.createStatement( ResultSet.
#09           TYPE_SCROLL_INSENSITIVE,   ResultSet.CONCUR_READ_ONLY);
#10         ResultSet rs = stmt.executeQuery(sql);
#11         rs.last();
#12         int num = rs.getRow();
#13         System.out.println("共有学生数量=" +num);
#14         rs.beforeFirst();        //游标移到首条记录之前
#15         while (rs.next()) {   //循环遍历所有记录
#16           String s1 = rs.getString("name");
#17           // ……
#18         }
#19         stmt.close();
#20         con.close();
#21       } catch(SQLException e) { e.printStackTrace(); }
#22     }
#23   }
```

【说明】第 8～9 行创建的 Statement 对象可实现记录集的前后滚动，在数据查询应用中经常使用该形式。第 11～12 行给出了获取数据库表格中记录数的办法，即先将游标移到最后一行，然后用 getRow()方法得到记录的行号。第 14～18 行遍历访问记录的办法是首先将游标移动到首条记录之前，然后用循环执行记录集的 next()方法移动到后续记录。

17.3.2　数据库的更新

1. 数据插入

将数据插入数据库表格中要使用 INSERT 语句，例 17-4 按数据表的字段顺序及数据格式拼接出 SQL 字符串，使用 Statement 对象的 executeUpdate()方法执行 SQL 语句实现数据写入。

【例 17-4】　执行 INSERT 语句实现数据写入。

程序代码如下：

```
#01    import java.sql.*;
#02    public class InsertStudent {
#03        public static void main(String args[ ]) {
#04            String url="jdbc:mysql://localhost:3306/mydb?serverTimezone=UTC";
#05            try {
#06                Connection con = DriverManager.getConnection(url,"root","a1");
#07                Statement stmt = con.createStatement();
#08                String sql = "INSERT INTO student "
#09                    + "VALUES ('张三', '男', '2006/02/13' ,True, 20210845)";
#10                stmt.executeUpdate(sql);
#11                sql = "INSERT INTO student "
#12                    + "VALUES ('李四', '女', '2005/12/03',False, 20210846)";
#13                stmt.executeUpdate(sql);
#14                System.out.println("2 Items have been inserted ");
#15                stmt.close();
#16                con.close();
#17            } catch (SQLException e) {
#18                e.printStackTrace();
#19            }
#20        }
#21    }
```

【说明】运行该程序，打开数据库将发现在数据表中新加入了两条记录。在 SQL 语句中提供的数据要与数据库中的字段一致，本例给出了 4 种常见数据类型数据的提供方式。

【注意】在 MySQL 中，插入日期型数据要用引号括住，数据写成'2006/12/03'形式。在 Access 数据中，则要用数据库的日期转换函数，写成 DateValue('2006/12/03')的表达形式。

2．数据修改和数据删除

要实现数据修改，只要将 SQL 语句改为 UPDATE 语句即可，而删除则使用 DELETE 语句。例如，以下 SQL 语句将张三的性别改为女。

```
sql="UPDATE   student set   sex= '女' where name= '张三'";
```

实际编程中经常需要从变量获取要拼接的数据，Java 的字符串连接运算符可以方便地将各种类型数据与字符串拼接，如以下 SQL 语句删除姓名为"张三"的记录。

```
String x="张三";
sql="DELETE   from   student   where name='"+x+"'";
```

17.3.3　用 PreparedStatement 类实现 SQL 操作

从上面的例子可以看出，SQL 语句的拼接结果往往比较长，日期数据还需要使用转换函数，这样容易出错。以下介绍一种新的处理办法，即利用 PreparedStatement 接口。使用 Connection 对象的 prepareStatement(Stirng)方法可获取一个 PreparedStatement 接口对象，利用该对象可创建一个表示预编译的 SQL 语句，然后可以用其提供的方法多次处理语句中的数据。例如：

```
PreparedStatement ps=con.preparedStatement("INSERT INTO student VALUES(?,?,?,?,?)");
```

其中，SQL 语句中的问号为数据占位符，每个问号根据其在语句中出现的次序对应一个位置编号，可以调用 PreparedStatement 提供的方法将某个数据插入占位符的位置。例如，以下语句将字符串"china"插入第 1 个问号处。

```
ps.setString(1, "china");
```

PreparedStatement 提供了如下方法将各种类型数据插入语句中。

- ❏ void setAsciiStream(int parameterIndex, InputStream x, int length)：从 InputStream 流（字符数据）读取 length 个字节数据插入 parameterIndex 位置。
- ❏ void setBinaryStream(int parameterIndex, InputStream x, int length)：从 InputStream 流（二进制数据）读取 length 个字节数据插入 parameterIndex 位置。
- ❏ void setCharacterStream(int parameterIndex, Reader reader, int length)：从字符输入流读取 length 个字符插入 parameterIndex 位置。
- ❏ void setBoolean(int parameterIndex, boolean x)：在指定位置插入一个布尔值。
- ❏ void setByte(int parameterIndex, byte x)：在指定位置插入一个 byte 值。
- ❏ void setBytes(int parameterIndex, byte[] x)：在指定位置插入一个 byte 数组。
- ❏ void setDate(int parameterIndex, Date x)：在指定位置插入一个 Date 对象。
- ❏ void setDouble(int parameterIndex, double x)：在指定位置插入一个 double 值。
- ❏ void setFloat(int parameterIndex, float x)：在指定位置插入一个 float 值。
- ❏ void setInt(int parameterIndex, int x)：在指定位置插入一个 int 值。
- ❏ void setLong(int parameterIndex, long x)：在指定位置插入一个 long 值。
- ❏ void setShort(int parameterIndex, short x)：在指定位置插入一个 short 值。
- ❏ void setString(int parameterIndex, String x)：将一个字符串插入指定位置。
- ❏ void setNull(int parameterIndex, int sqlType)：将指定参数设置为 SQL NULL。
- ❏ void setObject(int parameterIndex, Object x)：用给定对象设置指定参数的值。

【例 17-5】　采用 PreparedStatement 实现数据写入。

程序代码如下：

```
#01   import java.sql.*;
```

```
#02    public class InsertStudent2 {
#03       public static void main(String args[ ]) {
#04          String url="jdbc:mysql://localhost:3306/mydb?serverTimezone=UTC";
#05          try {
#06             Connection con = DriverManager.getConnection(url,"root","a1");
#07             String sql = "INSERT INTO student VALUES (?,?,?,?,?)";
#08             PreparedStatement ps = con.prepareStatement(sql);
#09             ps.setString(1, "王五");
#10             ps.setString(2, "男");
#11             ps.setDate(3, Date.valueOf("2006-2-15"));
#12             ps.setBoolean(4, true);
#13             ps.setInt(5, 20210848);
#14             ps.executeUpdate();
#15             System.out.println("add    1 Item ");
#16             ps.close();
#17             con.close();
#18          } catch (SQLException e) { e.printStackTrace();   }
#19       }
#20    }
```

【说明】第 8 行获得一个 PreparedStatement 对象，第 14 行调用 executeUpdate()方法执行数据更新操作。注意，日期型数据要通过 java.sql.Date 类的 valueOf()方法将参数字符串转换为日期，参数字符串的年、月、日之间用"-"分隔。

PreparedStatement 也可执行查询操作，具体用法和 Statement 接口一样，PreparedStatement 实际上继承了 Statement。与 Statement 相比，PreparedStatement 的 SQL 预编译表达形式的执行效率更高，代码可读性更好，且可防止 SQL 注入的安全问题。

17.4　数据库应用案例

17.4.1　个人通信录管理案例

【例 17-6】　基于数据库存储的个人通信录的管理。

用户通信录的数据库只有一个表格 contract，包括 3 个字段：姓名（name）、联系电话（phone）和单位（unit）。MySQL 中创建数据表的 SQL 代码如下：

```
create table contract(name VARCHAR(10),phone VARCHAR(16),unit VARCHAR(32))
```

本例采用 JTable（表格）显示用户通信录的内容，由于通信录的数据可以不断增加，因此 JTable 显示的内容动态地从数据库中装载得到。应用功能界面仍然采用选项卡来部署。

程序代码如下：

```
#01    import javax.swing.*;
#02    import java.awt.*;
#03    import java.awt.event.*;
```

```
#04    import java.sql.*;
#05    public class ContactData extends JFrame {
#06        JTextField name = new JTextField(10);
#07        JTextField telephone = new JTextField(10);
#08        JTextField unit = new JTextField(10);
#09        JPanel[ ] jp = new JPanel[3];
#10        JLabel result;
#11
#12        public ContactData() {
#13            JButton insert = new JButton("添加");
#14            JTextField searchtext = new JTextField(10);
#15            JButton search = new JButton("查找");
#16            result = new JLabel(".....");
#17            Container c = getContentPane();
#18            JTabbedPane jtp = new JTabbedPane();
#19            String des[] = { "添加联系人", "浏览电话号码", "查找联系人" };
#20            for (int i = 0; i < 3; i++) {
#21                jp[i] = new JPanel();               //创建面板对象
#22                jtp.addTab(des[i], jp[i]);          //将面板加入选项卡
#23            }
#24            c.add(jtp);
#25            jp[0].setLayout(new BorderLayout());
#26            JPanel p1 = new JPanel();
#27            p1.setLayout(new GridLayout(3, 2, 1, 5));
#28            jp[0].add("Center", p1);
#29            p1.add(new JLabel("姓名", JLabel.CENTER));
#30            p1.add(name);
#31            p1.add(new JLabel("电话", JLabel.CENTER));
#32            p1.add(telephone);
#33            p1.add(new JLabel("单位", JLabel.CENTER));
#34            p1.add(unit);
#35            jp[0].add("South", insert);
#36            jp[2].setLayout(new BorderLayout());
#37            JPanel p2 = new JPanel();
#38            p2.setLayout(new FlowLayout());
#39            p2.add(new JLabel("姓名:"));
#40            p2.add(searchtext);
#41            p2.add(search);
#42            jp[2].add("Center", p2);
#43            jp[2].add("South", result);
#44            insert.addActionListener(new ActionListener() {
#45                public void actionPerformed(ActionEvent e) {
#46                    saveToDatabase(name.getText(), telephone.getText(), unit.getText());
#47                    //从文本框获取数据写入数据库
#48                }
#49            });
#50            jtp.addChangeListener(new ChangeListener() {
#51                public void stateChanged(ChangeEvent e) {
#52                    if (jtp.getSelectedIndex() == 1) {
#53                        String data[ ][ ] = loadFromDatabase();
```

```
#54                          String[ ] columnNames = { "姓名","电话","单位"};
#55                          JTable table = new JTable(data,columnNames);
#56                          JScrollPane disp = new JScrollPane(table);
#57                          jp[1].removeAll();        //删除面板中以前的内容
#58                          jp[1].add(disp);          //加入滚动面板至面板中
#59                      }
#60                  }
#61              });
#62          search.addActionListener(new ActionListener() {
#63              public void actionPerformed(ActionEvent e) {
#64                  String s = searchtext.getText();
#65                  String res = searchData(s);      //调用搜索方法显示搜索结果
#66                  result.setText(res);             //在标签中显示结果
#67              }
#68          });
#69      }
#70      public static void main(String[ ] args) {
#71          JFrame x = new ContactData();
#72          x.setSize(500, 300);
#73          x.setVisible(true);
#74      }
#75
#76      Connection connectDatabase() {    //该方法用于与数据库建立连接
#77          Connection conn = null;
#78          try {
#79              String url = "jdbc:mysql://localhost:3306/contractdb?
#80                      serverTimezone=UTC&characterEncoding=utf-8";
#81              conn = DriverManager.getConnection(url, "root", "a1");
#82          } catch (Exception e) {
#83              System.out.println(e);
#84          }
#85          return conn;
#86      }
#87      ... //其他 3 个对数据库操作访问的方法在后面介绍
#88  }
```

【说明】对数据库的操作访问封装在 3 个方法中。第 46 行调用 saveToDatabase()方法将新录入的联系人数据写入数据库。第 53 行调用 loadFromDatabase()方法从数据库获取所有联系人的数据，将数据动态显示在 JTable 中，并通过滚动面板动态部署到选项卡相关的第 2 块面板上（第 56~58 行），显示效果如图 17-1 所示。第 65 行调用数据查询方法 searchData()得到指定姓名的联系人信息，第 66 行在标签中显示结果。

图 17-1　在 JTable 中显示数据信息

以下为应用中与数据库操作访问相关的若干方法。

（1）从数据库装载所有数据放到二维数组中。

程序代码如下：

```
#01    String[ ][ ] loadFromDatabase() {
#02        try {
#03            //从数据库读取数据写入 data 数组
#04            Connection conn=connectDatabase();
#05            Statement stmt =conn.createStatement(ResultSet.TYPE_SCROLL_SENSITIVE,
#06                ResultSet.CONCUR_READ_ONLY);
#07            String sql = "select * from    contract";
#08            ResultSet rs = stmt.executeQuery(sql);
#09            rs.last();    //定位到最后一条记录
#10            String data[ ][ ] = new String[rs.getRow()][3];
#11            int row = 0;
#12            rs.beforeFirst();
#13            while (rs.next()) {
#14                data[row][0] = rs.getString("name");
#15                data[row][1] = rs.getString("phone");
#16                data[row][2] = rs.getString("unit");
#17                row++;
#18            }
#19            stmt.close();
#20            con.close();
#21            return data;
#22        } catch (Exception e) {
#23            System.out.println(e);
#24        }
#25    }
```

【说明】该方法设计的关键是第 9～18 行，第 10 行定义一个行数和数据表记录个数一样多的二维字符串数组，通过接下来的循环将数据库表格中各行内容写入二维数组中，最后返回二维数组作为方法的结果。

（2）将新增数据保存到数据库表格中。

程序代码如下：

```
#01    void saveToDatabase(String name,String phone,String unit) {
#02        try {
#03            //从几个文本框读取数据写入数据库
#04            Connection conn=connectDatabase();
#05            String sql = "INSERT INTO contract VALUES (?,?,?)";
#06            PreparedStatement ps = con.prepareStatement(sql);
#07            ps.setString(1, name);
#08            ps.setString(2, phone);
#09            ps.setString(3, unit);
#10            ps.executeUpdate();
#11            ps.close();
#12            con.close();
```

```
#13        } catch (Exception e) {
#14            System.out.println(e);
#15        }
#16    }
```

根据参数提供的姓名从数据库搜索联系人信息。

程序代码如下：

```
#01    String searchData(String s) {
#02        try {
#03            Connection conn=connectDatabase();
#04            Statement stmt =conn.createStatement(ResultSet.TYPE_SCROLL_SENSITIVE,
#05                ResultSet.CONCUR_READ_ONLY);
#06            String sql ="select * from contract where name like '%"+s +"%'";
#07            ResultSet rs = stmt.executeQuery(sql);
#08            rs.first();                  //定位到查询结果的第 1 条记录
#09            String res = "姓名=" + rs.getString("name");
#10            res += ",电话=" + rs.getString("phone");
#11            res += ",单位=" + rs.getString("unit");
#12            stmt.close();
#13            con.close();
#14            return res;
#15        } catch (Exception e) {
#16            System.out.println(e);
#17        }
#18    }
```

17.4.2 简单网络考试系统案例

【例 17-7】   一个简单网络考试系统的设计。

本例是设计一个基于桌面的简单教学测试应用，具体要求如下。

（1）采用数据库存储试题，包括单选和多选两类试题。

（2）单选和多选采用不同的解答控件，因此解答界面也不同，应用自动根据试题类型给出当前试题对应的答题界面。

（3）每屏显示一道试题，用户在解答试题过程中可以前后翻动试题浏览并解答，已解答的试题可以更改解答。

（4）用户单击"交卷"按钮后，应用将自动评分，并将评分结果告诉用户，用户确认后，结束考试。

应用设计包括规划数据的存储、应用界面设计、应用功能实现等。

1. 数据库表格(question)的字段设计

数据库表格设计是数据库应用设计的重要组成部分。本例将所有试题存储在一张表中，并假设库中所有试题用于测试。存储试题的表格字段设计如下：

❑　content：长文本型，用于存放试题内容。

❑　type：整型，用于表示试题类型，值为 1 表示单选，值为 2 表示多选。

❑　answer：字符串，长度为 4，表示标准答案。

在 MySQL 数据库中的建表命令如下：

```
CREATE TABLE question(content text NOT NULL,type int, answer varchar(4) NOT NULL);
```

2. 应用界面设计

考试界面由多块面板采用嵌套布局进行设计。考试过程中应用界面要显示的内容包括试题内容、解答控件、翻动试题控件、交卷按钮以及当前试题序号等。由于试题库中试题是单选与多选混合存储，所以考试界面中不再安排题型切换选择按钮，而是自动根据试题类型来决定解答界面的风格。图 17-2 是单选题的答题界面，图 17-3 是多选题的答题界面。

图 17-2　单选题答题界面

图 17-3　多选题答题界面

应用界面设计综合使用了多种布局，最外层采用 BorderLayout 布局，在顶部区域显示试题数量等信息，底部区域显示翻动试题按钮，而中央区域显示试题内容和解答控件，中央部分的面板自身也是采用 BorderLayout 布局。为了实现两种题型解答界面的切换，在解答控件区安排一块 CardLayout 布局的面板，单选和多选的解答界面分别用一块卡片来实现，测试过程中根据当前试题的题型来决定要显示的卡片。

3. 类的设计

出于尽量简化应用设计的考虑，该应用只涉及两个类：一个是 Question 类，用来封装考试过程中每道试题的相关信息；另一个是 ExamFrame 类，用于展示应用界面的窗体。

（1）试题信息类 Question。

Question 类封装有试题的内容、标准答案、用户解答、题型信息。

程序代码如下：

```
#01    class Question {
#02       String content;       //试题内容
#03       String answer;        //标准答案
#04       String userAnswer;    //用户解答
```

```
#05          int type;              //试题类型,1 为单选，2 为多选
#06      }
```

（2）应用窗体类 ExamFrame。

ExamFrame 类的设计包括两个方面：一是应用界面的设计，其中包括事件驱动；另一个是考试过程中相关数据的各类操作处理，如试题的内容获取及用户解答的登记等。

① 属性变量设计。

为了提高数据访问效率，可以先将所有试题内容及标准答案、题型等信息从数据库中读取，每道试题的信息封装在一个 Question 对象中，所有试题保存在一个数组列表 question 中，以后根据当前试题序号从数组列表中得到 Question 对象，进而获取试题相关信息。

以下是几个和试题访问相关的实例变量。

❑ ArrayList<Question> question：存放所有试题信息。

❑ int amount：表示试题总数量。

❑ int bh：表示当前解答的试题编号。

在 ExamFrame 类中将图形用户界面中的一些部件对象作为属性变量，特别是针对单选和多选的选项表示及处理定义了 3 个数组，分别存放 4 个选项标识（A、B、C、D）、4 个复选框控件、4 个单选按钮控件。使用数组的好处是便于组织循环来处理数据。

② 方法设计。

❑ ExamFrame()：该构造方法主要实现界面的布局显示、给各类控件注册事件监听，以及进行数据初始化处理（包括调用 readQuestion()方法读所有试题并存入数组列表）。

❑ display_ans()：实现当前试题的解答控件的显示处理，难点是根据用户已有解答记录来设置解答控件的当前值。

❑ givescore()：完成考试评分计算功能，返回结果为百分制的得分。

❑ actionPerformed()：动作事件处理，包括前后翻动试题、交卷等按钮。

❑ itemStateChanged()：解答选项的事件处理，根据解答控件的值更新试题列表中当前试题对应的 Question 对象的 userAnswer 属性值。

❑ readQuestion()：访问数据库表格的试题，将每道试题信息封装为 Question 对象存入数组列表 question 中。

以下代码中包括 ExamFrame 类的构造方法和 main()方法，其他方法在后面逐个介绍。

程序代码如下：

```
#01    import java.awt.*;
#02    import java.awt.event.*;
#03    import java.sql.*;
#04    import java.util.*;
#05    import javax.swing.*;
#06    public class ExamFrame extends JFrame implements ActionListener, ItemListener {
#07        ArrayList<Question> question=new ArrayList<Question>();   //全部试题
#08        int amount;                                               //试题数量
#09        int bh = 0;                                               //当前试题编号
#10        String ch[ ] = { "A", "B", "C", "D" };                   //选项标识
```

```
#11        JCheckBox cb[ ] = new JCheckBox[4];            //多选题的复选框
#12        JRadioButton radio[ ] = new JRadioButton[4];  //单选题的单选按钮
#13        JTextArea content;                             //显示试题内容的文本域
#14        JButton finish;                                // "交卷" 按钮
#15        JButton next;                                  // "下一题" 按钮
#16        JButton previous;                              // "上一题" 按钮
#17        JPanel answercard;                             //安排试题解答选项卡片
#18        JLabel hint;                        //提示标签，用于提示共有多少道试题，当前第几道
#19
#20     /* 在构造方法中完成应用界面布局及各类部件的事件监听注册 */
#21     public ExamFrame() {
#22         super("考试系统");
#23         readQuestion();                    //从数据库读取试题并存入数组列表
#24         setLayout(new BorderLayout());
#25         /* 上部面板，显示试题序号、"交卷" 按钮 */
#26         JPanel up = new JPanel();
#27         hint = new JLabel("共有 ? 道试题，第 ? 题 ");
#28         finish = new JButton("   交  卷   ");
#29         up.add(hint);
#30         up.add(finish);
#31         add("North", up);
#32         /* 中间面板显示试题内容，给出解答选项卡片 */
#33         JPanel middle = new JPanel();
#34         middle.setLayout(new BorderLayout());
#35         content = new JTextArea(10, 50);
#36         middle.add("Center", new JScrollPane(content));
#37         content.setText(question.get(bh).content);
#38         JPanel duoxuan = new JPanel();                 //多选题解答面板
#39         duoxuan.setLayout(new FlowLayout(FlowLayout.CENTER, 10, 10));
#40         for (int i = 0; i < 4; i++) {                  //创建解答选项
#41             cb[i] = new JCheckBox(ch[i]);
#42             duoxuan.add(cb[i]);
#43             cb[i].addItemListener(this);              //给复选框注册 ItemListener
#44         }
#45         JPanel danxuan = new JPanel();                 //单选题解答面板
#46         danxuan.setLayout(new FlowLayout(FlowLayout.CENTER, 10, 10));
#47         ButtonGroup group = new ButtonGroup();
#48         for (int i = 0; i < 4; i++) {                  //创建解答选项
#49             radio[i] = new JRadioButton(ch[i], false);
#50             danxuan.add(radio[i]);
#51             group.add(radio[i]);
#52             radio[i].addItemListener(this);           //给单选按钮注册 ItemListener
#53         }
#54         answercard = new JPanel();
#55         answercard.setLayout(new CardLayout());        //两种解答界面用卡片布局
#56         answercard.add(danxuan, "singlechoice");
#57         answercard.add(duoxuan, "multichoice");
#58         middle.add("South", answercard);
#59         add("Center", middle);
```

```
#60          display_ans();                      //根据题型选择要显示的解答卡片
#61          /*  底部安排翻动试题按钮  */
#62          JPanel bottom = new JPanel();
#63          previous = new JButton("  上一题  ");
#64          bottom.add(previous);
#65          next = new JButton("  下一题  ");
#66          bottom.add(next);
#67          add("South", bottom);
#68          next.addActionListener(this);     //给翻动试题按钮注册动作监听者
#69          previous.addActionListener(this);
#70          finish.addActionListener(this);
#71          setSize(350, 280);
#72          setVisible(true);
#73          setDefaultCloseOperation(EXIT_ON_CLOSE);
#74      }
#75
#76      public static void main(String args[ ]) {
#77          new ExamFrame();
#78      }
#79      ......//其他方法见后续介绍
#80  }
```

4. ExamFrame 类的其他方法

（1）显示当前试题及解答界面。功能是根据当前试题类型显示解答界面。该方法的核心问题有两个：一是根据题型决定显示的答题界面；二是根据用户先前解答情况显示各选项的值，以保证用户前后翻动试题能正确显示已有解答。

程序代码如下：

```
#01  public void display_ans() {
#02      hint.setText("共有  " + amount + "  道试题，第" + (bh + 1) + "题");
#03      CardLayout lay = (CardLayout) answercard.getLayout();
#04      if (question.get(bh).type == 1) {              //判断是单选题还是多选题
#05        lay.show(answercard, "singlechoice");        //显示单选题卡片
#06        for (int i = 0; i < 4; i++)
#07            radio[i].removeItemListener(this);
#08              //取消事件监听，避免因选项值设置而引发事件
#09        for (int i = 0; i < 4; i++) {
#10            radio[i].setSelected(false);
#11            if (question.get(bh).userAnswer.equals(ch[i])) {
#12                radio[i].setSelected(true);          //根据用户解答设置选项
#13            }
#14        }
#15        for (int i = 0; i < 4; i++)
#16            radio[i].addItemListener(this);          //恢复选项的事件监听
#17      } else {
#18        lay.show(answercard, "multichoice");         //显示多选题卡片
#19        for (int i = 0; i < 4; i++) {
#20            cb[i].removeItemListener(this);          //取消选项的事件监听
```

```
#21                    cb[i].setSelected(false);
#22                    if (question.get(bh).userAnswer.length() > 0)
#23                        if (question.get(bh).userAnswer.indexOf(ch[i])!= -1) {
#24                            cb[i].setSelected(true);          //解答里有的选项标记选中
#25                        }
#26                    cb[i].addItemListener(this);              //恢复选项的事件监听
#27                }
#28        }
#29    }
```

【说明】单选题和多选题安排在卡片布局的两块不同的面板上显示，所以这里涉及卡片的切换。第 5 行和第 18 行均是进行卡片切换。第 5～16 行是处理单选题的解答画面显示，第 18～27 行是处理多选题的解答画面显示。由于试题换动了，针对当前试题的解答情况要根据用户先前的解答来进行选项按钮的选中与否处理。因为在这个过程中要更新选项，会引发事件，所以在更新前要取消事件监听，更新后再恢复事件监听。

（2）计算测试得分。算法实现是将每道试题的用户解答与标准答案进行比较，从而累计出测试得分。

程序代码如下：

```
#01    public int givescore() {
#02        int score = 0;
#03        for (int i = 0; i < amount; i++) {
#04            Question q = question.get(i);
#05            if (q.userAnswer.equals(q.answer))
#06                score = score + 1;
#07        }
#08        return (int) (score * 100 / amount); //得分折算成百分制分值
#09    }
```

（3）解答登记处理。通过响应解答按钮的事件实现解答登记处理，无论是单选题还是多选题，其对应控件注册的事件监听者都是 ItemListener 类型，发生事件将执行监听者的 itemStateChanged()方法。方法中根据当前试题的题型决定如何获取解答控件的数据。

程序代码如下：

```
#01    public void itemStateChanged(ItemEvent e) {
#02        String s = "";
#03        if (question.get(bh).type == 1) {
#04            s=((JRadioButton)e.getItemSelectable()).getText();   //单选题
#05        } else {                                                 //多选题
#06            for (int i = 0; i < ch.length; i++)
#07                if (cb[i].isSelected())
#08                    s = s + cb[i].getText();                     //将所有选中的选项拼在一起
#09        }
#10        question.get(bh).userAnswer = s;                         //解答存入该题的解答登记中
#11    }
```

【说明】第 6～8 行要通过选项对应文本的拼接形成多选的用户解答。第 10 行用当前试题的解答更新试题列表中该题的 userAnswer 属性。

（4）试题翻动和交卷处理。通过响应按钮的动作事件实现试题的翻动，实际上就是要改变代表当前试题编号的变量 bh 的值，显示当前试题内容，以及调用 display_ans()显示用户对当前试题的解答情况。当用户单击"交卷"按钮时进行评分并通过对话框告知用户得分。

程序代码如下：

```
#01    public void actionPerformed(ActionEvent e) {
#02        if (e.getSource() == next) {                    //查看下一道试题
#03            if (bh < amount)
#04                bh++;
#05            content.setText(question.get(bh).content);
#06            display_ans();
#07        } else if (e.getSource() == previous) {         //查看上一道试题
#08            if (bh > 0)
#09                bh--;
#10            content.setText(question.get(bh).content);
#11            display_ans();
#12        } else {                                        //单击"交卷"按钮
#13            JOptionPane.showMessageDialog(this,"分数="+ givescore());
#14            System.exit(0);
#15        }
#16    }
```

（5）从数据库获取试题信息存入列表。该方法的功能是读取试题库考试试题的内容存放到数组列表中。这里假设试题库中所有试题均为测试试题，读取到的试题数量也就决定了 amount 的值。

程序代码如下：

```
#01    public void readQuestion() {
#02        int stbh = 0;
#03        String url = "jdbc:mysql://localhost:3306/examdb";
#04        String sql = "SELECT  *  FROM  question";
#05        try {
#06            Connection con=DriverManager.getConnection(url,"root","11");
#07            Statement stmt = con.createStatement();
#08            ResultSet rs = stmt.executeQuery(sql);
#09            while (rs.next()) {                          //循环遍历所有试题
#11                Question me = new Question();
#12                me.content = rs.getString("content");
#13                me.answer = rs.getString("answer");
#14                me.type = rs.getInt("type");
#15                me.userAnswer="";                        //用户解答默认为空串
#16                question.add(me);                        //试题加入数组列表中
#17            }
#18            amount = question.size();                    //考试试题总数量
#19        } catch (SQLException ex) {
#20            System.out.println(ex.getMessage());
```

```
#21         }
#22   }
```

【思考】本案例展示了较复杂的应用界面设计处理，如通过卡片布局来实现动态界面，特别是实现选项值的动态更新处理。该应用只是一个简化的模型，进一步改进包括增加用户登录和成绩登记等功能；增加题型；题库试题可按知识点、难度等来组织；考试时按知识点、难度等考核要求从题库随机抽题等。

习　　题

1. 选择题

（1）下面关于 PreparedStatement 的说法错误的是（　　　）。

　　A. PreparedStatement 继承了 Statement

　　B. PreparedStatement 可以有效防止 SQL 注入

　　C. PreparedStatement 不能执行建表的 SQL 语句

　　D. PreparedStatement 效率高于 Statement

（2）以下不属于 JDBC API 的接口的是（　　　）。

　　A. Statement　　　　B. Connection　　　C. ResultSet　　　D. Collection

（3）接口 Statement 中定义的 executeUpdate()方法的返回类型是（　　　）。

　　A. ResultSet　　　　B. int　　　C. boolean　　　　D. double

2. 编程题

（1）编写一个图形界面应用程序，利用 JDBC 实现班级学生管理，在数据库中创建 student 和 class 表格，应用程序具有如下功能。

① 数据插入功能：能增加班级、在某班增加学生。

② 数据查询功能：在窗体中显示所有班级，选择某个班级将显示该班的所有学生。

③ 数据删除功能：能删除某个学生，如果删除班级，则要删除该班的所有学生。

（2）编写程序实现考试系统中单选题的增、删、改、查管理。单选题的字段包括题目编号（该字段值由数据库系统自动生成）、所属章号（1～18）、题目内容（假设各选项的信息包含在题目内容中）、题目答案（A～D）等。

第 18 章　Java 的网络编程

本章知识目标：
- ❏　了解 InetAddress 类的使用。
- ❏　掌握 Socket 通信编程的原理与方法，了解网络多用户通信编程的特点。
- ❏　了解数据报编程的基本方法。
- ❏　了解 Java 对 URL 资源的访问编程方法。

Java 的诞生和发展与网络紧密关联，Java 也提供了丰富的类库实现网络应用编程。本章主要介绍数据通信处理和信息资源获取的相关 API。

18.1　网络编程基础

18.1.1　网络协议

网络上的计算机要互相通信，必须遵循一定的协议。目前使用最广泛的网络协议是应用于 Internet 的 TCP/IP 协议。TCP/IP 协议在设计上分为 5 层：物理层、数据链路层、网络层、传输层、应用层。不同层有各自的职责，下层为上层提供服务。其中网络层也称 IP 层，主要负责网络主机的定位，实现数据传输的路由选择。IP 地址可以唯一地确定 Internet 上的一台主机，为了方便记忆，实际应用中常用域名地址，域名与 IP 地址的转换通过域名解析完成。传输层负责保证端到端数据传输的正确性，在传输层包含两类典型通信协议：TCP 和 UDP。TCP 是传输控制协议的简称，是一种面向连接的保证可靠传输的协议。通过 TCP 传输，得到的是一个顺序的、无差错的数据流。使用 TCP 通信，发送方和接收方首先要建立 socket 连接，在客户/服务器通信中，服务方在某个端口提供服务等待客户方的访问连接，连接建立后，双方就可以发送或接收数据。UDP 是用户数据报协议的简称，UDP 通信无须建立连接，传输效率高，但不能保证传输的可靠性。

现在的计算机系统都是多任务的，一台计算机可以同时与多台计算机通信，所以完整的网络通信的构成元素除了主机地址，还包括通信端口、协议等。

在 java.net 包中提供了丰富的网络功能，例如用 InetAddress 类表示 IP 地址，用 URL 类封装对网络资源的标识访问，用 ServerSocket 和 Socket 类实现面向连接的网络通信，用 DatagramPacket 和 DatagramSocket 类实现数据报的收发。

18.1.2　InetAddress 类

Internet 上通过 IP 地址或域名标识主机，而 InetAddress 对象则含有这两者的信息，域名的作用是方便记忆，它和 IP 地址是一一对应的，知道域名即可得到 IP 地址。InetAddress 对象用表示主机信息的格式，如 www.ecjtu.edu.cn/202.101.208.10。

InetAddress 类不对外提供构造方法，但提供了一些静态方法来得到 InetAddress 类的实例对象，该类的常用方法如下。

（1）static InetAddress getByName(String host)：根据主机名构造一个对应的 InetAddress 对象，当在网上找不到主机时，将抛出 UnknownHostException 异常。

（2）static InetAddress getLocalHost()：返回本地主机对应的 InetAddress 对象。

（3）String getHostAddress()：返回 InetAddress 对象的 IP 地址。

（4）String getHostName()：返回 InetAddress 对象的域名。

18.2　Socket 通信

18.2.1　Java 的 Socket 编程原理

Java 中 Socket 类和 ServerSocket 类分别用于 Client 端和 Server 端的 Socket 通信编程，可将联网的任何两台计算机进行 Socket 通信，一台作为服务器端，另一台作为客户端。也可以用一台计算机上运行的两个进程分别运行服务器端和客户端程序。

1．Socket 类

Socket 类用在客户端，通过构造一个 Socket 类来建立与服务器的连接。Socket 连接可以是流连接，也可以是数据报连接，这取决于构造 Socket 类时使用的构造方法。一般使用流连接，流连接的优点是所有数据都能准确、有序地送到接收方，缺点是速度较慢。Socket 类的构造方法有如下 4 种。

（1）Socket(String host, int port)：构造一个连接指定主机、指定端口的流 Socket。

（2）Socket(String host, int port, boolean kind)：构造一个连接指定主机、指定端口的 Socket 类，boolean 类型的参数用来设置是流 Socket 还是数据报 Socket。

（3）Socket(InetAddress address, int port)：构造一个连接指定 Internet 地址、指定端口的流 Socket。

（4）Socket(InetAddress address, int port, boolean kind)：构造一个连接指定 Internet 地址、指定端口的 Socket 类，boolean 类型的参数用来设置是流 Socket 还是数据报 Socket。

在构造完 Socket 类后，就可以通过 Socket 类来建立输入、输出流，通过流来传送数据。

2．ServerSocket 类

ServerSocket 类用在服务器端，常用的构造方法有两种。

（1）ServerSocket(int port)：在指定端口上构造一个 ServerSocket 类。

（2）ServerSocket(int port, int queueLength)：在指定端口上构造一个 ServerSocket 类，参数 queueLength 用于限制并发等待连接的客户最大数目。

3．建立连接与数据通信

Socket 通信的基本过程如图 18-1 所示。首先在服务器端创建一个 ServerSocket 对象，通过执行 accept()方法监听客户连接，这将使线程处于等待状态，然后在客户端建立 Socket 类，与某服务器的指定端口进行连接。服务器监听到连接请求后，可在两者之间建立连接。连接建立之后，就可以取得相应的输入/输出流进行通信。一方的输出流发送的数据将被另一方的输入流读取。

图 18-1　Socket 通信的基本过程

【例 18-1】　一个简单的 Socket 通信演示程序。

程序 1：服务方程序。

```
#01    import java.net.*;
#02    import java.io.*;
#03    public class SimpleServer {
#04        public static void main(String args[ ]) {
#05            try {
#06                ServerSocket s = new ServerSocket(5432);       //规定服务端口
#07                while (true) {
#08                    Socket s1 = s.accept();                    //等待客户连接
#09                    OutputStream s1out = s1.getOutputStream();
#10                    DataOutputStream dos = new DataOutputStream(s1out);
#11                    dos.writeUTF("Hello   World!");
#12                    System.out.println("a client is conneted……");
#13                    s1.close();
#14                }
#15            } catch (IOException e) {  }
```

```
#16        }
#17    }
```

【说明】这里服务器端监听的端口为 5432，在循环中，通过 accept()方法等待客户连接，如果无客户连接，线程将进入阻塞状态。一旦有客户连接成功，则将在客户与服务器间建立一条 Socket 数据传输通道，通过 Socket 的 getOutputStream()方法可取得该通道本方的输出流。为了方便流操作，可以用 DataOutputStream 流对其进行过滤，并用 DataOutputStream 对象的 writeUTF()方法给客户发送数据。而后关闭与该客户的连接，继续循环等待其他客户的访问。

程序 2：客户方程序。

```
#01    import java.net.*;
#02    import java.io.*;
#03    public class SimpleClient {
#04        public static void main(String args[ ]) throws IOException {
#05            Socket s = new Socket("localhost", 5432);
#06                //申请与服务器的 5432 端口连接
#07            InputStream sIn = s.getInputStream();      //取得 Socket 的输入流
#08            DataInputStream dis = new DataInputStream(sIn);
#09            String message = dis.readUTF();            //读服务器发送的数据
#10            System.out.println(message);
#11            s.close();
#12        }
#13    }
```

【说明】这里客户方要访问的计算机为本地主机（localhost），也就是在一台计算机上自己与自己通信。客户端通过创建 Socket 与服务器端建立连接后，可以取得 Socket 的输入流，用过滤流 DataInputStream 的 readUTF()方法读取来自服务方的字符串，最后关闭 Socket 连接。

【注意】该程序在同一机器上运行时要开辟两个 DOS 窗口，首先运行服务器程序，然后在另一个窗口运行客户程序。服务器端循环运行等待客户连接，每个客户连接到服务器后，在客户方将显示服务器发送的信息"Hello World!"，而服务方将显示"a client is conneted…."。本程序中只是服务方给客户方发送数据，如果客户方要给服务方发送数据，方法一样，只是要注意两方收发的配合。

【思考】上面的程序如果要实现双向通信，则服务器需要读取客户发送的数据，如果客户连接和读取客户数据安排在一个循环中，那么等待读取客户发送的数据将导致线程阻塞，不能及时转向执行 accept()方法等待其他客户连接。因此，对于复杂的多用户通信是不可行的。

18.2.2 网络多用户通信编程

【例 18-2】 一个简单的多用户聊天程序。

聊天服务器端的任务主要有两个：一是监听某端口，建立与客户的 Socket 连接，处理一个客户的连接后，能很快再进入监听状态；二是处理与客户的通信，由于聊天是在客户之间进行的，所以服务器的职责是将客户发送的消息转发给其他客户。为了完成这两个任务，必须设法将任务分开，可以借助多线程技术，在服务方为每个客户连接建立一个通信线程，通信线程负责接收客户的消息并将消息转发给其他客户。这样主程序的任务就简单化了，即循环监听客户连接，每个客户连接成功后，创建一个通信线程，并将与 Socket 对应的输入/输出流传给该线程。

此例中还有一个关键问题是，由于要将数据转发给其他客户，因此某个客户对应的通信线程要设法获取其他客户的 Socket 输出流。也就是必须设法将所有客户的资料在连接处理时保存在一个公共能访问的地方，因此在 TalkServer 类中引入了一个静态 ArrayList 对象存放所有客户的通信线程。这样，要取得其他客户相关的输出流，可通过该 ArrayList 对象间接访问。

程序 1：聊天服务器端程序。

```
#01    import java.net.*;
#02    import java.io.*;
#03    import java.util.*;
#04    public class TalkServer {
#05        public static ArrayList<Client> allclient = new ArrayList<Client>( );
#06            //存放所有通信线程
#07        public static int clientnum = 0;              //统计客户连接的计数变量
#08
#09        public static void main(String args[ ]) {
#10            try {
#11                ServerSocket s = new ServerSocket(5432);
#12                while (true) {
#13                    Socket s1 = s.accept();      //等待客户连接
#14                    DataOutputStream dos = new DataOutputStream(
#15                        s1.getOutputStream());
#16                    DataInputStream din =
#17                        new DataInputStream(s1.getInputStream());
#18                    Client x = new Client(clientnum, dos, din);
#19                    //创建与客户对应的通信线程
#20                    allclient.add(x);            //将线程加入 ArrayList 中
#21                    x.start();
#22                    clientnum++;
#23                }
#24            } catch (IOException e) { }
#25        }
#26    }
#27
#28    /* 通信线程处理与对应客户的通信，将来自客户的数据发往其他客户 */
#29    class Client extends Thread {
#30        int id;                                  //客户的标识
#31        DataOutputStream dos;                    //去往客户的输出流
#32        DataInputStream din;                     //来自客户的输入流
#33
```

```
#34        public Client(int id, DataOutputStream dos, DataInputStream din) {
#35            this.id = id;
#36            this.dos = dos;
#37            this.din = din;
#38        }
#39
#40        public void run( ) {      //循环读取客户数据转发给其他客户
#41            while (true) {
#42                try {
#43                    String message="客户"+id+":"+din.readUTF( ); //读客户数据
#44                    for (int i = 0; i <TalkServer.clientnum; i++) {
#45                        TalkServer.allclient.get(i).dos.writeUTF(message);
#46                        //将消息转发给所有客户
#47                    }
#48                } catch (IOException e) { }
#49            }
#50        }
#51    }
```

【说明】每个通信线程的执行体为一个无限循环，第 43 行等待接收客户发送过来的数据，第 44～45 行用循环将数据发送给所有客户（包括自己）的 Socket 通道。

聊天客户端的职责也有两个：一是提供一个图形界面，实现聊天信息的输入和显示，其中包括处理用户输入事件；二是随时接收来自其他客户的信息并显示出来。因此，在客户端也采用多线程实现，应用程序主线程负责图形界面的输入处理，而接收消息线程负责读取其他客户发来的数据。

程序 2：聊天客户端程序。

```
#01    import java.net.*;
#02    import java.io.*;
#03    import java.awt.event.*;
#04    import java.awt.*;
#05    public class TalkClient {
#06        public static void main(String args[ ]) throws IOException {
#07            Socket s1 = new Socket(args[0], 5432);                //连接服务器
#08            DataInputStream dis = new DataInputStream(s1.getInputStream());
#09            final DataOutputStream dos =
#10                new DataOutputStream(s1.getOutputStream());
#11            Frame myframe = new Frame("简易聊天室");
#12            Panel panelx = new Panel();
#13            final TextField input = new TextField(20);
#14            TextArea display = new TextArea(5, 20);
#15            panelx.add(input);
#16            panelx.add(display);
#17            myframe.add(panelx);
#18            new receiveThread(dis, display);                //创建启动接收消息线程
#19            input.addActionListener(new ActionListener() {   //匿名内嵌类
#20                public void actionPerformed(ActionEvent e) {
#21                    try {
```

```
#22                          dos.writeUTF(input.getText());          //发送数据
#23                     } catch (IOException z) { }
#24                 }
#25             });
#26             myframe.setSize(300, 300);
#27             myframe.setVisible(true);
#28     }
#29 }
#30
#31 /* 接收消息线程循环读取网络消息，显示在文本域 */
#32 class receiveThread extends Thread {
#33     DataInputStream dis;
#34     TextArea displayarea;
#35
#36     public receiveThread(DataInputStream dis, TextArea m) {
#37         this.dis = dis;
#38         displayarea = m;
#39         this.start();
#40     }
#41
#42     public void run() {
#43         for (;;) {
#44             try {
#45                 String str = dis.readUTF();          //读来自服务器的消息
#46                 displayarea.append(str + "\n");       //将消息添加到文本域显示
#47             } catch (IOException e) {   }
#48         }
#49     }
#50 }
```

【说明】第 19~25 行根据文本框的动作事件处理，将文本框的数据发送给服务器。第 42~49 行的 run()方法将循环读取来自服务器的数据，并显示在文本域中。

运行该程序前首先要运行服务器端程序，运行客户端程序要注意提供一个代表服务器地址的参数，如果客户端程序与服务器端程序在同一机器上运行，则客户端运行命令为：

```
java   TalkClient   localhost
```

图 18-2 给出了 3 个客户在线聊天的窗体截图。

图 18-2　通过服务器转发实现多个客户的通信

【思考】该程序仅实现了简单的多用户聊天，在程序中还有许多问题值得改进，读者可以进一步去解决这些问题。例如：① 修改服务器端程序，使用户自己发送的消息不显示在自己的文本域中。② 增加一个用户名输入界面，用户输入身份后再进入聊天界面。③ 在客户端显示用户列表，可以选择将信息发送给哪些用户。④ 在服务器端对退出的用户进行处理，保证消息只发给在线的用户，这点要客户端与服务器端配合编程，客户退出时给服务器发消息；或者给服务器设置一个监视线程，检查各通信线程的 Socket 通道是否正常，对于不正常的通道自动停止相关的通信线程。

18.3　无连接的数据报

数据报是一种无连接的通信方式，它的速度比较快，但是由于不建立连接，不能保证所有数据都能送到目的地，因此一般用于传送非关键性的数据。发送和接收数据报需要使用 Java 类库中的 DatagramPacket 类和 DatagramSocket 类。

18.3.1　DatagramPacket 类

DatagramPacket 类是进行数据报通信的基本单位，包含需要传送的数据、数据报的长度、IP 地址和端口等。DatagramPacket 类的构造方法有如下两种。

- DatagramPacket(byte [ ] buf, int n)：构造一个用于接收数据报的 DatagramPacket 对象，buf 是接收数据报的缓冲区，n 是接收的字节数。
- DatagramPacket(byte [ ] buf, int n, InetAddress address, int port)：构造一个用于发送数据报的 DatagramPacket 对象，buf 是发送数据的缓冲区，n 是发送的字节数，address 是接收机器的 Internet 地址，port 是接收的端口号。

也可以通过 DatagramPacket 类提供的方法获取或设置数据报的参数，如地址、端口等。例如，通过以下命令设置和获取数据报的收发数据缓冲区。

- void setData(byte[ ] buf)：设置数据缓冲区。
- byte[ ] getData()：返回数据缓冲区。

另外，DatagramPacket 类还提供如下常用方法。

- int getLength()：返回发送或接收的数据报的长度。
- InetAddress getAddress()：返回数据报的主机地址。

18.3.2　DatagramSocket 类

DatagramSocket 类用来创建发送或接收数据报的 DatagramSocket 对象，它的构造方法有如下两种。

- DatagramSocket()：构造发送数据报的 DatagramSocket 对象。

❏　DatagramSocket(int port)：构造接收数据报的 DatagramSocket 对象，参数为端口号。

18.3.3　发送和接收过程

要完成发送和接收数据报的过程，需要在接收端构造一个 DatagramPacket 对象指定接收的缓冲区，建立指定监听端口的 DatagramSocket 对象，并通过执行其 receive()方法等待接收数据报。在发送端首先要构造 DatagramPacket 对象，指定要发送的数据、数据长度、接收主机地址及端口号，然后创建 DatagramSocket 对象，利用其 send()方法发送数据报。接收端接收到数据后，将其保存到缓冲区。

以下代码给出了数据报接收和发送的编程要点，接收端的 IP 地址是 192.168.0.3，端口号是 80，发送的数据在缓冲区 message 中，长度为 200。

（1）接收端的程序。

```
byte [ ] buf = new byte[1024];                           //buf 为接收缓冲区
DatagramPacket inpacket = new DatagramPacket(buf, buf.length);
DatagramSocket insocket = new DatagramSocket(80);        //80 为接收端口号
insocket.receive(inpacket);                              //接收数据报
String s = new String(buf,0,inpacket.getLength( ));      //将接收数据存入字符串
```

（2）发送端的程序。

```
//假定 message 为存放发送数据的字节数组
DatagramPacket outpacket = new DatagramPacket(message,200,"192.168.0.3",80);
DatagramSocket outsocket = new DatagramSocket( );
outsocket.send(outpacket);
```

【例 18-3】　利用数据报发送信息或文件内容。

以下程序利用数据报发送输入信息或文件内容到特定主机的特定端口。

程序 1：发送程序。

```
#01    import java.io.*;
#02    import java.net.*;
#03    public class UDPSend {
#04        public static String usage="用法:java UDPSend <hostname> <port> " +
#05            " <msg>... 或  java UDPSend <hostname> <port> -f <file>";
#06
#07        public static void main(String args[ ]) {
#08            try {
#09                String host = args[0];
#10                int port = Integer.parseInt(args[1]);
#11                byte[ ] message;
#12                if (args[2].equals("-f")) {
#13                    File f = new File(args[3]);
#14                    int len = (int) f.length();
#15                    message = new byte[len];
```

```
#16                    FileInputStream in = new FileInputStream(f);
#17                    in.read(message);              //从文件读全部数据存到数组中
#18                    in.close();
#19                } else {
#20                    String msg = args[2];
#21                    for (int i = 3; i < args.length; i++)
#22                        msg += " " + args[i];        //拼接信息内容
#23                    message = msg.getBytes();       //字符串对应的字节数组
#24                }
#25                InetAddress address = InetAddress.getByName(host);
#26                DatagramPacket packet = new DatagramPacket(message,
#27                    message.length,address, port);
#28                DatagramSocket dsocket = new DatagramSocket();
#29                dsocket.send(packet);             //发送数据报
#30                dsocket.close();
#31            } catch (Exception e) {
#32                System.err.println(usage);
#33            }
#34        }
#35    }
```

　　【说明】发送的数据来源有两种可能，通过命令行参数进行区分，一种是来自文件，要求第 3 个参数为-f，第 4 个参数为文件名，这种情形将从文件中读取信息写入 message 字节数组；另一种是从命令行直接输入文本，要求第 3 个参数不为-f，从第 3 个参数开始的所有输入信息均为数据。第 20～22 行用循环将数据拼接在一个字符串中，然后转换为字节数组存入 massage 中。第 26～29 行通过数据报方式将消息发送给指定主机的某端口。

　　程序 2：接收程序。

```
#01    import java.io.*;
#02    import java.net.*;
#03    public class UDPReceive {
#04        public static final String usage = "用法: java UDPReceive <port>";
#05
#06        public static void main(String args[ ]) {
#07            try {
#08                int port = Integer.parseInt(args[0]);
#09                DatagramSocket dsocket = new DatagramSocket(port);
#10                byte[ ] buffer = new byte[2048];
#11                DatagramPacket packet =
#12                    new DatagramPacket(buffer, buffer.length);
#13                for (;;) {
#14                    dsocket.receive(packet);             //接收数据报
#15                    String msg = new String(buffer, 0, packet.getLength());
#16                    System.out.println(packet.getAddress() + ":" + msg);
#17                }
#18            } catch (Exception e) {
#19                System.err.println(usage);
#20            }
```

```
#21        }
#22    }
```

【说明】第 9 行在指定端口建立 DatagramSocket 对象。第 11~12 行建立数据报对象，指定数据报的接收缓冲区。第 14 行通过 DatagramSocket 对象的 receive()方法循环接收来自发送方的数据报。第 15 行将数据报接收缓冲区的数据转换为字符串。

【注意】测试程序时，要首先运行接收程序，运行接收程序时需要提供一个端口号，该程序将循环等待接收来自发送方的数据报。发送程序需要的参数较多，首先要给定目标主机地址、端口号，接下来如果要发送文件内容，则-f 后接文件名，否则剩下的所有参数均作为发送内容。

18.4　URL

在 Internet 上的所有网络资源都是用 URL（uniform resource locator）来表示的，一个 URL 地址通常由 4 部分组成，包括协议名、主机名、资源路径标识、端口号。例如，本书编写主持的"Java 语言程序设计"课程在中国大学 MOOC 平台的教学网址为：https://www.icourse163.org/course/ECJTU-1206089803。

以上网址中，协议为 https，主机名为 www.icourse163.org，资源路径标识为 course/ECJTU-1206089803，端口号为 80。注意，当端口号为协议的默认值时可省略，如 http 和 https 的默认端口号是 80。

18.4.1　URL 类

使用 URL 进行网络通信，就要使用 URL 类创建对象，利用该类提供的方法获取网络数据流，从而读取来自 URL 的网络数据。URL 类安排在 java.net 包中，以下为 URL 的几个构造方法及说明。

- ❑ URL(String protocol, String host, int port, String path)：protocol 是协议的类型，可以是 http、ftp、file 等；host 是主机名；port 是端口号；path 给出文件名或路径名。
- ❑ URL(String protocol, String host, String path)：参数含义与上面相同，使用协议默认端口号。
- ❑ URL(URL url, String path)：利用给定 url 中的协议、主机，加上 path 指定的相对路径拼接成新 URL。
- ❑ URL(String url)：使用 url 字符串构造一个 URL 类。

如果 URL 信息错误将产生 MalformedURLException 异常，在构造完一个 URL 类后，可以使用 URL 类中的 openStream()方法与服务器上的文件建立一个流的连接，但是这个流是输入流（InputStream），只能读而不能写。

URL 类提供的典型方法如下。

❏ String getFile()：取得 URL 的文件名，它是带路径的文件标识。

❏ String getHost()：取得 URL 的主机名。

❏ String getPath()：取得 URL 的路径部分。

❏ int getPort()：取得 URL 的端口号。

❏ URLConnection openConnection()：返回代表与 URL 进行连接的 URLConnection 对象。

❏ InputStream openStream()：打开与 URL 的连接，返回来自连接的输入流。

❏ Object getContent()：获取 URL 的内容。

【例 18-4】 通过流操作读取 URL 访问结果。

以下程序读取网上某个 URL 的访问结果,将结果数据写入某个文本文件中或者显示在显示屏上，这取决于运行程序时是否提供写入的文件。

程序代码如下：

```
#01    import java.io.*;
#02    import java.net.*;
#03    public class GetURL {
#04        public static void main(String[ ] args) {
#05            InputStream in = null;
#06            OutputStream out = null;
#07            try {
#08                URL url = new URL(args[0]);                    //建立 URL
#09                in = url.openStream();                          //打开 URL 流
#10                if (args.length == 2)                          //获取相应的输出流
#11                    out = new FileOutputStream(args[1]);        //输出目标为指定文件
#12                else
#13                    out = System.out;                          //输出目标为屏幕
#14                /* 以下将 URL 访问结果数据复制到输出流 */
#15                byte[ ] buffer = new byte[4096];
#16                int bytes;
#17                while ((bytes = in.read(buffer)) != -1)        //读数据到缓冲区
#18                    out.write(buffer, 0, bytes);                //将缓冲区数据写到输出流
#19            } catch (Exception e) {
#20                System.err.println("Usage: java GetURL <URL> [<filename>]");
#21            } finally {
#22                try {                                          //关闭输入/输出流
#23                    in.close();
#24                    out.close();
#25                } catch (IOException e) {  }
#26            }
#27        }
#28    }
```

【说明】第 9 行用来获取指定 URL 的输入流。第 10～13 行根据命令行参数判断输出目标是文件还是屏幕。第 17～18 行从输入流读数据写往输出目标。第 20 行 GetURL 第 1 个参数指定 URL 地址；第 2 个参数表示存放结果的文件名，可以省略。

18.4.2　URLConnection 类

前面介绍的 URL 访问只能读取 URL 数据源的数据，在实际应用中，有时需要与 URL 资源进行双向通信，这时要用到 URLConnection 类。URLConnection 类将创建一个对指定 URL 的连接对象，其构造方法是 URLConnection(URL)。但构建 URLConnection 对象并未建立与指定 URL 的连接，还必须使用 URLConnection 类中的 connect()方法建立连接。另一种与 URL 建立双向连接的方法是使用 URL 类中的 openConnection()方法，该方法返回建立好连接的 URLConnection 对象。

URLConnection 类有以下主要方法。

❑　void connect()：打开 URL 所指资源的通信链路。

❑　int getContentLength()：返回 URL 的内容长度值。

❑　InputStream getInputStream()：返回来自连接的输入流。

❑　OutputStream getOutputStream()：返回写往连接的输出流。

【例 18-5】　下载指定的 URL 文件。

程序代码如下：

```
#01    import java.net.*;
#02    import java.io.*;
#03    public class downloadFile {
#04        public static void main(String args[ ]) {
#05            try {
#06                URL url = new URL(args[0]);
#07                URLConnection uc = url.openConnection();
#08                int len = uc.getContentLength();
#09                byte[ ] b = new byte[len];             //创建字节数组存放读取的数据
#10                InputStream stream = uc.getInputStream();
#11                String theFile = url.getFile();        //获取带路径的文件标识
#12                theFile = theFile.substring(theFile.lastIndexOf('/') + 1);
#13                    //分离出文件名
#14                FileOutputStream fout = new FileOutputStream(theFile);
#15                stream.read(b, 0, len);               //从输入流读 len 个字节数据存入数组 b
#16                fout.write(b);
#17            } catch (MalformedURLException e) {
#18                System.err.println("URL error");
#19            } catch (IOException e) {  }
#20        }
#21    }
```

【运行示例】

e:/java> java downloadFile　"http://localhost/images/dots.gif"

表示可以在 e 盘的 java 子目录下找到下载的文件 dots.gif。

【说明】第 7 行建立与 URL 资源的连接，第 10 行取得连接的输入流；第 11 行取得 URL

资源文件路径，第 12 行将文件名分离出来，第 14 行创建对应的文件输出流；第 15 行读取 URL 资源的全部数据，第 16 行将数据写入文件，从而实现资源内容的下载保存。

【应用思考】实现一个简易的网络爬虫，以某个 HTML 文件为种子，分析提取下载的 HTML 文件中的超链接继续下载，将下载的超链接和超链接的标题记录到一个文件中。

习　题

1．选择题

（1）InetAddress 类的 getLocalHost()方法返回一个（　　）对象，它包含了运行该程序的计算机的主机名。

  A．Socket   B．DatagramSocket

  C．InetAddress   D．Host

（2）使用（　　）类建立一个 socket，用于不可靠的数据报的传输。

  A．Socket   B．DatagramSocket

  C．InetAddress   D．ServerSocket

（3）URL 类的（　　）方法可获取来自 URL 的输入流。

  A. getPath()   B. getFile()

  C. openStream()   D. openConnection()

2．思考题

（1）简述 Socket 编程和数据报编程的基本工作原理，比较两者的异同。

（2）URL 包含哪 4 部分？URLConnection 类与 URL 有何异同？

3．编程题

（1）编写一个程序，获得指定 URL 资源的内容大小、最后修改日期。

（2）利用 Socket 通信实现网络对弈五子棋应用。应用支持多桌并发对弈，应用界面包括登录、选桌和对弈界面。

参 考 文 献

[1] 丁振凡．Java 语言程序设计[M]．2 版．北京：清华大学出版社，2014.

[2] 丁振凡．Java 8 入门与实践：微课视频版[M]．北京：中国水利水电出版社，2019.

[3] Maurice Naftalin．精通 lambda 表达式：Java 多核编程[M]．张龙，译．北京：清华大学出版社，2015.

[4] Herbert Schildt．Java 8 编程入门官方教程：第 6 版[M]．王楚燕，鱼静，译．北京：清华大学出版社，2015.

[5] 丁振凡．Java 8 入门与实践实验指导与习题解析：微课视频版[M]．北京：中国水利水电出版社，2019.

附录 A　正则表达式简介

正则表达式描述了一种字符串匹配的模式，可以用来检查一个串是否含有某种子串、将匹配的子串替换或者从某个串中取出符合某个条件的子串等。使用正则表达式要注意限定符和特殊符号的含义，如表 A-1 和表 A-2 所示。

表 A-1　正则表达式中的限定符

字　　符	描　　述
*	匹配前面的子表达式零次或多次。例如，zo* 能匹配 z 和 zoo
+	匹配前面的子表达式一次或多次。例如，zo+能匹配 zo 和 zoo
?	匹配前面的子表达式零次或一次。例如，do(es)?可以匹配 do 和 does
{n}	匹配确定的 n 次，n 是一个非负整数。例如，o{2}不能匹配 Bob 中的 o，但是能匹配 food 中的两个 o
{n,}	至少匹配 n 次，n 是一个非负整数。例如，o{2,}能匹配 foooood 中的所有 o
{n,m}	最少匹配 n 次且最多匹配 m 次，m 和 n 均为非负整数，其中 n≤m。例如，o{1,3}将匹配 fooooood 中的前 3 个 o；o{0,1}等价于 o?

表 A-2　正则表达式中的特殊符号

特 殊 符 号	描　　述
$	匹配输入字符串的结尾位置。要匹配 $ 字符本身，请使用\$
(、)	标记一个子表达式的开始和结束位置。子表达式可以获取供以后使用。要匹配这些字符，请使用\(和\)
*	匹配前面的子表达式零次或多次。要匹配*字符本身，请使用*
+	匹配前面的子表达式一次或多次。要匹配+字符本身，请使用\+
.	匹配除换行符\n 之外的任何单字符。要匹配.字符本身，请使用\.
[	标记一个中括号表达式的开始。要匹配[字符本身，请使用\[
?	匹配前面的子表达式零次或一次。要匹配?字符本身，请使用\?
\	将下一个字符标记为特殊字符、原义字符、向后引用或八进制转义符。例如，序列\\匹配\
^	匹配输入字符串的开始位置。要匹配^字符本身，请使用\^
{	标记限定符表达式的开始。要匹配{字符本身，请使用\{
|	指明两项之间的一个选择。要匹配|字符本身，请使用\\|

限定符用来指定正则表达式的一个给定组件必须要出现多少次才能满足匹配条件。

所有限定符均是特殊字符，此外，还有其他一些特殊符号。在实际内容中，如果要匹配这些特殊符号，需要使用转义符。例如，如果要查找字符串中的*符号，需要对*进行转义，即在其前加一个反斜杠字符\，如 runo*ob 匹配 runo*ob。